华为高校人才培养指定教材

华为ICT认证系列丛书

HarmonyOS
移动应用开发技术

华为技术有限公司 编著

HARMONYOS
MOBILE APPLICATION
DEVELOPMENT
TECHNOLOGY

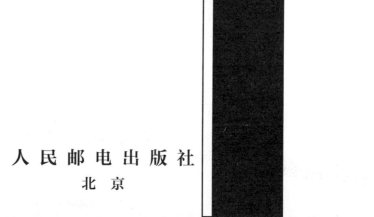

U0233640

人民邮电出版社

北 京

图书在版编目（ＣＩＰ）数据

HarmonyOS移动应用开发技术 / 华为技术有限公司编
著. -- 北京 : 人民邮电出版社，2022.9
（华为ICT认证系列丛书）
ISBN 978-7-115-59682-6

Ⅰ．①H… Ⅱ．①华… Ⅲ．①移动终端－应用程序－
程序设计 Ⅳ．①TN929.53

中国版本图书馆CIP数据核字(2022)第119800号

内 容 提 要

本书较全面地介绍了 HarmonyOS 应用的组成、开发流程和开发工具、前端 UI、后台服务设计和数据库访问等内容。全书共 12 章，包括初识 HarmonyOS、开启你的第一行 HarmonyOS 代码、HarmonyOS 应用结构剖析、HarmonyOS 核心组件——Ability、JS UI 框架开发语法基础、HarmonyOS 轻代码开发——JS UI 框架设计、HarmonyOS 数据持久化、HarmonyOS 流转架构剖析、HarmonyOS 传感器应用和媒体管理、HarmonyOS 原子化服务、HarmonyOS 网络访问与多线程、中信银行本地生活应用的设计与实现等内容。

本书强调理论和实践相结合，凡是涉及动手操作的部分，都安排了丰富的示例代码来巩固读者对于知识点的掌握。此外，本书最后一章以一个实际上架并得到广泛使用的应用——中信银行本地生活App 为例，介绍如何从需求分析入手，进行概要设计、详细设计、代码开发，全过程贯穿软件工程思想，通过工程化理念指导移动应用开发的每个环节。本书不仅覆盖常用移动操作系统中应用开发的共性内容，还涵盖 HarmonyOS 应用开发的特性介绍。除最后一章外，其余章节末尾都设计了课后习题环节，希望读者可以通过练习和操作实践巩固所学的内容。

本书既可以作为高校计算机相关专业移动应用开发课程的教材，又可以作为对 HarmonyOS 应用开发感兴趣的 IT 从业人员的自学资料。

◆ 编　著 华为技术有限公司
　　责任编辑 郭 雯
　　责任印制 王 郁　焦志炜

◆ 人民邮电出版社出版发行　　北京市丰台区成寿寺路 11 号
　　邮编 100164　电子邮件 315@ptpress.com.cn
　　网址 https://www.ptpress.com.cn
　　大厂回族自治县聚鑫印刷有限责任公司印刷

◆ 开本：787×1092　1/16
　　印张：20.75　　　　　　　　　2022 年 9 月第 1 版
　　字数：582 千字　　　　　　2024 年 7 月河北第 4 次印刷

定价：79.80 元

读者服务热线：**(010)81055256**　印装质量热线：**(010)81055316**
反盗版热线：**(010)81055315**
广告经营许可证：京东市监广登字 20170147 号

以互联网、人工智能、大数据为代表的新一代信息技术的普及应用不仅改变了我们的生活，而且改变了众多行业的生产形态，改变了社会的治理模式，甚至改变了数学、物理、化学、生命科学等基础学科的知识产生方式和经济、法律、新闻传播等人文学科的科学研究范式。而作为这一切的基础——ICT 及相关产业，对社会经济的健康发展具有非常重要的影响。

当前，以华为公司为代表的中国企业，坚持核心技术自主创新，在以芯片和操作系统为代表的基础硬件与软件领域，掀起了新一轮研发浪潮；新一代 E 级超级计算机将成为促进科技创新的重大算力基础设施，全新计算机架构"蓄势待发"；天基信息网、未来互联网、5G 移动通信网的全面融合不断深化，加快形成覆盖全球的新一代"天地一体化信息"网络；人类社会、信息空间与物理世界实现全面连通并相互融合，形成全新的人、机、物和谐共生的计算模式；人工智能进入后深度学习时代，新一代人工智能理论与技术体系成为占据未来世界人工智能科技制高点的关键所在。

当今世界正处在新一轮科技革命中，我国的科技实力突飞猛进，无论是研发投入、研发人员规模，还是专利申请量和授权量，都实现了大幅增长，在众多领域取得了一批具有世界影响的重大成果。移动通信、超级计算机和北斗系统的表现都非常突出，我国非常有希望抓住机遇，通过自主创新，真正成为一个科技强国和现代化强国。在 ICT 领域，核心技术自主可控是非常关键的。在关键核心技术上，我们只能靠自己，也必须靠自己。

时势造英雄，处在新一轮的信息技术高速变革的时期，我们都应该感到兴奋和幸福；同时更希望每个人都能建立终身学习的习惯，胸怀担当，培养自身的工匠精神，努力学好 ICT，勇于攀登科技新高峰，不断突破自己，在各行各业的广阔天地"施展拳脚"，攻克技术难题，研发核心技术，更好地改造我们的世界。

由华为公司和人民邮电出版社联合推出的这套"华为 ICT 认证系列丛书"，应该会对读者掌握 ICT 有所帮助。这套丛书紧密结合了教育部高等教育"新工科"建设方针，将新时代人才培养的新要求融入内容之中。丛书的编写充分体现了"产教融合"的思想，来自华为公司的技术工程师和高校的一线教师共同组成了丛书的编写团队，将数据通信、大数据、人工智能、云计算、数据库等领域的最新技术成果融入书中，将 ICT 领域的基础理论与产业界的最新实践融为一体。

这套丛书的出版，对完善 ICT 人才培养体系，加强人才储备和梯队建设，推进贯通 ICT 相关理论、方法、技术、产品与应用等的复合型人才培养，推动 ICT 领域学科建设具有重要意义。这套丛书将产业前沿的技术与高校的教学、科研、实践相结合，是产教融合的一次成功尝试，其宝贵经验对其他学科领域的人才培养也具有重要的参考价值。

倪光南

倪光南 中国工程院院士

2021 年 5 月

从数百万年前第一次仰望星空开始，人类对科技的探索便从未停止。新技术引发历次工业革命，释放出巨大生产力，推动了人类文明的不断进步。如今，ICT 已经成为世界各国社会与经济发展的基础，推动社会和经济快速发展，其中，数字经济的增速达到了 GDP 增速的 2.5 倍。以 5G、云计算、人工智能等为代表的新一代 ICT 正在重塑世界，"万物感知、万物互联、万物智能"的世界正在到来。

当前，智能化、自动化、线上化等企业运行方式越来越引起人们的重视，数字化转型的浪潮从互联网企业转向了教育、医疗、金融、交通、能源、制造等千行百业。同时，企业数字化主场景也从办公延展到了研发、生产、营销、服务等各个经营环节，企业数字化转型进入智能升级新阶段，企业"上云"的速度也大幅提升。预计到 2025 年，97% 的大企业将部署人工智能系统，政府和企业将通过核心系统的数字化与智能化，实现价值链数字化重构，不断创造新价值。

然而，ICT 在深入智能化发展的过程中，仍然存在一些瓶颈，如摩尔定律所述集成电路上可容纳晶体管数目的增速放缓，通信技术逼近香农定理的极限等，在各行业的智能化应用中也会遭遇技术上的难题或使用成本上的挑战，我们正处于交叉科学与新技术爆发的前夜，急需基础理论的突破和应用技术的发明。与此同时，产业升级对劳动者的知识和技能的要求也在不断提高，ICT 从业人员缺口高达数千万，数字经济的发展需要充足的高端人才。从事基础理论突破的科学家和应用技术发明的科研人员，是当前急需的两类信息技术人才。

理论的突破和技术的发明，来源于数学、物理学、化学等学科的基础研究。高校有理论人才和教学资源，企业有应用平台和实践场景，培养高质量的人才需要产教融合。校企合作有助于院校面向产业需求，深入科技前沿，讲授最新技术，提升科研能力，转化科研成果。

华为构建了覆盖 ICT 领域的人才培养体系，包含 5G、数据通信、云计算、人工智能、移动应用开发等 20 多个技术方向。从 2013 年开始，华为与"以众多高校为主的组织"合作成立了 1600 多所华为 ICT 学院，并通过分享最新技术、课程体系和工程实践经验，培养师资力量，搭建线上学习和实验平台，开展创新训练营，举办华为 ICT 大赛、教师研讨会、人才双选会等多种活动，面向世界各地的院校传递全面、领先的 ICT 方案，致力于把学生培养成懂融合创新、能动态成长，既具敏捷性又具适应性的新型 ICT 人才。

高校教育高质量的根本在于人才培养。对于人才培养而言，专业、课程、教材和技术是基础。通过校企合作，华为已经出版了多套大数据、物联网、人工智能及通用 ICT 方向的教材。华为将持续加强与全球高等院校和科研机构以及广大合作伙伴的合作，推进高等教育"质量变革"，打造高质量的华为 ICT 学院教育体系，培养更多高质量 ICT 人才。

华为创始人任正非先生说："硬的基础设施一定要有软的'土壤'，其灵魂在于文化，在于教育。"ICT 是智能时代的引擎，行业需求决定了其发展的广度，基础研究决定了其发展的深度，而教育则决定了其发展的可持续性。"路漫漫其修远兮，吾将上下而求索"，华为期望能与各教育部门、各高等院校合作，一起拥抱和引领信息技术革命，共同描绘科技星图，共同迈进智能世界。

最后，衷心感谢华为 ICT 认证系列丛书的作者、出版社编辑以及其他为丛书出版付出时间和精力的各位朋友！

马悦

华为企业 BG 常务副总裁

华为企业 BG 全球伙伴发展与销售部总裁

2021 年 4 月

自华为技术有限公司（以下简称华为公司）2019 年推出 HarmonyOS 以来，目前该操作系统已发布了 3.0 预览版，相关的开发技术和工具日益成熟。以万物互联为目标的 HarmonyOS 以其特有的"基于同一套系统能力、适配多种终端形态"的分布式理念，解决了传统移动操作系统造成的设备互相割裂、联网麻烦的问题，给传统 IoT 厂商、智能家电厂商、金融公司和互联网公司带来了全新的产品设计视角。HarmonyOS 以充满活力的世界第三大移动操作系统的身份，吸引了众多支持该系统的硬件和软件开发公司持续开发新产品。党的二十大报告提出"加快实施创新驱动发展战略。坚持面向世界科技前沿、面向经济主战场、面向国家重大需求、面向人民生命健康，加快实现高水平科技自立自强。以国家战略需求为导向，集聚力量进行原创性引领性科技攻关，坚决打赢关键核心技术攻坚战。加快实施一批具有战略性全局性前瞻性的国家重大科技项目，增强自主创新能力"。华为自主研发的 Harmony OS 无论是在核心技术领域，还是在整体市场营收能力，都处于全球领先地位。众多的利好条件也吸引着越来越多的高校在计算机专业课程中引入 HarmonyOS 的内容。

本书采用理实结合的编写方法，结合"学做合一"的指导思想，引入 CDIO［构思（Conceive）、设计（Design）、实现（Implement）和运作（Operate）］工程教育法，以移动应用开发过程为主线，在进行技术讲解的同时，引入相应的项目实例来帮助读者快速理解和掌握相关技术难点。在学习本书的过程中，读者不仅能学习基本技术，还能强化按照工程化实践要求进行项目开发的能力。

本书编者有着十余载的本科移动应用编程教学经验，完成了多轮次、多类型的教育教学改革与研究工作。在编写本书的过程中，编者得到了华为公司、中信银行相关领导和开发人员的技术指导，在此表示感谢。

本书主要特点如下。

1. 实际项目开发与理论教学紧密结合

为了使读者能快速地掌握 HarmonyOS 移动应用开发相关技术，并按实际项目开发要求熟练运用，本书在每个重要知识点的位置都安排了相应的项目实训，还在最后一章讲解了一个实际在华为应用市场上架的应用——中信银行本地生活的设计和开发过程。

2. 内容组织合理，兼顾通用性和唯一性

本书按照由浅入深的顺序，依次介绍了 HarmonyOS 的特性、HarmonyOS 应用的构成、HarmonyOS 应用核心组件、HarmonyOS UI 设计和数据持久化等移动应用开发经常涉及的知识，并突出介绍了 HarmonyOS 独有的原子化服务和流转功能的设计及开发知识。本书在逐渐丰富读者移动应用开发技能的同时，引入了相关技术与知识，实现了技术讲解与训练合二为一，有助于"教、学、做一体化"教学方法的实施。

为方便读者使用，书中全部实例的源代码及教学资源均以附加资源的形式呈现，读者可登录人邮教育社区（www.ryjiaoyu.com）进行下载。

本书的参考学时为 52 学时，建议采用理论、实践一体化的教学模式，各章的参考学时见下面的学时分配表。

学时分配表

模块	理论（38 学时）					实验（14 学时）			章节学时
	知识单元	章名	重点	难点	学时	实验	实验类型	学时	
基础篇	HarmonyOS 开发相关基础	初识 HarmonyOS			1		—		1
		开启你的第一行 HarmonyOS 代码	√		3		—		3
		HarmonyOS 应用结构剖析		√	2	创建简单的 Hello World，了解 HarmonyOS 应用的组成	验证型	2	4
	HarmonyOS 核心概念	HarmonyOS 核心组件——Ability	√	√	6	创建 Service Ability，通过 Page Ability 来调用并实现电量检测程序	验证型	2	8
进阶篇	UI 设计	JS UI 框架开发语法基础			2		—		2
		HarmonyOS 轻代码开发——JS UI 框架设计	√	√	8	自定义组件和 JS FA 访问 PA 的实验	设计型	2	10
	数据持久化	HarmonyOS 数据持久化	√	√	6	基于数据库存储的手机通信录应用的设计与实现	设计型	4	10
	分布式程序	HarmonyOS 流转架构剖析	√		2	分布式媒体播放器应用的设计与实现	设计型	2	4
高级篇	传感器应用	HarmonyOS 传感器应用和媒体管理	√		2		—		2
	服务卡片	HarmonyOS 原子化服务	√	√	2	基于 JS UI 框架的服务卡片购物车的设计与实现	设计型	2	4
	网络和多线程开发	HarmonyOS 网络访问与多线程	√	√	2		—		2
	综合实践	中信银行本地生活应用的设计与实现			2		—		2

本书由华为技术有限公司编著，具体编写人员如下：武汉大学赵小刚负责制作大纲、培训讲义和慕课视频，并负责全书的编写；华为技术有限公司魏彪、陈睿、唐妍和冷佳发担任主审；华为技术有限公司万倡利，中信银行张明、王永强、徐晓超为第 12 章的内容提供素材和技术支持。

由于编者水平有限，书中不妥之处在所难免，殷切希望广大读者批评指正。同时，在本书的编写过程中，编者参阅并引用了华为公司和中信银行的相关技术文档，在此衷心感谢华为公司和中信银行的培训教师及工程师的大力支持与帮助。

编　者

2023 年 1 月

目录 CONTENTS

进阶篇

第5章 JS UI 框架开发语法基础 ············· 92

第6章 HarmonyOS 轻代码开发——JS UI 框架设计 ··· 108

高级篇

基础篇

01

第1章 初识HarmonyOS

学习目标

- 了解 HarmonyOS 的起源和发展。
- 掌握 HarmonyOS 的技术架构及各层特点。
- 掌握 HarmonyOS 的技术特性。
- 了解 HarmonyOS 的安全特性。

随着智能设备，特别是手机（mobile phone）等移动终端设备的普及和发展，人们越来越依赖它们来方便、快捷地获取各种信息，可以说现代社会中手机已成为信息生产和传递的枢纽，这体现在人们日常生活中的方方面面，如社交、购物、支付、阅读、工作等。苹果应用商店近年来每年都有 800 亿美元左右的交易额度发生在手机端；阿里巴巴等电子商务公司每年成交额的 90%以上发生在手机端；腾讯公司的微信社交服务和百度公司的搜索服务也有 80%以上是通过手机来发起的；此外，各行各业的核心服务也都可以通过手机来完成，如汽车驾驶中的地图服务、报社等媒体的新闻服务等。

除了手机等小型的移动智能设备以外，现代信息社会的人们也越来越离不开具备联网功能的大型智能设备，这体现在智慧城市、智慧园区、智慧物流、智慧交通、智慧消防、智慧医疗、智能家居等方方面面——万物互联的智能设备已经与人类生活密不可分。

本章主要介绍以万物互联为目标的 HarmonyOS 的起源和发展，探索HarmonyOS 的发展历程；分析 HarmonyOS 的技术架构，揭秘其核心组成部分；详解 HarmonyOS 技术特性，挖掘其内在工作机理；阐述 HarmonyOS 安全特性，研究其如何保障用户、数据和设备的安全。

1.1 HarmonyOS 的起源和发展

相关统计数据表明，全球智能终端产业近年来得到了飞速发展。2015年，全球人均拥有近两部智能设备[包括但不限于手机、平板电脑（Tablet）和个人计算机（Personal Computer，PC）等传统智能设备，还包括物联网设备等]。2020 年，这个数字达到 4 部。预计到 2025 年，全球人均智能设备拥有量将达到 9 部，其中传统智能设备数量增加不多，增加更多的是物联网设备，如智慧电视、冰箱、空调等。

智能终端的飞速发展给我国移动操作系统的发展带来历史性的机遇。我国已具备终端产业领先优势：2021 年，我国 5G 基站数量超过 100 万个，居全球第一；个人终端及家电在全球市场的份额超过 50%；国内有 30 多家先进的芯片及模组厂商；阿里、华为和腾讯等厂商在云服务及云计算领域也处于全球第一阵营。但在这个巨大的物联网行业市场面前，我们也应清醒地看到我国移动终端市场的不足之处。

（1）占据市场 90%以上的物联网设备安装的是国外系统，需要支付巨额的授权费，信息安全也无法得到有效保障。

（2）海量的物联网设备催生了众多定制化的物联网系统，操作系统碎片化严重，无法进行有效的互联互通。

HarmonyOS 就是为了解决这些问题而产生的、以方便智能终端系统互联互通为目标而打造的一款中国自主物联网操作系统。在传统的单设备系统能力基础上，HarmonyOS 提出了基于同一套系统能力、适配多种终端形态的分布式理念，能够支持手机、平板电脑、智能穿戴（Wearable）、轻量级智能穿戴（Lite Wearable）、智慧屏（TV）、车机（Car）、智慧视觉（Smart Vision）等多种终端设备，具备全场景（如移动办公、运动健康、社交通信、媒体娱乐等）服务能力。

自华为公司 2019 年推出 HarmonyOS 以来，该操作系统目前已发布了 3.0 预览版。越来越多的传统 IoT 厂商、智能家电厂商、金融公司和互联网公司从 HarmonyOS 上发现了自身产品发展进步的新途径，从而积极拥抱 HarmonyOS 生态。截至目前，搭载 HarmonyOS 的硬件设备已经超过 2.2 亿台，HarmonyOS 正以充满活力的世界第三大移动操作系统的身份吸引着越来越多的移动应用开发者的关注。

HarmonyOS 提供了支持多种开发语言的应用程序编程接口（Application Programming Interface，API），供开发者进行应用开发。其支持的开发语言包括 Java、可扩展标记语言（eXtensible Markup Language，XML）、C/C++、JavaScript（JS）、级联样式表（Cascading Style Sheets，CSS）和 HarmonyOS 标记语言（HarmonyOS Markup Language，HML）。

1.2 HarmonyOS 的技术架构

HarmonyOS 整体遵从分层设计，系统功能按照"系统 > 子系统 > 功能/模块"逐级展开，在多设备部署场景下，支持根据实际需求对某些非必要的子系统或功能/模块进行裁剪。HarmonyOS 的技术架构如图 1-1 所示，从图中可以看出，按照从下到上的顺序，HarmonyOS 技术架构主要分为内核层、系统服务层、框架层和应用层这 4 层，具体介绍如下。

图 1-1 HarmonyOS 的技术架构

1. 内核层

内核层是 HarmonyOS 的基本功能的集合，通过调用底层硬件的功能为系统服务层服务。该层包含以下几个部分。

（1）内核子系统。HarmonyOS 采用多内核设计，支持针对不同资源受限设备选用适合的 OS 内核。对于轻设备（如手环），内核可以小于 1MB；对于富设备（如手机），内核可以大于 1GB。对内核抽象层（Kernel Abstract Layer，KAL）屏蔽多内核差异，向上层提供基础的内核能力，包括进程/线程管理、内存管理、文件系统管理、网络管理和外设管理等。

（2）驱动子系统。硬件驱动框架（Hardware Driver Foundation，HDF）是 HarmonyOS 硬件生态开放的基础，提供统一外设访问能力和驱动开发、管理框架。驱动子系统也支持针对不同硬件进行裁剪。

2. 系统服务层

系统服务层是 HarmonyOS 的核心服务能力集合，通过框架层对应用程序提供服务。该层包含以下几个部分。

（1）系统基本能力子系统集。它为分布式应用在 HarmonyOS 多设备上的运行、调度、迁移等操作提供了基础能力，由分布式软总线、分布式数据管理、分布式任务调度、方舟多语言运行时、公共基础库、多模输入、图形、安全、AI 等子系统组成。其中，方舟多语言运行时子系统提供了 C/C++/JS 多语言运行时和基础的系统类库，也为使用方舟编译器静态化的 Java 程序（即应用程序或框架层中使用 Java 语言开发的部分）提供运行时服务。

（2）基础软件服务子系统集。它为 HarmonyOS 提供公共的、通用的软件服务，由事件通知、电话、多媒体、面向产品生命周期各环节的设计（Design For X，DFX）、移动感知开发平台和设备虚拟化（MSDP&DV）等子系统组成。其中，移动感知平台和设备虚拟化子系统的功能如下。

① 移动感知开发平台（Mobile Sensing Development Platform，MSDP）子系统。该子系统提供分布式融合感知能力，借助 HarmonyOS 分布式能力，汇总融合来自多个设备的多种感知源，从而精确感知用户的空间、移动、手势、运动健康等多种状态，构建全场景泛在基础感知能力，支撑智慧生活新体验。

② 设备虚拟化（Device Virtualization，DV）子系统。通过该子系统可以实现不同设备的能力和资源融合。

（3）增强软件服务子系统集。它为 HarmonyOS 提供针对不同设备的、差异化的能力增强型软件服务，由智慧屏专有业务、穿戴专有业务、IoT 专有业务等子系统组成。

（4）硬件服务子系统集。它为 HarmonyOS 提供硬件服务，由位置服务、生物特征识别、穿戴专有硬件服务、IoT 专有硬件服务等子系统组成。

根据不同设备形态的部署环境，基础软件服务子系统集、增强软件服务子系统集、硬件服务子系统集内部可以按子系统粒度进行裁剪，每个子系统内部又可以按功能粒度进行裁剪。

3. 框架层

框架层为 HarmonyOS 应用开发提供了 Java、C/C++、JS 等多语言的用户程序框架和 Ability 框架，两种 UI 框架（包括适用于 Java 语言的 Java UI 框架和适用于 JS 语言的 JS UI 框架），以及各种软硬件服务对外开放的多语言框架 API。根据系统的组件化裁剪程度，HarmonyOS 设备支持的 API 也会有所不同。

4. 应用层

应用层包括系统应用和扩展应用/第三方应用。HarmonyOS 的应用由一个或多个界面能力

（Feature Ability，FA）或业务能力（Particle Ability，PA）组成。其中，FA 有用户界面，提供与用户交互的能力；而 PA 无用户界面，提供后台运行任务的能力以及统一的数据访问抽象。FA 在进行用户交互时所需的后台数据访问也需要由对应的 PA 提供支撑。基于 FA/PA 开发的应用，能够实现特定的业务功能，支持跨设备调度与分发，为用户提供一致、高效的应用体验。

1.3　HarmonyOS 的技术特性

　　基于 HarmonyOS 先进的技术架构，HarmonyOS 对外体现出三大技术特性，分别是硬件互助，资源共享；一次开发，多端部署；统一 OS，弹性部署。其中，"硬件互助，资源共享"体现了 HarmonyOS 分布式的特性，能将多个不同设备统一成一个逻辑整体；"一次开发，多端部署"则体现了 HarmonyOS 应用程序开发的便利性，HarmonyOS 应用只需修改少量界面样式代码，就可以运行到不同硬件配置的设备上；"统一 OS，弹性部署"则是指 HarmonyOS 可以根据硬件配置的不同，灵活裁剪自身大小来适配不同硬件。这三大技术特性体现了 HarmonyOS 是一个适应多设备的物联网操作系统，下面分别对其进行介绍。

1.3.1　硬件互助，资源共享

　　多种设备之间能够实现硬件互助、资源共享，依赖的关键技术包括分布式软总线、分布式设备虚拟化、分布式数据管理和分布式任务调度等。

1. 分布式软总线

　　分布式软总线是手机、平板电脑、智能穿戴、智慧屏、车机等分布式设备的通信基础，为设备之间的互联互通提供了统一的分布式通信部署，为设备之间的无感发现和零等待传输创造了条件。开发者只需聚焦于业务逻辑的实现，无须关注组网方式与底层协议。分布式软总线示意图如图 1-2 所示。

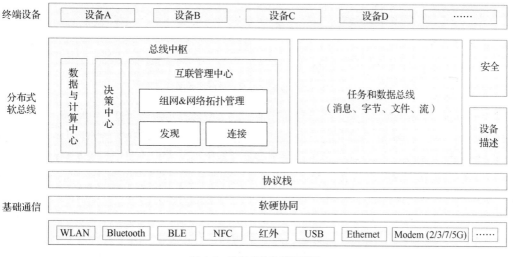

图 1-2　分布式软总线示意图

　　总线中枢负责网络和计算的控制功能，是分布式软总线的"大脑"。其中，互联管理中心负责网络内设备的组网和网络拓扑管理，可以让网络内同一用户下的设备进行自动发现，无须用户介入，即可实现无感组网；决策中心和数据与计算中心则控制着网络内数据的分配和算力的分配，保障分布式软总线内所有设备的计算效率最大化。

任务和数据总线负责网络内设备间任务的流转和数据的传输等，是分布式软总线的执行部分；安全部分保障分布式软总线内数据的安全传输和设备间的安全访问；设备描述部分则对设备能力进行画像，决策中心可以依据该画像对设备进行合理任务分配。

分布式软总线的典型应用场景是在智能家居应用中。例如，用户在烹饪时，可以通过手机"碰一碰"功能连接烤箱，控制烤箱自动按照菜谱设置烹调参数并制作菜肴。与此类似，料理机、抽油烟机、空气净化器、空调、灯、窗帘等都可以在手机端显示并通过手机控制，从而实现设备之间即连即用，无须烦琐的配置。

2. 分布式设备虚拟化

分布式设备虚拟化平台可以实现不同设备的资源融合、设备管理、数据处理，多种设备共同形成一个超级虚拟终端。针对不同类型的任务，分布式设备虚拟化平台为用户匹配并选择能力合适的执行硬件，让业务连续地在不同设备间流转，充分发挥不同设备的能力优势，如显示能力、摄像能力、输入输出能力、音频能力及传感器能力等。分布式设备虚拟化示意图如图 1-3 所示。

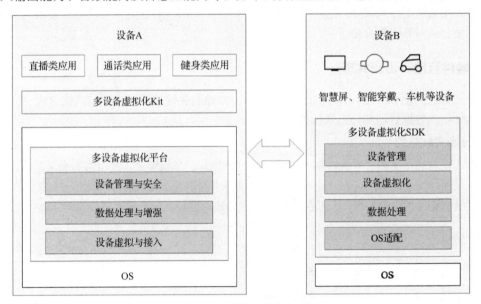

图 1-3　分布式设备虚拟化示意图

其中，设备 A 为手机等带屏幕的可移动设备，这类设备具备较高的算力，是分布式设备虚拟化场景的中心控制器；设备 B 为其他智能设备，包括智慧屏、智能穿戴和车机等算力较弱的设备。设备 A 上的多设备虚拟化工具（Kit）负责调用多设备虚拟化平台的相关功能，对虚拟化后的多种设备进行接入控制和设备管理；设备 B 上的多设备虚拟化软件开发工具包（Software Development Kit，SDK）负责对各种物理设备进行虚拟化和规范化，提供统一的调用端口给多设备虚拟化 Kit 进行调用。

分布式设备虚拟化的典型应用场景是在日常家务活动中。例如，用户在做家务时接听视频电话，可以将手机与智慧屏连接，并将智慧屏的屏幕、摄像头与音箱虚拟化为本地资源，替代手机自身的屏幕、摄像头、听筒与扬声器，实现一边做家务，一边通过智慧屏和音箱来视频通话。

3. 分布式数据管理

分布式数据管理基于分布式软总线的能力，实现应用程序数据和用户数据的分布式管理。用户数据不再与单一物理设备绑定，业务逻辑与数据存储分离，跨设备的数据处理如同本地数据处理一样方便快捷，让开发者能够轻松实现全场景、多设备下的数据存储、共享和访问，为打造一致、流畅的用户体验创造了基础条件。分布式数据管理示意图如图 1-4 所示。

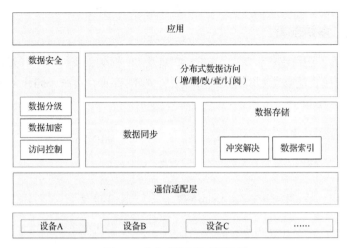

图 1-4　分布式数据管理示意图

其中，分布式数据访问负责对 HarmonyOS 中支持的分布式数据库和分布式文件进行跨设备的增删改查操作，同时支持对远程设备上的数据变化进行订阅；数据同步负责网络内设备间数据的同步；数据存储负责建立数据索引和解决多设备访问同一数据资源时的冲突问题；数据安全则通过数据分级、数据加密和访问控制等多种途径来解决分布式环境下数据安全访问的问题。

分布式数据管理的典型应用场景是协同办公。例如，将手机上的文档同步到智慧屏，在智慧屏上对文档执行翻页、缩放、涂鸦等操作，文档的最新状态可以在手机上同步显示。

4. 分布式任务调度

分布式任务调度基于分布式软总线、分布式数据管理、分布式环境画像（Profile）等技术特性，构建统一的分布式服务管理（发现、同步、注册、调用）机制，支持对跨设备的应用进行远程启动、远程调用、远程连接以及迁移等操作，能够根据不同设备的能力、位置、业务运行状态、资源使用情况，以及用户的习惯和意图，选择合适的设备运行分布式任务。

图 1-5 以应用迁移为例，简要地绘制了分布式任务调度示意图。

分布式任务调度的典型应用场景是地图导航。例如，用户要驾车出行时，上车前可以在手机上规划好导航路线，上车后导航自动迁移到车机和车载音箱，下车后导航自动迁移回手机。如果用户骑车出行，则可以在手机上规划好导航路线，骑行时手表可以接续导航。这样可以不用随时查看手机，避免出行时发生事故。

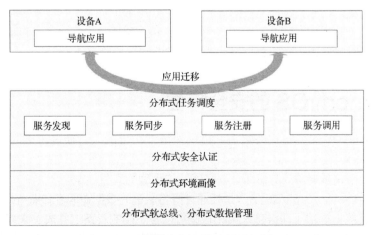

图 1-5　应用迁移分布式任务调度示意图

1.3.2　一次开发，多端部署

　　HarmonyOS 提供了用户程序框架、Ability 框架及 UI 框架，支持应用开发过程中多终端的业务逻辑和界面逻辑的复用，能够实现应用的一次开发、多端部署，提升了跨设备应用的开发效率。一次开发，多端部署示意图如图 1-6 所示。

图 1-6　一次开发，多端部署示意图

　　其中，UI 框架支持 Java 和 JS 两种开发语言，并提供了丰富的多态控件，可以在手机、平板电脑、智能穿戴、智慧屏、车机等设备上显示不同的用户界面效果。其采用业界主流设计方式，提供多种响应式布局方案，支持栅格化布局，以满足不同屏幕的界面适配能力。

1.3.3　统一 OS，弹性部署

　　HarmonyOS 通过组件化和小型化等设计方法，支持多种终端设备按需弹性部署，能够适配不同类别的硬件资源和功能需求。其支持通过编译链关系自动生成组件化的依赖关系，形成组件树依赖图；支持产品系统的便捷开发，降低了硬件设备的开发门槛，其主要特点如下。

　　（1）支持各组件的选择（组件可有可无）：根据硬件的形态和需求，可以选择所需的组件。

　　（2）支持组件内功能集的配置（组件可大可小）：根据硬件的资源情况和功能需求，可以选择配置组件中的功能集。例如，选择配置图形框架组件中的部分控件。

　　（3）支持组件间依赖的关联（平台可大可小）：根据编译链关系，可以自动生成组件化的依赖关系。例如，选择图形框架组件，将会自动选择依赖的图形引擎组件等。

1.4　HarmonyOS 的安全特性

　　在搭载 HarmonyOS 的分布式终端上，可以保证"正确的人，通过正确的设备，正确地使用数据"。

　　（1）通过"分布式多端协同身份认证"来保证"正确的人"。

　　在分布式终端场景下，"正确的人"是指通过身份认证的数据访问者和业务操作者。HarmonyOS 通过将硬件和认证能力解耦（即信息采集和认证可以在不同的设备上完成）来实现不同设备的资源池化以及能力的互助与共享，使高安全等级的设备协助低安全等级的设备完成用户身份认证。

（2）通过"在分布式终端上构筑可信运行环境"来保证"正确的设备"。

在分布式终端场景下，只有保证用户使用的设备是安全可靠的，才能保证用户数据在虚拟终端上得到有效保护，避免用户隐私泄露。HarmonyOS 提供了基于硬件的可信执行环境（Trusted Execution Environment，TEE）来保护用户的个人敏感数据的存储和处理，确保数据不泄露。由于分布式终端硬件的安全能力不同，对于用户的个人敏感数据，需要使用高安全等级的设备进行存储和处理。HarmonyOS 使用基于数学可证明的形式化开发和验证的 TEE 微内核获得了商用 OS 内核 CC EAL5+的认证评级。

（3）通过"分布式数据在跨终端流动的过程中，对数据进行分类分级管理"来保证"正确地使用数据"。

在分布式终端场景下，需要确保用户能够正确地使用数据。HarmonyOS 围绕数据的生成、存储、使用、传输及销毁过程进行全生命周期的保护，从而保证个人数据与隐私，以及系统的机密数据（如密钥）不被泄露。为了保证数据在虚拟超级终端之间安全流转，需要各设备是正确可信的，HarmonyOS 建立了设备间的信任关系（多个设备通过华为账号建立配对关系），并能够在验证信任关系后，在设备间建立安全的连接通道，按照数据流动的规则，安全地传输数据。当设备之间进行通信时，需要基于设备的身份凭据对设备进行身份认证，并在此基础上建立安全的加密传输通道。

本章小结

本章首先分析了全球智能终端的现状，引出了 HarmonyOS 的起源和发展；再分析了 HarmonyOS 的技术架构，包括内核层、系统服务层、框架层和应用层等；最后介绍了 HarmonyOS 的三大技术特性及实现这些特性的底层关键支撑技术。此外，HarmonyOS 设置了严格的安全机制，以保障"正确的人，通过正确的设备，正确地使用数据"。

通过对本章的学习，读者应了解 HarmonyOS 的技术架构和主要技术特性，理解系统实现分布式能力的核心技术。

课后习题

（1）（判断题）HarmonyOS 分布式数据管理技术能够让开发者轻松实现全场景、多设备下的数据存储、共享和访问。（　　）

    A．正确　　　　　　　　B．错误

（2）（多选题）HarmonyOS 根据（　　）实现弹性部署。

    A．硬件价格　　　　　　　　　　　　B．硬件形态和需求

    C．硬件资源情况和功能需求　　　　　　D．编译链关系

（3）（单选题）驱动子系统位于 HarmonyOS 的（　　）。

    A．内核层　　　　B．系统服务层　　　　C．框架层　　　　D．应用层

02 第2章　开启你的第一行 HarmonyOS代码

学习目标

- 了解 HUAWEI DevEco Studio（以下简称 DevEco Studio）开发工具特性。
- 掌握使用 DevEco Studio 搭建应用开发环境的步骤。
- 掌握使用低代码开发方式构建 UI 的方法。
- 熟悉 Gradle 工具的工作机制和使用方法。
- 掌握使用模拟器以及真机调试 HarmonyOS 应用的方法。
- 掌握 HarmonyOS 应用在华为应用市场发布的方法。

HarmonyOS 因其万物互联和安全稳定的优点被越来越多的消费者所喜爱。一个操作系统功能和特性的发挥，体现于在它之上运行的应用中。因此，一款功能强大易用的 HarmonyOS 移动应用开发工具对 HarmonyOS 的发展至关重要。华为公司于 2020 年 9 月推出 DevEco Studio 1.0，到现在已经升级到 3.0 Beta1 版，该版本支持通过可视化布局编辑器构建界面，功能越来越全面，性能也越来越稳定。为了迎合已有移动开发者的习惯，DevEco Studio 采用与市面上已有移动开发工具类似的界面，从而大大降低了现有开发者的学习难度，因此深受开发者喜爱。

本章将对 HarmonyOS 应用从开发到上架的全过程进行详细介绍，包括 DevEco Studio 特性简介、搭建开发环境、低代码开发模式的应用、编译构建 Gradle、调试应用和发布应用等。

2.1 DevEco Studio 特性简介

DevEco Studio 是基于 IntelliJ IDEA Community 开源版本开发的，它面向华为终端的全场景、多设备的一站式集成开发环境（Integrated Design Environment，IDE），为开发者提供项目模板创建、开发、编译、调试、发布等 HarmonyOS 应用开发服务。通过使用 DevEco Studio，开发者可以更高效地开发具备 HarmonyOS 分布式能力的应用，进而提升产品创新的效率。

2.1.1 核心特色

作为一款开发工具，DevEco Studio 除了具有基本的代码开发、编译构建及调测等功能外，还具有图 2-1 所示的六大核心特点，具体介绍如下。

图 2-1　DevEco Studio 六大核心特点

（1）支持多设备统一开发环境。DevEco Studio 支持多种 HarmonyOS 设备的应用开发，包括手机、平板电脑、车机、智慧屏、智能穿戴、轻量级智能穿戴和智慧视觉设备等。

（2）支持多语言的代码开发和调试。DevEco Studio 支持包括 Java、XML、C/C++、JS、CSS、HML 在内的多种语言。

（3）支持 FA/PA 快速开发。DevEco Studio 可以通过向导快速创建 FA/PA 项目模板，并将其一键式打包成 HarmonyOS 能力包（HarmonyOS Ability Package，HAP）模块。

（4）支持分布式多端应用开发。在 DevEco Studio 中，一个项目和一份代码可跨设备运行，从而支持不同设备界面的差异化开发，实现代码的最大化重用。

（5）支持多设备模拟器。DevEco Studio 提供多设备的模拟器资源，包括手机、平板电脑、车机、智慧屏、智能穿戴设备的模拟器，方便开发者高效调试。

（6）支持应用开发 UI 实时预览。DevEco Studio 提供 JS 和 Java 预览器功能，可以实时查看应用用户界面的布局效果，支持实时预览和动态预览；同时支持多设备同时预览，以查看同一个布局文件在不同设备上的呈现效果。

2.1.2　开发流程

开发者按照图 2-2 所示的 DevEco Studio 开发的核心流程，可轻松开发并发布一个 HarmonyOS 应用到华为应用市场。

由图 2-2 可知，使用 DevEco Studio 进行 HarmonyOS 应用开发主要包含 5 个步骤：开发准备，开发应用，编译构建，运行、调试和测试应用，以及发布应用。各个步骤的具体介绍如下。

1. 开发准备

在进行 HarmonyOS 应用开发前，开发者需要注册一个华为开发者账号，并完成实名认证，实名

图 2-2　DevEco Studio 开发的核心流程

认证方式分为"个人实名认证"和"企业实名认证"两种。"个人实名认证"一般需要提供证明自己身份唯一性的材料，如电话号码、邮箱等。

下载 DevEco Studio，一键完成安装。开发工具安装完成后，还需要配置开发环境，具体介绍和操作流程详见 2.2.1 小节。

2. 开发应用

DevEco Studio 集成了手机、平板电脑、智慧屏、智能穿戴和轻量级智能穿戴等设备的多种典型能力模板（Ability Template），包括设备配置能力模板、财务能力模板和登录能力模板等。能力是 HarmonyOS 中对应用功能的抽象，而模板是功能中的共性的集合。开发者可以通过向导轻松地使用这些模板来创建新项目，以提高开发效率。

以大多数应用中都具备的登录功能为例，假设开发者需要开发一个项目，该项目需要先验证用户的身份，通常的做法是在项目启动时弹出登录窗口，用户输入正确的用户名和密码后进入系统。如果在 iOS 或 Android 项目中开发该功能，则开发者通常需要建立登录界面，编写验证逻辑等，这些都会花费大量的时间。而 HarmonyOS 抽象了十几种这样的典型场景，在 DevEco Studio 中提供了对应的能力模板供开发者使用，有效节省了开发时间。

开发者可以在 DevEco Studio 中新建一个项目，并在图 2-3 所示的界面中选择"Login Ability(Java)"能力模板来实现项目所需要的登录功能。

选择好能力模板后，开发者便可以直接进入图 2-4 所示的模板预览界面，该模板已经定义好可视化元素和布局模式，可以实现常见的登录功能。在"邮箱"文本框中输入邮箱（作为用户名），在"密码"文本框中输入对应的密码，点击"登录"按钮，进行登录。至此，一个登录功能就在 HarmonyOS 中实现了。由此可见，DevEco Studio 的能力模板提供了开发过程中常用功能的快速实现，简化了开发者的重复工作，使开发者可以专注于具体业务功能的开发工作。

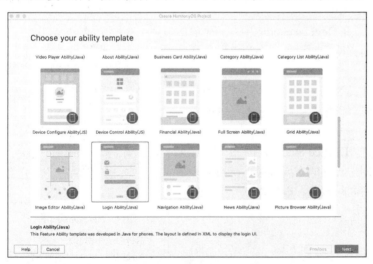

图 2-3　选择能力模板

图 2-4　模板运行界面

当然，开发者也可以不使用任何能力模板，独立设计用户界面并编写代码来新建自己的项目。在设计用户界面的过程中，可以使用预览器来查看其布局效果（如图 2-4 所示）。预览器支持对用户界面的实时预览、动态预览和双向预览等，可以有效提高编程过程的效率。

3. 编译构建

开发者开发好用户界面并建立业务逻辑后，还需要通过编译工具将其编译为可执行代码。编译工具的使用涉及众多的配置信息，开发者多次修改代码也会引入多次编译过程，这些重复性工作都容易造成人为错误。DevEco Studio 中使用项目自动化工具 Gradle 来管理 HarmonyOS 应用的编译构建过程，通过简单的配置文件来规范项目构建内容及过程，大幅提升了编译效率。

4. 运行、调试和测试应用

应用开发完成后，可以使用真机或者模拟器进行调试。模拟器支持单步调试、跨设备调试、跨语言调试、变量可视化调试等调试方式，可以有效提高应用调试的效率。

HarmonyOS 应用开发完成后，在发布到应用市场前，还需要对应用进行测试，主要对漏洞、隐私、兼容性、稳定性等性能进行测试，以确保开发的 HarmonyOS 应用是纯净和安全的，从而给用户带来更好的使用体验。

5. 发布应用

HarmonyOS 应用开发完成后，需要将应用发布至华为应用市场，以便应用市场对应用进行分发，消费者才可以从应用市场获取对应的 HarmonyOS 应用的介绍和下载权限。需要注意的是，发布到华为应用市场的 HarmonyOS 应用必须使用发布证书进行签名。

2.2　搭建开发环境

DevEco Studio 支持 Windows 操作系统和 macOS，在开发 HarmonyOS 应用前，需要准备 HarmonyOS 应用的开发环境，开发环境准备流程如图 2-5 所示。从图中可见，搭建 HarmonyOS 应用开发环境主要包括 3 步：软件安装、配置开发环境和运行 HelloWorld 项目。其中，第一步"软件安装"的具体流程在 2.1.2 小节已经有所介绍，本节主要对后两步进行介绍。

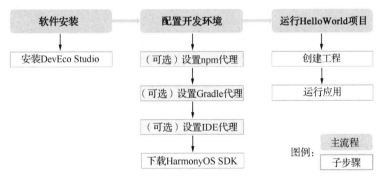

图 2-5　开发环境准备流程

2.2.1　配置开发环境

从 www.harmonyos.com 就可以下载 Windows 操作系统和 macOS 对应的 DevEco Studio 开发工具，下载完成进行安装时，基本上直接单击"下一步"按钮就可以顺利完成安装。HarmonyOS 应用的编译和构建依赖 Java 开发工具包（Java Development Kit，JDK），DevEco Studio 预置了 OpenJDK，版本为 1.8，因此，在 DevEco Studio 应用的安装过程中会自动安装 JDK。

在配置安装环境时，除了安装 JDK 外，还需要安装 HarmonyOS SDK，这是 HarmonyOS 应用开发的关键工具包。DevEco Studio 提供了 SDK Manager 工具来统一管理 SDK 工具链，下载各种编程语言的 SDK 时，SDK Manager 会自动下载该 SDK 依赖的工具链。开发者在 HarmonyOS SDK 版本管理界面中勾选不同的 SDK 版本，单击"Finish"按钮后，DevEco Studio 会自动从网上下载对应版本的 SDK 进行安装。

DevEco Studio SDK Manager 提供了多种编程语言的 SDK 工具链和预览器，具体如表 2-1 所示。

表 2–1 　　　　　　　　　 **DevEco Studio SDK Manager 提供的 SDK 工具链和预览器**

类别	名称	说明	默认是否下载
SDK	Native	C/C++专用 SDK	×
	JS	JS 专用 SDK	√
	Java	Java 专用 SDK	√
SDK 工具链和预览器	Toolchains	SDK 工具链，HarmonyOS 应用开发必备工具集，是编译、打包、签名、数据库管理等工具的集合	√
	Previewer	HarmonyOS 应用预览器，在开发过程中可以动态预览手机、智慧屏、智能穿戴等设备的应用效果，支持 JS 和 Java 应用预览	√

如果用户已经下载过 HarmonyOS SDK，则当存在新版本的 SDK 时，可以通过 SDK Manager 来更新对应的 SDK。用户在两种不同的场景下进入 SDK Manager 主界面的方法分别如下。

（1）在 Windows 操作系统下进入的方法如下：当用户位于 DevEco Studio 欢迎界面时，单击"Configure"→"Settings"→"HarmonyOS SDK"按钮，进入 SDK Manager 主界面。

（在 macOS 下进入的方法如下：单击"Configure"按钮→"Preferences"→"HarmonyOS SDK"→进入 SDK Manager 主界面）。

（2）Windows 操作系统下进入的方法如下：当用户打开了一个 DevEco Studio 项目时，在顶部菜单栏中选择"Tools"→"SDK Manager"命令，进入 SDK Manager 主界面；或者在顶部菜单栏中选择"Files"→"Settings"→"SDK Manager"命令，进入 SDK Manager 主界面。

（macOS 下进入的方法如下：选择"DevEco Studio"→"Preferences"→"HarmonyOS SDK"命令，进入 SDK Manager 主界面）。

进入 SDK Manager 主界面后，勾选需要更新的 SDK，单击"Apply"按钮，在弹出的确认更新窗口中单击"OK"按钮即可开始更新。也可以将对应的勾选取消，并单击"Apply"按钮删除对应的 SDK。在 HarmonyOS SDK 主界面中进行 SDK 的版本管理如图 2-6 所示。

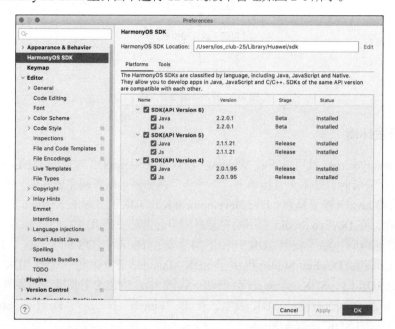

图 2-6　在 HarmonyOS SDK 主界面中进行 SDK 的版本管理

事实上，每个 DevEco Studio 版本对应的 SDK 版本都不同。因此，若要更新 SDK，就需要重新下载对应版本的 DevEco Studio。例如，如果一个旧版本的 DevEco Studio 对应的 SDK 版本是 5.0，那么它无法打开一个 SDK 6.0 的 HarmonyOS 应用。想要打开该应用，只能先将原始的 DevEco Studio 删除，再重新下载安装新版本的 DevEco Studio，之后更新 SDK 的版本到 6.0。

需要注意的是，DevEco Studio 开发环境依赖于网络环境，必须先将它连接上网络才能确保工具的正常使用。如果开发者使用的是个人或家庭网络，则是不需要设置代理信息的。只有在部分企业网络受限的情况下，才需要设置代理信息，可以进入 DevEco Studio 的配置菜单设置对应的 HTTP 代理。

2.2.2　创建并运行 HelloWorld 项目

DevEco Studio 开发环境配置完成后，可以通过运行 HelloWorld 项目来验证环境配置是否正确。以手机上的项目为例，在手机的远程模拟器中创建并运行该项目的具体操作如下。

1．创建项目

（1）打开 DevEco Studio，在欢迎界面中单击"Create HarmonyOS Project"按钮，创建一个新项目。

（2）根据项目创建向导的指示，选择需要的能力模板"Empty Ability(JS)"，如图 2-7 所示，并单击"Next"按钮。

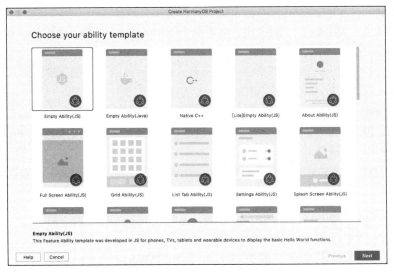

图 2-7　选择需要的能力模板

（3）进入项目配置阶段，同样需要按照项目向导的指示配置项目的基本信息，如图 2-8 所示。项目的基本信息包括"Project Name"（项目名称）、"Project Type"（项目类型）、"Package Name"（软件包名称）、"Save Location"（项目文件的本地存储路径）、"Compatible API Version"（兼容的 SDK 的最低版本）、"Device Type"（项目模板支持的设备类型）和"Show in Service Center"（是否在服务中心显示）等，详细介绍如下。

① Project Name：可以根据项目意义进行自定义项目名称，这里输入"HelloWorld"。

② Project Type：有"Service"和"Application"两个单选按钮，分别表示原子化服务（Service）的项目和传统方式需要安装的应用（Application）项目。该项目是传统应用，因此这里选中"Application"单选按钮。

③ Package Name：默认情况下，华为应用市场的应用 ID 也会使用该名称；请注意，发布应用时，应用 ID 需要唯一；因此如果要发布应用，则这里应该修改包名，不能采用默认值。

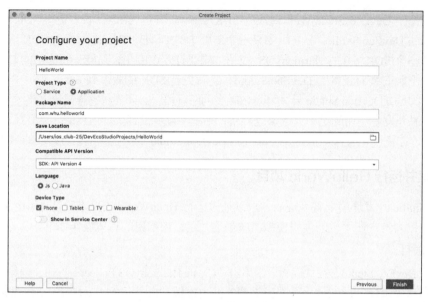

图 2-8　配置项目的基本信息

④ Save Location：请注意，存储路径不能包含中文字符。

⑤ Compatible API Version：一般来说，前后两个版本的 SDK 是相互兼容的，如版本 5.0 和版本 4.0。该项目中的应用基于 SDK 5.0，因此它也可以向下兼容 SDK 4.0。

⑥ Device Type：支持多选，如果勾选多个设备，则表示该原子化服务或传统方式的应用支持部署在多个设备上，以实现分布式应用。该项目为运行在手机上的单机应用。

⑦ Show in Service Center：在实际情况下，如果将 Project Type 设置为 Service，则此项可选，选择后会在服务中心创建入口卡片并显示，否则不创建也不显示入口卡片；如果将 Project Type 设置为 Application，则此项不能选择。该项目此项不能选择。

项目创建完成后，DevEco Studio 会自动进行项目的同步，主要是相关配置信息的完成和资源的引入等。

2. 使用模拟器运行 HelloWorld 项目

DevEco Studio 提供远程模拟器和本地模拟器两种模拟器，本例以远程模拟器为例说明如何在模拟器上运行 HelloWorld 项目。

（1）在 DevEco Studio 的菜单栏中选择 "Tools" → "Device Manager" 命令。

（2）在弹出的 "Device Manager" 对话框的 "Remote Emulator" 选项卡中单击 "Sign in" 按钮，浏览器将进入华为开发者联盟账号登录界面，在该界面中输入已实名认证的华为开发者联盟账号的用户名和密码进行登录。

（3）登录后，单击 "允许" 按钮进行开发者账号授权，如图 2-9 所示。

（4）用户授权后，"Device Manager" 对话框中会显示可用设备列表，可以选择手机设备 P40，并单击 ▶（运行）按钮来运行远程模拟器，如图 2-10 所示。

图 2-9　进行开发者账号授权

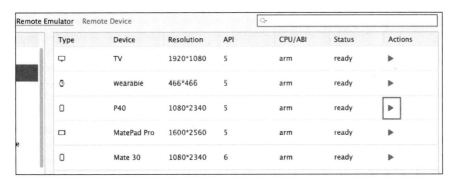

图 2-10　运行远程模拟器

（5）单击图 2-11 所示的 DevEco Studio 工具栏中的 ▶（运行）按钮运行项目。

图 2-11　单击 DevEco Studio 工具栏中的运行按钮

（6）DevEco Studio 会启动项目的编译和构建过程，完成后项目即可运行在模拟器上，该项目在模拟器中的运行效果如图 2-12 所示。

图 2-12　模拟器中的运行效果

2.3　低代码开发模式的应用

低代码开发模式是指通过少量代码就可以快速生成移动应用程序的开发模式。它使得具有不同经验水平的开发者可以通过图形化的界面，使用模型驱动的逻辑和拖曳组件的方法来创建移动应用程序。DevEco Studio 支持低代码开发模式，它具有丰富的用户界面编辑功能，遵循 HarmonyOS JS 开发规范，通过可视化界面开发方式快速构建用户界面布局，可有效降低开发者的上手成本，并提高开发者构建用户界面的效率。

2.3.1 低代码开发界面介绍

开发者在低代码开发界面中可以采用拖曳的方式生成用户界面，这有利于实现低代码模式的应用开发。DevEco Studio 中的低代码开发界面如图 2-13 所示，该界面中主要包含提供控件的 UI Control（UI 控件栏，如图 2-13❶所示），显示组件依赖关系的 Component Tree（组件树，如图 2-13❷所示），提供常用功能的 Panel（功能面板，如图 2-13❸所示），提供组件拖曳功能的 Canvas（画布，如图 2-13❹所示）和配置组件属性的 Attributes & Styles（属性样式栏，如图 2-13❺所示）等。

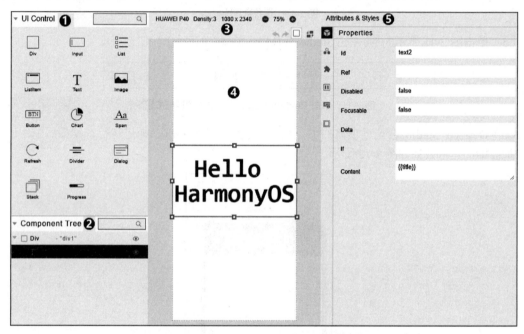

图 2-13　DevEco Studio 中的低代码开发界面

低代码开发界面中组件的具体介绍如下。

（1）UI Control：开发者可以将相应的组件选中并拖曳到画布中，以实现控件的添加。

（2）Component Tree：在低代码开发界面中，组件树可以方便开发者直观地看到组件的层级结构、摘要信息以及错误提示；开发者可以通过选中组件树中的组件（画布中对应的组件被同步选中）实现画布内组件的快速定位；单击组件右侧的"可见"按钮◉或"不可见"按钮◉，可以选择显示或隐藏相应的组件。

（3）Panel：包括常用的画布缩小或放大、撤销或恢复、显示或隐藏组件虚拟边框、可视化布局界面一键转换为 HML 和 CSS 文件等功能。

（4）Canvas：开发者可在此区域中对组件进行拖曳、拉伸等可视化操作，构建用户界面布局效果。

（5）Attributes & Styles：选中画布中的相应组件后，在右侧属性样式栏中可以对该组件的属性样式进行配置，包含的属性样式如下。

① Properties（属性）🔷：用于设置组件基本标识和外观显示特征的属性，如组件的 Id、If 等属性。

② General（通用）♣：用于设置 Width（宽度）、Height（高度）、Background（背景色）、Position（位置）、Display（显示）等常规样式。

③ Feature（特性）：用于设置组件的特有样式，如描述 Text 组件文字大小的 FontSize 样式等。

④ Flex（弹性布局）：用于设置 Flex 相关样式。

⑤ Events（事件）：为组件绑定相关事件，并设置绑定事件的回调函数。

⑥ Dimension（尺寸）：用于设置 Padding（内边距）、Border（边界）、Margin（外边距）等与盒式模型相关的样式。

⑦ Grid（网格）：用于设置 Grid 网格布局相关样式，该按钮只有 Div 组件的 Display 样式被设置为 grid 时才会出现。

2.3.2　使用低代码开发模式

低代码开发模式仅适用于手机和平台设备的 JS 项目，且 SDK 版本必须为 6.0。下面在上一个项目 HelloWorld 的基础上进行改造。

（1）选中模块的 pages 文件夹并单击鼠标右键，在弹出的快捷菜单中选择"New"→"JS Visual"命令，新建低代码 JS Visual，如图 2-14 所示。

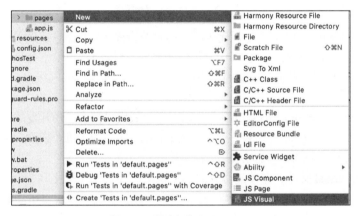

图 2-14　新建低代码 JS Visual

（2）在弹出的对话框的"JS Visual Name"文本框中输入"detailpage"，勾选"Update compileSdkVersion"复选框，单击"Finish"按钮，为 JS Visual 命名，如图 2-15 所示。

图 2-15　为 JS Visual 命名

创建 JS Visual 后，项目中会自动生成低代码的目录结构，如图 2-16 所示。该目录中的主要模块如下。

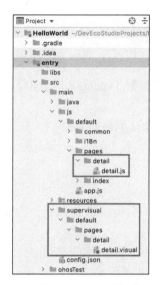

图 2-16　低代码的目录结构

① pages/detail/detail.js：JS 文件是低代码的界面的逻辑描述文件，它定义了界面中用到的所有逻辑关系，如数据、事件等；如果创建了多个低代码的界面，则 pages 目录下会生成多个界面文件夹及对应的 JS 文件；使用低代码开发界面进行开发时，其关联的 JS 文件的同级目录中不能包含 HML 和 CSS 代码开发界面。

② pages/detail/detail.visual：VISUAL 文件用于存储低代码模式应用开发的数据模型，双击该文件即可进入低代码开发界面，进行可视化开发设计；如果创建了多个低代码的界面，则 pages 目录下会生成多个界面文件夹及对应的 VISUAL 文件。

（3）打开 detail.visual 文件，即可进行界面的可视化布局设计与开发。

使用低代码开发界面的过程中，如果需要使用到其他暂不支持可视化布局的控件，则可以先在低代码开发界面中完成开发，再单击 按钮进行代码转换，将低代码开发界面转换为 HML 和 CSS 代码开发界面。

2.3.3　多语言支持

低代码开发界面支持多语言功能，使应用开发者无须开发多个不同语言的版本。开发者可以通过定义资源文件和引用资源两个步骤使用多语言功能。

（1）在指定的 i18n 文件夹中创建多语言资源文件及对应的字符串信息，如图 2-17 所示。

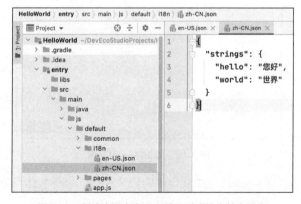

图 2-17　创建多语言资源文件及对应的字符串信息

（2）在低代码开发界面的属性样式栏中使用 $t(path) 函数引用资源，系统将根据当前语言环境和指定的资源路径（通过 $t 的 path 参数设置）显示对应语言的资源文件中的内容。在属性样式栏中引用了字符串资源后，打开预览器即可预览展示效果。JS Visual 资源文件引用展示效果如图 2-18 所示。

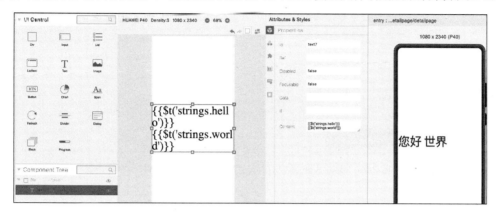

图 2-18　JS Visual 资源文件引用展示效果

2.3.4　案例——花朵展示列表应用

本小节将制作一个花朵展示列表应用，该应用在屏幕中间显示一个列表，每个列表栏目显示一张花朵图片和一个花朵名称，该应用示意图如图 2-19 所示。

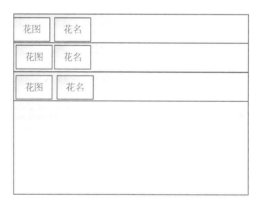

图 2-19　花朵展示列表应用示意图

下面依然在 2.2.2 小节开发的项目 HelloWorld 上进行改造，大致分为两个步骤，即界面设计和业务逻辑设计，具体介绍如下。

1．界面设计

界面设计是在 detailpage.visual 中完成的，开发者可以通过简单的拖曳来生成界面。

（1）向界面中添加 List（列表）组件和 ListItem（列表项）组件。删除模板界面中的控件后，选中组件栏中的 List（列表）组件，将其拖曳至中央画布区域，松开鼠标，实现一个 List 组件的添加。在 List 组件添加完成后，用同样的方法拖曳一个 ListItem 组件至 List 组件内，效果如图 2-20 所示。

（2）调整 List 组件的大小。选中画布中的 List 组件，按住控件的"Resize"按钮，将 List 组件拉大（主要是增大宽度）。

（3）设置 ListItem 组件的属性。选中组件树中的 ListItem 组件，在右侧属性样式栏的通用属性中修改 ListItem 组件的高度为 100px，如图 2-21 所示。

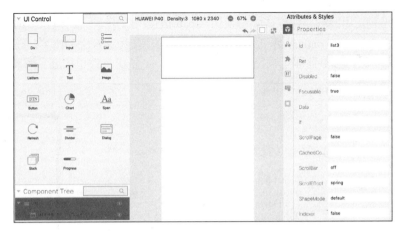

图 2-20　在 JS Visual 中引入 List 组件和 ListItem 组件的效果

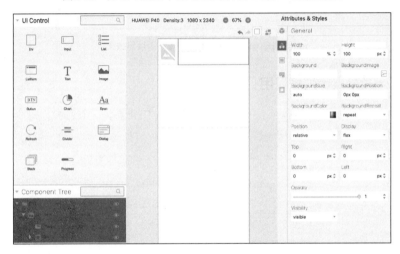

图 2-21　通过属性样式栏修改 ListItem 组件的高度

（4）向界面中添加其他组件。依次选中组件栏中的 Image（图像）组件、Div（划分）组件、Text（文本）组件，将 Image 和 Div 组件拖曳至中央画布区域的 ListItem 组件内，将 Text 组件拖曳至 Div 组件内，效果如图 2-22 所示。

图 2-22　添加 Image、Div 和 Text 组件的效果

（5）调整 Div 组件的样式。选中 Div 组件后，在通用属性中调整 Div 组件的高度为 100px，设置弹性布局属性中的 FlexDirection 属性为 column，JustifyContent 属性为 center，这样设置表示 Div 组件中的子组件按列排列且内容居中，如图 2-23 所示。

图 2-23　通过属性样式栏调整 Div 组件的样式

2. 业务逻辑设计

设计好前端界面后，就可以进行业务逻辑设计了，在本例中就是设计如何向前端界面中的 ListItem 组件提供数据以填充 Image 组件和 Text 组件。在 JS UI 框架部分，这部分工作是通过 JS 文件中的交互逻辑来实现的。JS 文件用来定义界面的业务逻辑，基于 JavaScript 语言的动态化能力，可以使应用更加富有表现力，具备更加灵活的设计。低代码开发界面支持设置 Properties（属性）和绑定 Events（事件）时关联 JS 文件中的数据及方法。

具体操作过程如下。

（1）数据定义。在低代码开发界面的关联 JS 文件的 data 对象中定义 flowerList 数组，如图 2-24 所示。

图 2-24　定义 flowerList 数组

（2）数据关联。选中组件树中的 ListItem 组件，单击右侧属性样式栏中的 Properties（属性）按钮，在界面右侧展开的 Properties 栏中单击 ItemData 属性对应的输入框，并在弹出的下拉列表中选择"{{flowerList}}"选项，实现在低代码开发界面内引用关联的 JS 文件中定义的数据。成功实现关联后，ItemData 属性会根据设置的数据列表（flowerList）展开当前元素，即复制出 3 个结构一致的 ListItem 组件，实现 JS 代码与前端界面的相互影响，如图 2-25 所示。

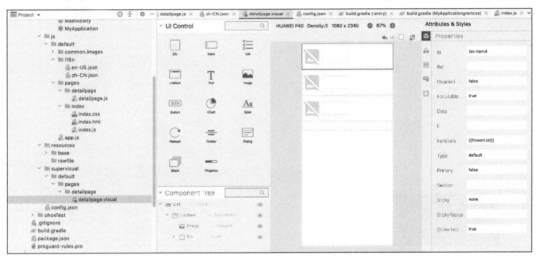

图 2-25　JS 代码与前端界面的相互影响

（3）Image 组件属性设置。选中画布中的 Image 组件，修改右侧属性样式栏中的 Src 属性为 {{$item.image}}，为 Image 组件设置图片资源，如图 2-26 所示。其中，item 为 phoneList 数组中定义的对象，item.image 为对象中的 image 属性。

（4）Text 组件属性设置。选中画布中的 Text 组件，修改右侧属性样式栏中的 Content 属性为 {{$item.title}}，为 Text 组件设置文本内容并调整 Width 和 FontSize 样式，如图 2-27 所示。

图 2-26　通过属性样式栏为 Image 组件设置图片资源

（5）为 Text 组件绑定事件。为粘贴出来的 Text 组件绑定 Click（点击）事件，并关联 JS 文件中的 switchTitle 函数。关联后，在 Previewer、模拟器及真机中点击该 Text 组件，会将第一个列表栏目的标题从"菊花"切换为"黄菊花"。单击窗口右侧的预览工具 Previewer，查看前端设计和交互效果，如图 2-28 所示。

图 2-27　通过属性样式栏修改 Text 组件的样式

图 2-28　通过预览工具 Previewer 查看前端设计和交互效果

2.4　编译构建 Gradle

编译构建是指将 HarmonyOS 应用的源代码、资源、第三方库等打包生成 HAP 模块或者应用包的过程。其中，HAP 模块可以直接运行在真机或者模拟器中；应用包则用于将应用上架到华为应用市场。

在进行 HarmonyOS 应用的编译构建前，需要对项目和编译构建的 Module（模块）进行设置，可以根据实际情况修改两个配置文件，分别是 build.gradle 和 config.json，具体介绍如下。

（1）build.gradle：HarmonyOS 应用依赖 Gradle 进行构建，需要通过 build.gradle 来对项目编译构建参数进行设置。

（2）config.json：应用配置文件，用于描述应用的全局配置信息、在具体设备上的配置信息和 HAP 模块的配置信息。

2.4.1　Gradle 简介

Gradle 这一款第三方开源工具对 HarmonyOS 应用的构建至关重要，它负责将众多的源代码、资源文件和第三方库有序打包到一起，想要实现应用的功能还需要实现项目自动化。

项目自动化是指通过自定义有序的步骤来完成代码的编译、测试和打包等工作，减少了开发者的重复工作，并通过减少开发者手动介入的方式来降低错误的发生率。

Gradle 是吸收了 Apache Ant 和 Apache Maven 这两款著名开源项目自动化工具的优点的项目自动化工具，被集成到很多开发工具和开源项目中，如 Android Studio 和 DevEco Studio。它使用一种基于 Groovy 的特定领域语言（Domain Specified Language，DSL）来声明项目设置，抛弃了基于 XML 的各种烦琐配置，大大提高了项目的构建速度。当前 Gradle 支持的语言限于 Java、Groovy、Kotlin 和 Scala，其未来将支持更多的语言。Gradle 目前以面向 Java 应用为主。

2.4.2　HarmonyOS 应用中的 Gradle

Gradle 工具包是在安装 DevEco Studio 开发工具时默认安装的，存放在系统第三方库文件夹中，当然，也可以存放在开发者指定的位置。该工具包对项目的管理依赖于一些配置文件，最核心的为 build.gradle 文件。该文件分为项目级和模块级两种类型，其中项目根目录下的项目级 build.gradle 用于项目的全局设置，各模块下的 build.gradle 只对当前模块生效。

这两类 build.gradle 文件中各自包含许多与项目和模块的结构及运行参数有关的配置信息，下面对这些文件的内部组成进行具体分析。

1. 项目级 build.gradle 文件结构

（1）apply plugin：该项设置表明在项目级 Gradle 中引入了哪些插件，默认引用的是打包插件，不需要修改。示例代码如下。

```
apply plugin: 'com.huawei.ohos.app'
```

（2）ohos 闭包：该项设置为项目配置信息，包括以下配置项。

① compileSdkVersion：依赖的 SDK 版本。示例代码如下。

```
compileSdkVersion 5                         //应用编译构建的目标 SDK 版本
    defaultConfig {
        compatibleSdkVersion 4              //应用兼容的最低 SDK 版本
    }
```

② signingConfigs：发布应用时的签名信息，在应用发布中进行设置后自动生成。

（3）buildscript 闭包：该项设置指明 Gradle 脚本执行时的依赖文件，包括 Maven 仓地址和 HarmonyOS 编译构建插件。HarmonyOS 编译构建插件是以 Gradle 插件为基础的，在使用相应的 HarmonyOS 编译构建插件时，需要使用配套的 Gradle 插件。

buildscript 闭包配置信息代码如下例所示。

例　buildscript 闭包配置信息

```
buildscript {
    repositories {
        maven {
            url 'https://mirrors.huaweicloud.com/repository/maven/'
        }
        maven {
            url 'https://developer.huawei.com/repo/'
        }
        jcenter()
    }
    dependencies {
        classpath 'com.huawei.ohos:hap:2.4.5.0'
```

```
❏                    classpath 'com.huawei.ohos:decctest:1.2.4.1'
❏            }
❏     }
```

Maven 是一款主流的软件项目管理工具，能够很方便地帮助用户管理第三方库文件版本及依赖关系等。它基于项目对象模型，可以通过一小段描述信息来管理项目的构建、报告和文档。由前面示例代码中的 dependencies 字段可知：HarmonyOS 编译构建插件版本为 com.huawei.ohos:hap: 2.4.5.0。

（4）allprojects 闭包：该项设置指明项目自身所需的依赖文件，如引用第三方库的 Maven 仓库和依赖包。该闭包内容和 buildscript 基本一致，只是没有 dependencies 字段。

2. 模块级 build.gradle 文件结构

（1）apply plugin：该项设置指明在模块级 Gradle 中引用了哪些插件，默认引用打包 HAP 模块和两种 Library 的插件，用户无须修改。示例代码如下。

```
❏     apply plugin: 'com.huawei.ohos.hap'          //打包 HAP 模块的插件
❏     apply plugin: 'com.huawei.ohos.library'      //将 HarmonyOS Library 打包为 HAR 包的插件
❏     apply plugin: 'java-library'                 //将 Java Library 打包为 JAR 包的插件
```

（2）ohos 闭包：此项设置为模块配置信息，包括以下配置项。

① compileSdkVersion：依赖的 SDK 版本，这部分和模块级 gradle 配置一致。

② showInServiceCenter：是否在服务中心露出，只有在创建项目时选择了 "Show in Service Center" 选项后才会生成该字段。示例代码如下。

```
❏     showInServiceCenter true
```

③ signingConfigs：在编译构建生成 HAP 模块中进行设置后自动生成。

④ externalNativeBuild：C/C++编译构建代码设置项。示例代码如下。

```
❏     externalNativeBuild {
❏         path "src/main/cpp/CMakeLists.txt"//CMake 配置入口，提供 CMake 构建脚本的相对路径
❏         arguments "-v"                         //传递给 CMake 的可选编译参数
❏         abiFilters "arm64-v8a"                 //用于设置本机的 ABI 编译环境
❏         cppFlags ""                            //用于设置 C++编译器的可选参数
❏     }
```

⑤ entryModules：该项目关联的 entry 模块，每个 HarmonyOS 项目可以分解为多个模块，模块只有 feature 和 entry 两种类型，每个项目有且仅有一个 entry 模块，可以理解为项目的入口模块，项目运行时首先加载该模块。示例代码如下。

```
❏     entryModules "entry"
```

⑥ annotationEnabled：支持数据库注释。示例代码如下。

```
❏     compileOptions{
❏         annotationEnabled true   //true 表示支持，数据库 false 表示不支持注释
❏     }
```

⑦ dependencies 闭包：该模块所需的依赖项。示例代码如下。

```
❏     dependencies {
❏         implementation fileTree(dir: 'libs', include: ['*.jar','*.har'])
❏       //该模块依赖的本地库，支持 JAR 包和 HAR 包
❏         testImplementation 'junit:junit:4.13'                      //测试用例框架，无须修改
❏             ohosTestImplementation 'com.huawei.ohos.testkit:runner:1.0.0.200'
❏     }
```

2.5 调试应用

应用开发完毕后，需要对其逻辑正确性进行验证。DevEco Studio 提供了丰富的 HarmonyOS 应用调试功能，支持在模拟器和真机上进行代码调试，以帮助开发者更方便、更高效地调试应用。

2.5.1 模拟器调试

远程模拟器支持 Java、JS 单语言调试和 JS+Java 跨语言调试，同时支持分布式应用的跨设备调试。HarmonyOS 应用调试支持使用模拟器调试，可以支持运行已签名或未签名的应用。使用模拟器调试应用的流程如图 2-29 所示，主要分为 5 步：设置调试代码类型、检查 config.json 文件属性、设置 HAP 模块安装方式、启动调试和断点管理。各步骤详细介绍如下。

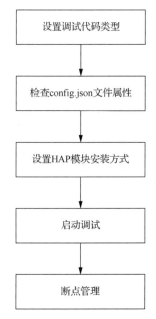

图 2-29　使用模拟器调试应用的流程

1. 设置调试代码类型

调试代码类型在默认情况下为自动检测（Detect Automatically），支持 Java、JS、JS+Java 项目的调试。DevEco Studio 支持的调试代码类型如表 2-2 所示。

表 2-2　　　　　　　　　　　　　　　　DevEco Studio 支持的调试代码类型

调试类型	支持的调试代码类型
Java Only	仅支持调试 Java 代码
Js Only	仅支持调试 JS 代码
Native Only	真机支持调试 C/C++代码，模拟器不支持
Dual(Js + Java)	调试 JS FA 调用 Java PA 场景的 JS 和 Java 代码
Dual(Java + Native)	真机支持调试 Java+C/C++混搭代码，模拟器不支持调试 C/C++或 Java+C/C++混搭代码
Detect Automatically	新建项目默认调试器选项，根据调试的项目类型，自动启动对应的调试器

由表 2-2 可知，模拟器条件下不支持 Native 模式的代码，即项目中不能出现 C/C++代码，但真机调试是支持 Native 模式代码的调试的。需要注意的是，如果想在 JS+Java 混合项目中单独调试 Java

代码，则需要手动修改 Debug Type 为 Java。

　　修改调试类型的方法如图 2-30 所示。在菜单栏中选择"Run"→"Edit Configurations"→"Debugger"命令，在"HarmonyOS App"中选择相应模块，可以进行 Java/JS 调试配置。

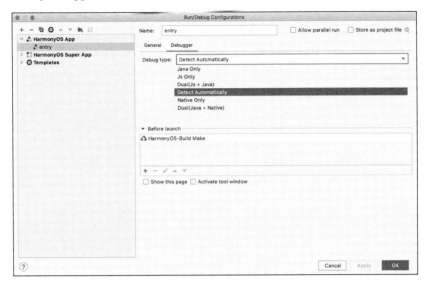

图 2-30　修改调试类型的方法

2.　检查 config.json 文件属性

　　在启动 Feature 模块的调试前，应检查 Feature 模块下的 config.json 文件的 abilities 数组是否存在"visible"属性，如果不存在，则手动添加，否则 Feature 模块的调试无法进入断点。entry 模块的调试不需要做该检查。

　　在项目目录中，单击 Feature 模块下的 src\main\config.json 文件，检查 abilities 数组是否存在"visible"属性。如果存在该属性，则可以正常进行调试；如果不存在该属性，则手动添加，如图 2-31 所示。

```
"abilities": [
  {
    "skills": [
      {
        "entities": [
          "entity.system.home"
        ],
        "actions": [
          "action.system.home"
        ]
      }
    ],
    "name": "com.whu.myapplicationgramcss.MainAbility",
    "visible":true,
    "icon": "$media:icon",
    "description": JS_Empty Ability,
    "label": entry_MainAbility,
    "type": "page",
    "launchType": "standard"
  }
],
```

图 2-31　手动添加"visible"属性

3.　设置 HAP 模块安装方式

　　在调试阶段，HAP 模块在设备上的安装方式有以下两种，可以根据实际需要进行设置。

（1）先卸载应用，再重新安装，该方式会清除设备上的所有应用缓存数据（默认安装方式）。

（2）采用覆盖安装方式，不卸载应用，该方式会保留应用的缓存数据。

如果要采用第二种安装方式，则设置方法如下：在菜单栏中选择"Run"→"Edit Configurations"命令，设置指定的 HAP 模块安装方式，勾选"Replace existing application"复选框，采用覆盖安装方式，保留应用缓存数据，如图 2-32 所示。

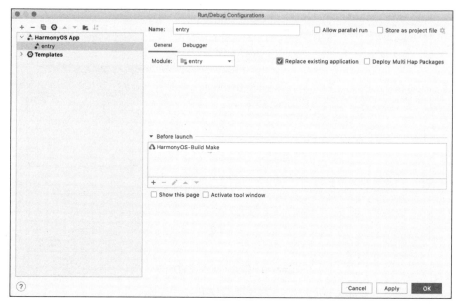

图 2-32　采用覆盖安装方式安装 HAP 模块

4. 启动调试

在工具栏中选择调试的设备，单击"Debug"按钮 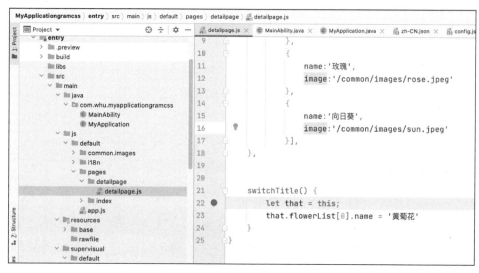 或"Attach Debugger to Process"按钮 启动调试。如果需要设置断点调试，则选定要设置断点的有效代码行，在行号（如第 22 行）的区域位置处单击即可设置断点（图 2-33 所示的圆点表示断点所在位置）。

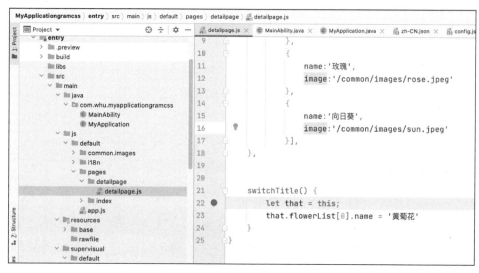

图 2-33　JS 源代码断点设置

启动调试后，开发者可以通过调试器进行代码调试。调试器中各个按钮的名称、快捷键和功能说明如表 2-3 所示。

表 2-3　　　　　　　　　　　调试器中各个按钮的名称、快捷键和功能说明

按钮	名称	快捷键	功能说明
▶‖	Resume Program（重启程序）	F9（macOS 下为 Option+Command+R）	当程序执行到断点时停止执行，单击此按钮，程序继续执行
△	Step Over（单步跨过）	F8（macOS 下为 F8）	在单步调试时，直接前进到下一行
↓	Step Into（单步进入）	F7（macOS 下为 F7）	在单步调试时，对子函数也进行单步执行
↓	Force Step Into（强迫单步进入）	Alt+Shift+F7（macOS 下为 Option+Shift+F7）	在单步调试时，强制进行下一步操作
↑	Step Out（单步跳出）	Shift+F8（macOS 下为 Shift+F8）	在单步调试执行到子函数内时，单击此按钮会执行完子函数剩余的部分，并跳出返回到上一层函数
■	Stop（停止）	Ctrl+F2（macOS 下为 Command+F2）	停止调试任务
↘I	Run To Cursor（运行到光标处）	Alt+F9（macOS 下为 Option+F9）	断点执行到光标停留处

调试时的难点在于 Step Into、Step Over 和 Step Out 这 3 个调试选项在单步执行到子函数时该如何选取。如果函数中存在子函数，则 Step Over 不会进入子函数内单步执行，而是将整个子函数当作一步执行；Step Into 会进入子函数内进行单步执行；Step Out 在函数中单步执行时，会将剩余代码马上执行完毕，并从子函数跳出。

5. 断点管理

在设置的程序断点处单击鼠标右键，在弹出的快捷菜单中选择"More"命令或按快捷键 Ctrl+Shift+F8（macOS 下为 Shift+Command+F8），可以管理断点，如图 2-34 所示。

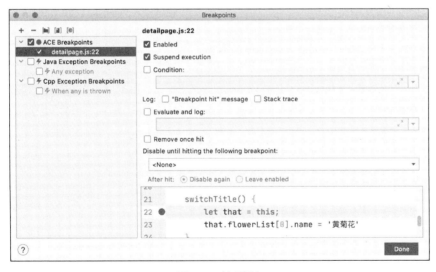

图 2-34　管理断点

图 2-34 中显示的是 JS 断点，只支持普通行断点管理方式。对于 Java 断点，可以额外支持 Exception（异常）断点模式；对于 C 或 C++断点，在 Java 断点上又增加了 Symbolic（符号）断点模式。

2.5.2　生成自动签名

真机分为本地物理真机和远程真机，使用真机进行调试时，其调试流程与在模拟器中完全相同，都需要对应用进行签名。下面以本地物理真机为例进行说明，详细的真机调试流程如图 2-35 所示。

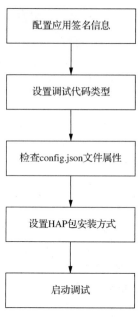

图 2-35　详细的真机调试流程

整个真机调试的过程与模拟器调试的差别就在于需要使用签名信息，签名信息非常重要，它是鉴别用户身份的唯一手段。一般采用公钥密码机制来生成证书，开发者通过证书对应用签名。

调试应用签名的生成方式包括以下两种。

● 先从华为应用商店 AppGallery Connect 中申请调试证书和 Profile 文件后，再进行签名。

● 通过 DevEco Studio 自动化签名的方式对应用进行签名。相比上一种方式，该方式在调试阶段更加简单和高效。

下面将详细介绍 DevEco Studio 自动化签名的步骤。

（1）连接真机，确保 DevEco Studio 与真机已连接。

（2）在菜单栏中选择"File"→"Project Structure"→"Project"→"Signing Configs"命令，单击"Sign In"按钮进行登录操作，如图 2-36 所示。

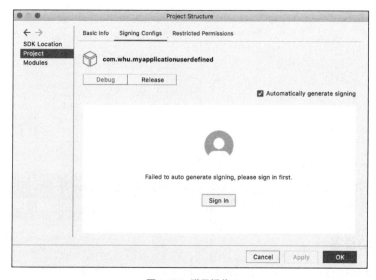

图 2-36　登录操作

（3）在 AppGallery Connect 中创建项目和应用。

① 登录 AppGallery Connect，创建一个项目，如图 2-37 所示。

图 2-37　在 AppGallery Connect 中创建一个项目

② 在项目中创建一个应用。如果是非实名认证的用户，则可单击左侧导航下方的 "HAP Provision Profile 管理" 界面的 HarmonyOS 应用按钮。如果项目中没有应用，则单击 "添加应用" 按钮进行创建。如果项目中已有应用，则展开顶部应用列表，单击 "添加应用" 按钮，为已有项目添加应用，如图 2-38 所示。

图 2-38　为已有项目添加应用

③ 填写应用详细配置信息，如图 2-39 所示，主要包括如下信息。

- 选择平台：选择应用发布的操作系统平台。
- 支持设备：选择调试的设备类型。
- 应用包名：必须与 config.json 文件中的 bundleName 取值保持一致。

图 2-39　填写应用详细配置信息

（4）返回 DevEco Studio 的自动签名界面，单击 "Try Again" 按钮，即可自动进行签名。自动生成的签名所需密钥（.p12）、数字证书（.cer）和 Profile 文件（.p7b）会默认存放到用户目录（不同操作系统和不同用户会有差异）的.ohos/config 目录下，如图 2-40 所示。

设置完签名信息后，单击 "OK" 按钮进行保存，并在项目下的 build.gradle 文件中查看签名的配置信息。

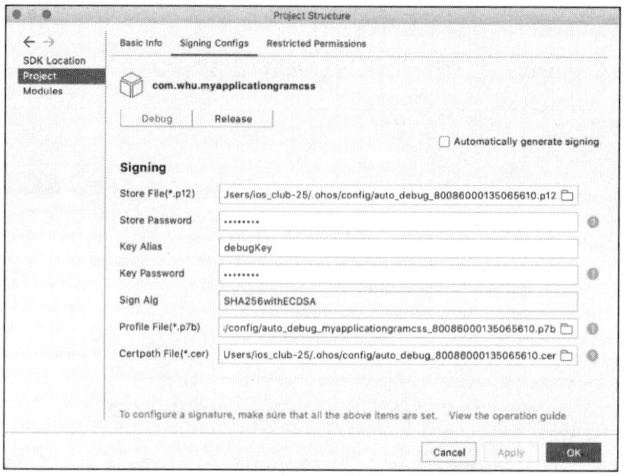

图 2-40　自动生成的签名默认存放的目录

示例代码如下。

```
signingConfigs {
    debug {
        storeFilefile('/Users/ios_club-25/.ohos/config/auto_debug_
        80086000135065610.p12')
        storePassword '00000001810629E6D43C9543C23C58879E0B3727094FA07AA73EA
        1961F8E3B43ADDBF54553D7BA0FC'
        keyAlias = 'debugKey'
        keyPassword '00000018ECDFDF5F25150505924A3DE115117F7BA33399B8A
        277390197F990B29A7F872A194EEA36'
        signAlg = 'SHA256withECDSA'
        profile file('/Users/ios_club-25/.ohos/config/auto_debug_myapplicat
        iongramcss_80086000135065610.p7b')
        certpath file('/Users/ios_club-25/.ohos/config/auto_debug_
        80086000135065610.cer')
    }
}
```

2.5.3　生成签名 HAP 模块

HAP 模块可以直接在模拟器或者真机上运行，用于 HarmonyOS 应用开发阶段的调试和运行效果的查看。HAP 模块按构建类型和是否需要签名可以分为以下 4 种形态。

（1）构建类型为 debug 的 HAP 模块（携带调试签名信息）。具备单步调试等调试手段的 HAP 模块，一般用于开发者使用真机调试应用。

（2）构建类型为 release 的 HAP 模块（携带调试签名信息）。不具备调试能力的 HAP 模块，但相对于 debug 类型的 HAP 模块体积更小，运行效果与用户实际体验一致，一般用于开发者在代码调试完成后，在真机中验证应用运行效果。

（3）构建类型为 debug 的 HAP 模块（不带调试签名信息）。具备单步调试等调试手段的 HAP 模块，一般用于开发者使用模拟器调试应用。

（4）构建类型为 release 的 HAP 模块（不带调试签名信息）。不具备调试能力的 HAP 模块，相对于 debug 类型的 HAP 模块体积更小，运行效果与用户实际体验一致。一般用于开发者在代码调试完成后，在模拟器中验证应用运行效果。

一个 HarmonyOS 项目下可以存在多个 Module，在编译构建时，可以选择对单个 Module 进行编译构建，也可以对整个项目进行编译构建，同时生成多个 HAP 模块。本小节将介绍携带调试签名信息的 HAP 模块的生成过程，它除了可以在真机上运行之外，还可以直接在运行时进行调试，了解它的生成过程十分有意义，其生成过程如下。

（1）设置好应用的签名信息。

（2）打开界面左下角的 OhosBuild Variants，设置模块的编译构建类型为 debug，如图 2-41 所示。

图 2-41　设置模块的编译构建类型

（3）在菜单栏中选择"Build"→"Build Hap(s)/APP(s)"→"Build Hap(s)"命令，如图 2-42 所示，生成已签名的 debug HAP 模块。

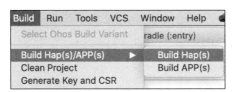

图 2-42　选择菜单命令

（4）此时，在 outputs 目录下可以看到生成的 .hap 文件，如图 2-43 所示。

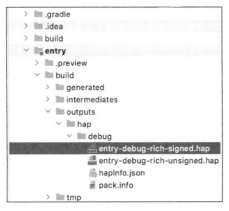

图 2-43　outputs 目录下生成的 .hap 文件

2.5.4　真机调试

当连接上安装有 HarmonyOS 的真机后，在 DevEco Stdio 的工具栏的设备下拉列表中可以看到正在运行的设备，选择"HUAWEI ELS-AN10"设备，单击 ▶ 按钮开始运行，如图 2-44 所示。

图 2-44　选择设备并运行

真机运行结果如图 2-45 所示。

图 2-45　真机运行结果

2.6　发布应用

开发者完成 HarmonyOS 应用开发并进行编译和正确性调试后，需要将应用打包成应用包发布到华为应用市场，发布应用的流程如图 2-46 所示。

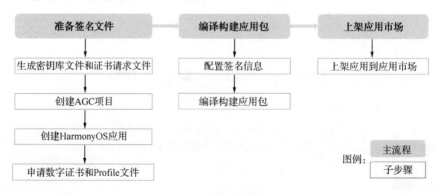

图 2-46　发布应用的流程

在应用发布环节中有几个关键的概念，分别介绍如下。

（1）密钥：包含非对称加密中使用的公钥和私钥，存储在密钥库文件中，格式为.p12，公钥和私钥用于数字签名和认证，用户在本地通过 DevEco Studio 生成。

（2）证书请求文件：格式为.csr，全称为 Certificate Signing Request，包含密钥对中的公钥和公共名称、组织名称、组织单位等信息，用于向 AppGallery Connect 申请数字证书，用户在本地通过 DevEco Studio 生成。

（3）数字证书：格式为.cer，当开发者向 AppGallery Connect 提交步骤（1）和步骤（2）中的文件后，由 AppGallery Connect 颁发。

（4）Profile（证书环境画像）文件：格式为.p7b，包含 HarmonyOS 应用的包名、数字证书信息、允许应用申请的证书权限列表，以及允许应用调试的设备列表（如果应用类型为 release 类型，则设备列表为空）等内容，每个应用包中均必须包含一个 Profile 文件。

有证书发布机构的公钥密钥安全认证体系如图 2-47 所示。这里的第三方认证机构就是 AppGallery Connect，用户 A 就是 HarmonyOS 应用开发者，用户 A（开发者）将应用发布到华为应用商店，用户 B 就是 HarmonyOS 应用使用者。开发者和使用者之间并不相互信任，使用者不了解开发者在应用中具体做了什么，但他们都信任 AppGallery Connect。由 AppGallery Connect 这个权威的、大家都信任的第三方认证机构来给开发者颁发经过 AppGallery Connect 签名的开发者公钥密钥对，即步骤（3）中的数字证书.cer。用户 A 向 AppGallery Connect 申请数字证书时需要上传步骤（1）和步骤（2）中的证书请求文件及用户 A 的私钥，AppGallery Connect 通过用户 A 的私钥判断其合法身份，最终向用户 A 颁发经过 AppGallery Connect 签名的开发者公钥密钥对（即数字证书.cer）。用户 B 从 AppGallery Connect 下载用户 A 开发的应用包时，下载到的应用包是经过 AppGallery Connect 私钥和用户 A 的私钥加密过的，用户 B 可以用 AppGallery Connect 的公钥和用户 A 的公钥对该应用包进行解密，从而验证该应用开发者的合法身份。

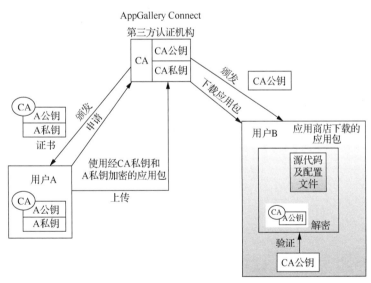

图 2-47　有证书发布机构的公钥密钥安全认证体系

2.6.1　准备签名文件

准备签名文件的过程主要分为以下几个步骤。

1. 生成密钥库文件和证书请求文件

2.5.4 小节介绍的在真机上进行应用调试时，采用了较为简单的自动签名生成过程。但发布到华为应用市场时，需要开发者手动生成签名文件。签名文件生成的第一步就是要生成密钥库文件和证书请求文件。HarmonyOS 应用通过数字证书（.cer 文件）和 Profile 文件（.p7b 文件）来保证应用的完整性，数字证书和 Profile 文件可通过登录 AppGallery Connect 进行操作。

申请数字证书和 Profile 文件前，首先需要通过 DevEco Studio 来生成密钥库文件（.p12 文件）和证书请求文件（.csr 文件）。也可以使用命令行工具来生成密钥库文件和证书请求文件。通过 DevEco Studio 生成相关文件的流程如下。

（1）在菜单栏中选择"Build"→"Generate Key and CSR"命令。

（2）在进入的"Generate Key and CSR"界面中对密钥库文件的生成方法进行配置，如图 2-48 所示。可以单击"Choose Existing"按钮选择已有的密钥库文件；如果没有密钥库文件，则可以单击"New"按钮进行创建。下面以创建新的密钥库文件为例进行说明，这里单击"New"按钮。

图 2-48 对密钥库文件的生成方法进行配置

（3）在进入的"Create Key Store"界面中填写密钥库信息后，单击"OK"按钮新建密钥库，如图 2-49 所示。

图 2-49 新建密钥库

（4）在进入的"Generate Key and CSR"界面中填写密钥信息，并单击"Next"按钮，如图 2-50 所示。需要填写的信息如下。

图 2-50 填写密钥信息

① Alias（密钥的别名信息）：用于标识密钥名称，请记住该别名，后续签名配置时会用到。

② Password（密钥对应的密码）：与密钥库密码保持一致，无须手动输入。

③ Validity（证书有效期）：有效期以年为单位，建议设置为 25 年及以上，以保证覆盖应用的完整生命周期。

④ Certificate（证书的基本信息）区域：如开发者所在组织（公司名或单位名）、城市或地区、国家码等，应至少填写一项。

（5）在进入的"Generate Key and CSR"界面中选择 Key Store File（密钥库文件）并配置 CSR File（*.csr）（即 CSR 证书文件的存储路径），如图 2-51 所示。

图 2-51　配置密钥库文件和证书存储路径

（6）单击"Finish"按钮，创建 CSR 文件，可以在存储路径下获取生成的密钥库文件（.p12）和证书请求文件（.csr），如图 2-52 所示。

图 2-52　获取生成的密钥库文件和证书请求文件

2.　申请发布证书和 Profile 文件

（1）通过生成的证书请求文件，可以向 AppGallery Connect 申请发布证书和 Profile 文件，在已有华为开发者账户的前提下，打开 AppGallery Connect 网站，可以进入图 2-53 所示的用户项目界面。

图 2-53　用户项目界面

（2）单击"用户与访问"按钮，选择"证书管理"选项，可以进入图 2-54 所示的证书管理界面。在该界面中可以申请新的证书，一个证书对应一台设备。可以看到图 2-54 中的用户有 3 个证书，列表中的最后一个证书是发布证书。在当前界面的左侧窗格中还可以切换到设备管理界面，在该界面中可以对用户设备进行管理。

图 2-54　证书管理界面

（3）单击图 2-53 中的"我的项目"按钮，可以新建项目或查看已有项目，如图 2-55 所示。

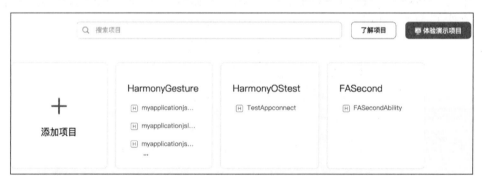

图 2-55　新建项目或查看已有项目

（4）这里查看已有项目 FASecond 的详细信息，如图 2-56 所示。

图 2-56　查看已有项目 FASecond 的详细信息

（5）选择"HAP Provision Profile"选项，进入管理 HAP Provision Profile 界面，如图 2-57 所示。用

户可以添加、删除、下载 Profile 文件，也可以查看其对应的设备和应用信息。Profile 文件的类型分为"调试"和"发布"两种，证书也分为调试证书和发布证书，这里第一个证书为发布证书。

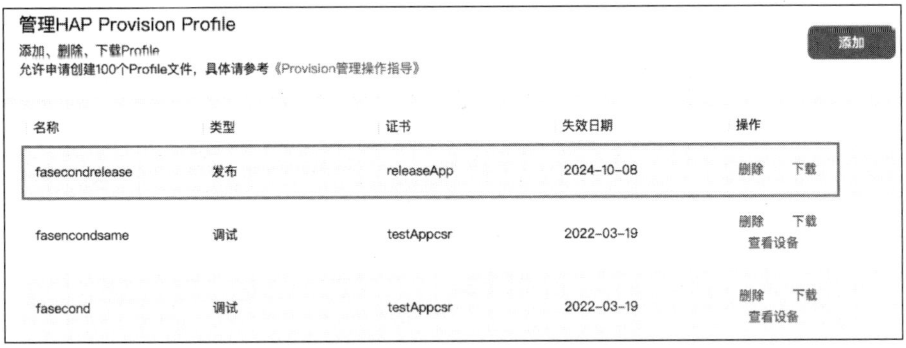

图 2-57　管理 HAP Provision Profile 界面

（6）本地目录中存储的发布 Profile 文件和发布证书如图 2-58 所示，这里有一个发布证书 releaseApp.cer，有两个应用的发布 Profile 文件（图 2-58 所示标记的框中扩展名为.p7b 的文件）。

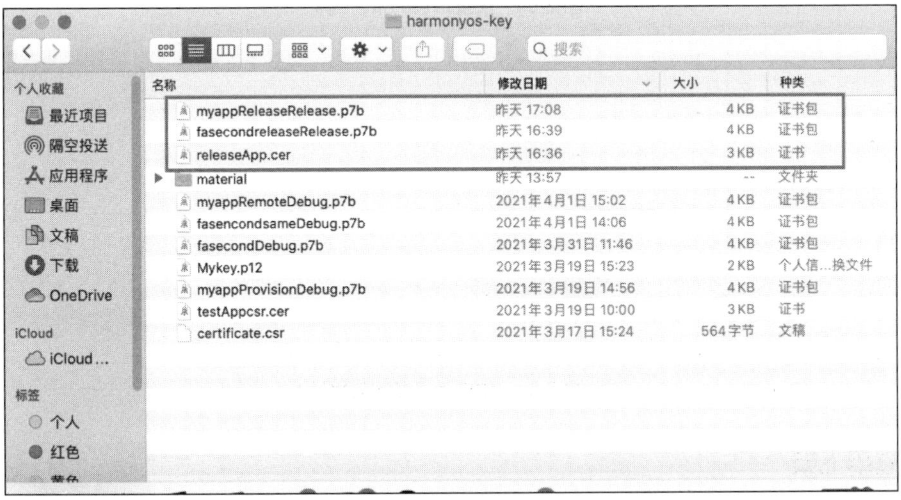

图 2-58　本地目录中存储的发布 Profile 文件和发布证书

2.6.2　配置签名信息和编译

编译构建应用包需要使用制作好的私钥（.p12）文件、从 AppGallery Connect 中申请的证书（.cer）文件和 Profile 文件（.p7b），且需要在 DevEco Studio 中对项目进行配置。

（1）选择"File"→"Project Structure"→"Project"→"Signing Configs"→"Release"命令，配置项目的签名信息，如图 2-59 所示。

（2）配置完项目的签名信息后，单击"OK"按钮进行保存，并使用 DevEco Studio 生成应用。打包应用时，DevEco Studio 会将项目目录下的所有 HAP 模块打包到应用包中，因此，如果项目目录中存在不需要打包到应用包的 HAP 模块，则可以手动将其删除后再进行编译构建以生成应用。

（3）选择"Build"→"Build Hap(s)/APP(s)"→"Build APP(s)"命令，等待编译构建生成应用包。编译构建完成后，可以在项目的 build\ outputs\app\ release 目录下生成带签名的应用包，如图 2-60 所示。

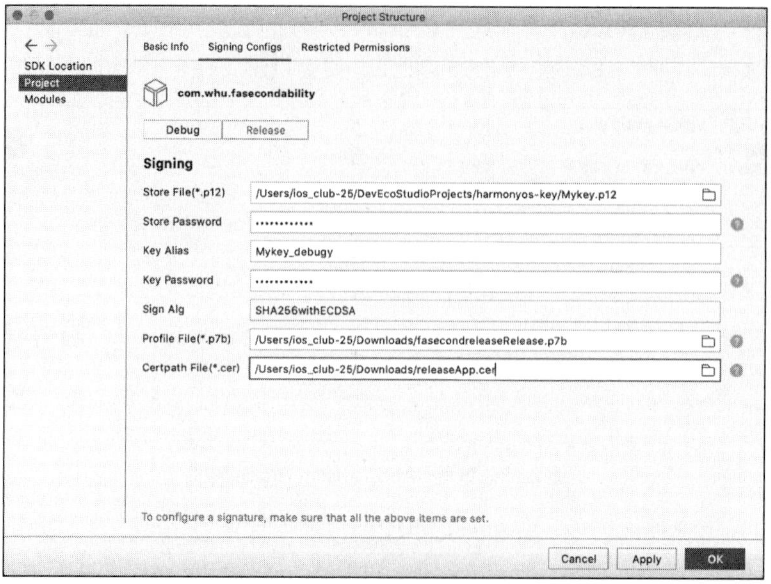

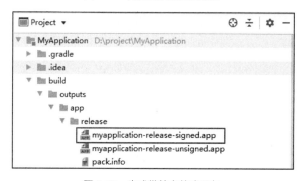

图 2-59　配置项目的签名信息

图 2-60　生成带签名的应用包

2.6.3　应用上架

　　将 HarmonyOS 应用打包成应用包后，开发者可以通过 AppGallery Connect 将 HarmonyOS 应用分发到不同的设备上。在前面的步骤都完成的情况下，在 AppGallery Connect 中填写一下应用的基本信息，如开发者服务信息、版本信息、配置应用分类等，并将打包好的应用上传即可进行应用发布。

本章小结

　　本章介绍了 DevEco Stduio 开发工具的特性和使用它来开发 HarmonyOS 应用的关键步骤，包括搭建开发环境、编写代码、编译构建、调试应用和发布应用等。此外，使用 DevEco Stduio 的新特性——低代码开发模式来快速构建应用前端的方法在本章中也有介绍。在这些内容中，代码编写和应用调试部分是本章的重点，辅助编译构建的项目自动化管理工具 Gradle 的使用是本章的难点。

　　通过对本章的学习，读者应熟悉 DevEco Studio 开发工具的安装和使用，掌握使用该工具开发并上架一个完整应用的流程，学会如何对应用进行调试，并对引用他人项目时产生的工具错误提示有一定的鉴别和处理能力。

课后习题

（1）（多选题）DevEco Studio 的核心特色包括（　　　）。

  A．支持应用开发 UI 实时预览　　　　　B．支持多设备统一开发环境

  C．支持分布式多端应用开发　　　　　D．支持多语言的代码开发和调试

（2）（多选题）低代码开发模式的优点包括（　　　）。

  A．支持界面的拖曳构建模式　　　　　B．支持业务逻辑 JS 和界面相互绑定

  C．支持界面自动生成 HML 和 CSS 代码　D．支持 HML 和 CSS 代码反响生成界面

（3）（多选题）项目自动化构建工具 Gradle 的优点包括（　　　）。

  A．它可以尽量防止开发者手动介入，从而节省了开发者的时间并减少了错误的发生

  B．自动化可以自定义有序的步骤来完成代码的编译、测试和打包等工作，让重复的步骤变得简单

  C．IDE 可能受到不同操作系统的限制，而自动化构建是不会依赖于特定的操作系统和 IDE 的，具有平台无关性

  D．Gradle 适用于 Java、C++和 JS 等开发语言

（4）（判断题）目前 HarmonyOS 应用支持在真机、远程真机、远程模拟器和远程分布式模拟器上调试执行。（　　）

  A．正确　　　　　B．错误

（5）（判断题）应用上架前必须经过开发者签名且开发者的签名一定要通过 AppGallery Connect 来获取，这样做的好处是同时保障开发者和用户的权益和安全。（　　）

  A．正确　　　　　B．错误

03 第3章 HarmonyOS应用结构剖析

学习目标

- 了解 HarmonyOS 中应用的概念和 HAP 模块的组成。
- 掌握 HarmonyOS 中.har 库文件的构建和引用方法。
- 掌握资源文件的访问方法。
- 掌握配置文件内各重要对象的属性的设置方法。

对于任何一款移动应用来说，直接呈现给用户的就是它的前端界面。前端界面的美化工作除了需要美工对系统已有的组件进行外观设计和定制外，还需要引用很多图片资源，如系统图标等。为了实现应用的本地化和国际化，还需要在应用中定义语言资源。总而言之，界面设计会涉及资源文件的存储和引用。

要开发一款复杂的应用，除了开发者自身的努力外，还需要"站在巨人的肩膀上"。很多优秀的第三方库都可以集成到开发者的应用中，从而加速开发过程。然而，在应用中引用第三方资源，会涉及代码资源在应用中存储和引用的相关问题。

应用的配置文件是 HarmonyOS 应用十分关键的信息，也是应用运行和分发时的重要依据，配置文件包括版本信息、开发者信息、各功能模块的定义、运行的设备、所需权限、核心业务对象的类型定义等内容。

围绕上述问题，本章的主要内容包括 HarmonyOS 中应用的概念和 HAP 模块的组成分析、库文件的创建和使用、资源限定词的定义与使用、配置文件内部构成的分析等。

3.1 应用的概念和 HAP 模块的组成

用户应用程序泛指运行在设备的操作系统之上，为用户提供特定服务的程序，简称应用（App）。在 HarmonyOS 上运行的应用有两种形态。

（1）按照传统方式安装的应用。

（2）提供特定功能，免安装的应用（即原子化服务）。

在本书中，如无特殊说明，应用所指代的对象包括上述两种形态。

3.1.1 应用包结构

HarmonyOS 应用以应用包（Application Package，App Pack）的形式发

布，它是由一个或多个 HarmonyOS 能力包（HarmonyOS Ability Package，HAP）模块以及描述每个 HAP 模块属性的 pack.info 文件组成的。HAP 模块是 HarmonyOS 能力（Ability）的部署方式，HarmonyOS 应用代码围绕 Ability 类展开。应用包的具体结构如图 3-1 所示。

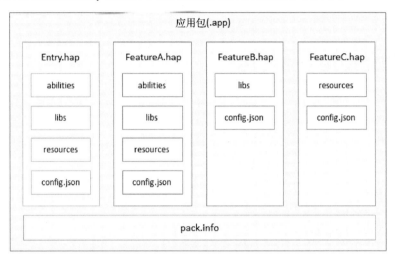

图 3-1　应用包的具体结构

pack.info 文件是用来描述应用包中每个 HAP 模块的属性的，由 IDE 编译生成，应用市场根据该信息对应用包进行拆包和 HAP 模块的分类存储。

HAP 模块的具体属性介绍见 3.4 节表 3-6。

3.1.2　HAP 模块结构

一个 HAP 模块是由代码、库文件、资源文件、配置文件和 HarmonyOS 能力资源组成的模块包。代码主要是 Ability 类，可以调用资源文件和第三方库，而配置文件则描述了 Ability 的类型等信息。HAP 模块各组成部分的详细介绍如下。

1. 代码（Ability 类）

Ability 类是应用所具备的能力的抽象，一个应用可以包含一个或多个 Ability 类。Ability 类分为两种类型：界面能力（Feature Ability，FA）和业务能力（Particle Ability，PA）。FA/PA 是应用的基本组成单元，能够实现特定的业务功能。FA 有用户界面，而 PA 无用户界面。

2. 库文件

库文件是 HAP 模块依赖的第三方代码（如.so、.jar、.bin 和.har 等二进制文件），存放在 libs 目录下。

3. 资源文件

HAP 模块的资源文件（字符串、图片、音频等）存放于 resources 目录下，便于开发者使用和维护。

4. 配置文件

配置文件（config.json）包含 HAP 模块中 Ability 类的相关信息，用于声明 HAP 模块中包含的 Ability 类，以及 HAP 模块所需权限等信息。

5. HarmonyOS 能力资源

HarmonyOS 能力资源（HarmonyOS Ability Resources，HAR）包可以提供构建应用所需的所有内

容，包括源代码、资源文件和配置文件。HAR 包不同于 HAP 模块，HAR 包不能独立安装运行在设备上，只能作为应用模块的依赖项被引用。

HAP 模块的五大组成部分中的 Ability 类会在第 4 章中进行重点介绍，其他 4 个部分的内容在本章后续部分中进行具体介绍。

3.2 创建和使用 HAR 包

HarmonyOS 应用中除了可以引用常用的以.so 和.jar 为扩展名的第三方库文件外，还可以引用 HarmonyOS 独有的扩展名为.har 的库文件，这类库文件只能被手机、平板电脑、车机、智慧屏和智能穿戴项目所引用。这类库文件的使用过程包括创建库模块、将库文件编译为 HAR 包，以及为应用添加依赖。

3.2.1 创建库模块

在 DevEco Studio 中，可以通过如下方式创建新的库模块。

（1）在已有项目中添加新的 HarmonyOS Library 模块。将鼠标指针移到项目目录顶部并单击鼠标右键，在弹出的快捷菜单中选择"New"→"Module"命令，新建模块，如图 3-2 所示。

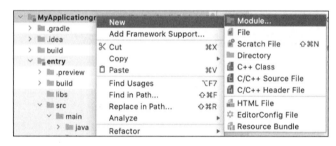

图 3-2　新建模块

（2）在 New Module（新模块）界面中选择"HarmonyOS Library"选项，单击"Next"按钮，设置模块类型，如图 3-3 所示。

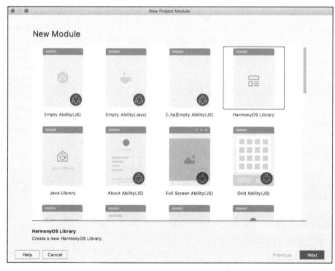

图 3-3　设置模块类型

（3）在 Configure the New Module（配置新模块）界面中设置新模块的信息，如图 3-4 所示。设置完成后，单击"Finish"按钮完成模块创建。在该界面中需要配置模块的如下信息。

① Application/Library name（应用/库名称）：新增模块所属的类名称。

② Module Name（模块名称）：新增模块的名称。

③ Package Name（包名称）：Java 包名称，可以单击"Edit"按钮修改默认包名称，该名称需全局唯一。

④ Compatible API Version（兼容 API 版本号）：兼容的 SDK 版本。

⑤ Device Type（设备类型）：选择库模块运行的设备类型，支持选择多设备。

图 3-4　设置新模块的信息

（4）等待 Gradle 同步完成后，会在项目目录中生成对应的库模块。该模块和 entry 模块同级，其内部也有源代码 src 目录，库文件的结构如图 3-5 所示。entry 模块和库模块都有 build.gradle 文件，整个项目也有 build.gradle 文件，这些文件中存储着模块和项目编译过程中依赖的库文件信息。

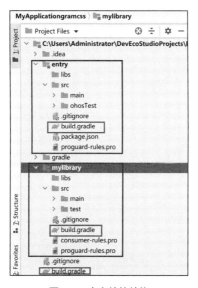

图 3-5　库文件的结构

3.2.2　将库文件编译为 HAR 包

利用 Gradle 可以将库文件编译为 HAR 包，以便在项目中引用或将其提供给其他开发者进行调用。

（1）单击 DevEco Studio 源代码窗口右侧的 Gradle 工具栏。

（2）在 Gradle 构建任务中找到 3.2.1 小节创建的库模块 mylibrary。

（3）在其子目录 Tasks>other 下双击 debugHarmonyHar 或 releaseHarmonyHar 任务，如图 3-6 所示，构建 debug 类型或 release 类型的 HAR 包。

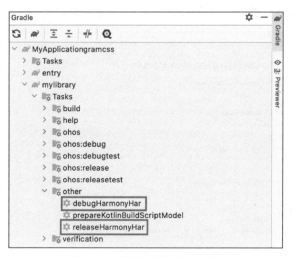

图 3-6　双击任务以构建 HAR 包

（4）下面来构建 debugHarmonyHar 任务。debugHarmonyHar 任务启动后，该任务的详细执行过程会在 DevEco Studio 的 Build 窗口中显示出来，如图 3-7 所示。

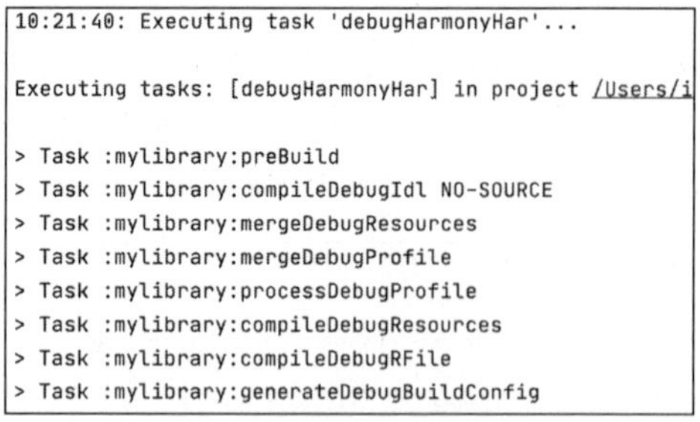

```
10:21:40: Executing task 'debugHarmonyHar'...

Executing tasks: [debugHarmonyHar] in project /Users/i

> Task :mylibrary:preBuild
> Task :mylibrary:compileDebugIdl NO-SOURCE
> Task :mylibrary:mergeDebugResources
> Task :mylibrary:mergeDebugProfile
> Task :mylibrary:processDebugProfile
> Task :mylibrary:compileDebugResources
> Task :mylibrary:compileDebugRFile
> Task :mylibrary:generateDebugBuildConfig
```

图 3-7　任务的详细执行过程

（5）待构建任务完成后，可以在项目目录的 moduleName（本例为 mylibrary）/build/outputs/har 目录中获取生成的 HAR 包，如图 3-8 所示。

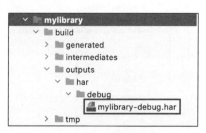

图 3-8　获取生成的 HAR 包

3.2.3 为应用添加依赖

在应用模块（entry 模块或 feature 模块）中调用 HAR 包，需要为模块添加库依赖。常用的添加库依赖的方式主要有以下 3 种。

1. 调用同一个项目中的 HAR 包

HAR 包和应用模块在同一个项目中，打开应用模块的 build.gradle 文件，在 dependencies 闭包中添加以下代码。该代码表明了 HAR 包的名称，且其位于本项目中。添加完成后，在源代码窗口上方会弹出同步菜单，选择 "Sync Now" 命令来同步模块配置。

```
dependencies {
    implementation project(":mylibrary")
}
```

2. 调用 Maven 仓中的 HAR 包

无论 HAR 包是在本地 Maven 仓还是在远程 Maven 仓，均可以采用如下方式添加依赖。

（1）在项目的 build.gradle 文件的 allprojects 闭包中添加 HAR 包所在的 Maven 仓地址，示例代码如下。

```
repositories {
    maven {
        url 'file://D:/01.localMaven/'    }
    }
```

其中，repositories 代表这是 Maven 仓，url 指定的可以是本地 Maven 地址，也可以是远程 Maven 地址。上段代码表明是本地 Maven 仓，其地址在当前主机的 D:\ 01.localMaven 目录中。

（2）在应用模块的 build.gradle 文件的 dependencies 闭包中添加如下代码。该代码指明了库文件的名称、包名及版本号。

```
dependencies {
    implementation 'com.huawei.har:mylibrary:1.0.1'
}
```

（3）添加完成后，选择 "Sync Now" 命令同步项目配置。

3. 调用本地 HAR 包

将 HAR 包放到调用模块主目录的 libs 子目录中，并检查模块的 build.gradle 文件中是否添加了 *.har 的依赖，示例代码如下。该代码表明模块需要调用的 HAR 包和 JAR 包均存放于 libs 目录中，其中，libs 目录是库文件的默认存放地址，如图 3-9 所示，扩展名为 .har、.jar、.so、.o 等的库文件均存放于此。

```
dependencies {
    ...
    implementation fileTree(dir: 'libs', include: ['*.jar', '*.har'])
}
```

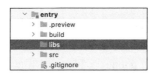

图 3-9　库文件的默认存放地址

3.3　资源限定与访问

基于 JS UI 框架开发的应用，其资源文件（如字符串、图片、音/视频等）统一存放于 js 目录的 common

目录中，可通过绝对路径或相对路径的方式进行访问。resources 目录则用来存放资源配置文件和限定词目录，从图 3-10 js 目录的具体结构中可详细看到 resources 目录中存放的内容。本节将介绍 resources 目录中限定词目录的命名规则、资源限定词与设备的匹配，以及如何引用该目录中的资源。

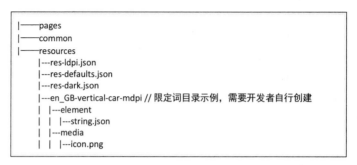

```
|——pages
|——common
|——resources
    |---res-ldpi.json
    |---res-defaults.json
    |---res-dark.json
    |---en_GB-vertical-car-mdpi // 限定词目录示例，需要开发者自行创建
    |  |---element
    |  |  |---string.json
    |  |---media
    |  |  |---icon.png
```

图 3-10　js 目录的具体结构

3.3.1　限定词目录命名规则

限定词目录可以由一个或多个表征应用场景或设备特征的限定词组合而成，包括移动设备国家代码（Mobile Country Code，MCC）和移动设备网络代码（Mobile Network Code，MNC）、横竖屏、深色模式、设备类型、屏幕密度等，限定词之间通过下画线（_）或者短横线（-）连接。开发者在创建限定词目录时，需要掌握限定词目录的命名规则，具体如下。

1. 限定词的组合顺序

限定词的组合顺序为 MCC-MNC-横竖屏-深色模式-设备类型-屏幕密度。开发者可以根据应用的使用场景和设备特征，选择其中的一类或几类限定词组成目录名称，顺序不可颠倒。其中，MCC 和 MNC 必须同时存在。

2. 限定词的取值范围

限定词的类型及含义必须符合表 3-1 所示的条件，否则将无法匹配目录中的资源文件。需要注意的是，限定词区分字母大小写。

表 3–1　　　　　　　　　　　　　　　限定词的类型及含义

类型	含义
横竖屏	表示设备的屏幕方向
深色模式	表示设备使用的主题颜色
设备类型	表示设备所属的硬件类型
屏幕密度	表示设备屏幕上每英寸长度的像素点个数

表 3-1 中各限定词类型的详细取值如下。

（1）横竖屏取值可以为 vertical 和 horizontal，分别代表竖屏和横屏。

（2）深色模式取值为 dark，代表深色模式。如果没有定义，则使用 base 目录中定义的系统颜色。

（3）设备类型有 4 种取值，分别为 phone、tablet、tv 和 wearable。

（4）屏幕密度代表设备的物理像素值，单位为 dpi，取值如下。

① ldpi：表示低密度屏幕（0～120dpi）（0.75 基准密度）。

② mdpi：表示中密度屏幕（121～160dpi）（1.0 基准密度）。

③ hdpi：表示高密度屏幕（161～240dpi）（1.5 基准密度）。

④ xhdpi：表示超高密度屏幕（241～320dpi）（2.0 基准密度）。

⑤ xxhdpi：表示超超高密度屏幕（321～480dpi）（3.0 基准密度）。

⑥ xxxhdpi：表示超超超高密度屏幕（481～640dpi）（4.0 基准密度）。

3. 限定词前缀

resources 资源文件的限定词有前缀 res，如 res-ldpi.json。

4. 默认资源限定文件

resources 资源文件的默认资源限定文件为 res-defaults.json。需要注意的是，资源限定文件中不支持使用枚举格式的颜色来设置资源。

3.3.2　限定词与设备的匹配

限定词文件必须由 HarmonyOS 应用进行加载，并运行到具体的设备上才能起作用。当 resources 目录中定义了不止一个限定词文件或目录时，限定词文件与设备的匹配规则如下。

（1）在为设备匹配对应的资源文件时，限定词目录匹配的优先级从高到低依次如下：MCC 和 MNC > 横竖屏 > 深色模式 > 设备类型 > 屏幕密度。例如，图 3-10 中的限定词目录名"en_GB-vertical-car-mdpi"符合该规则，该名称的含义是"英国>竖屏>车载设备>中密度屏幕"。在限定词目录均未匹配的情况下，会匹配默认资源限定文件，如图 3-10 中的"res-defaults.json"文件。

（2）如果限定词目录中包含限定词，则对应限定词的取值必须与当前的设备状态完全一致，该目录才能够参与设备的资源匹配。例如，资源限定文件"res-hdpi.json"与当前设备密度 xhdpi 无法匹配，因为设备的屏幕密度高于限定词定义的密度。

3.3.3　引用 JS 模块内的资源

基于 JS UI 框架开发的应用程序按其功能可以分解为页面结构 HML 文件和页面交互 JS 文件，均存放于应用源代码的 js 目录中。在 HML 和 JS 文件中使用$r 函数的语法，可以对 js 目录内的 resources 目录中的.json 资源进行格式化，以获取相应的资源内容。

例如，this.$r('strings.hello')，其中$r 函数的参数 key 为定义在 resources 目录中的限定词文件中的字典变量 strings 中包含的键值，对应的 res-defaults.json 文件代码如例 3-1 所示。从代码中可以看出，key 为 hello，其对应的值为 hello world。

例 3-1　res-defaults.json 文件

```
{
    strings: {
        hello: 'hello world'
    }
}
```

如果开发者现在需要定义一个深色模式，则可以使用限定词文件 resources/res-dark.json，对应的 res-dark.json 文件代码如例 3-2 所示，代码中定义了背景色为纯黑（#000000）。

例 3-2　res-dark.json 文件

```
{
    "image": {
        "clockFace": "common/dark_face.png"
    },
    "colors": {
    "background": "#000000"
    }
}
```

系统默认的背景色为白色（#ffffff），默认限定词文件为 resources/res-defaults.json，对应的 res-defaults.json 文件代码如例 3-3 所示。

例 3-3　res-defaults.json 文件代码

```
{
    "image": {
        "clockFace": "common/face.png"
    },
    "colors": {
    "background": "#ffffff"
    }
}
```

在 HML 文件中使用 $r 函数来引用限定词文件的示例代码如例 3-4 所示。本例中的代码设置了 div 容器组件的背景色为 $r('colors.background')，以及 image 组件的图片来源为 $r('image.clockFace')。这两个 $r 函数访问的资源来源在例 3-2 和例 3-3 中均有定义。那么应用会优先选择哪个限定词文件呢？

例 3-4　使用 $r 函数引用限定词文件

```
<div style="background-color: {{ $r('colors.background') }}">
    <image src="{{ $r('image.clockFace') }}"></image>
</div>
```

执行例 3-4 中的页面布局后，会发现 image 图片所处的 div 容器组件的背景色为深色，且 image 组件加载了 dark_face 图片。这说明 $r 引用的是例 3-2 中的定义，这是因为已经定义了深色模式，$r 会优先引用限定词目录中的深色配置。

3.4　配置文件

配置文件 config.json 采用 JSON 文件格式，其中包含一系列配置项，每个配置项由属性和值两部分构成，内容如下。

（1）属性：属性出现顺序不分先后，且每个属性最多只允许出现一次。

（2）值：每个属性的值为 JSON 文件的基本数据类型（数值、字符串、布尔值、数组、对象或者 null 类型）。

DevEco Studio 提供了两种编辑 config.json 文件的方式，分别在代码编辑视图和可视化编辑视图中进行。在 config.json 的编辑窗口中，单击右上角的两个按钮 ≣ ▣，可以自由切换代码编辑视图或可视化编辑视图。其中，代码编辑视图用于列举出 config.json 文件的所有源代码，开发者可以自己查看并修改；而可视化编辑视图通过对该文件进行一定的格式化，并配以注释和分类，来提高开发者的修改效率，如图 3-11 所示。

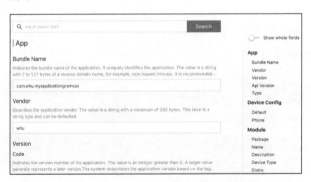

图 3-11　config.json 文件的可视化编辑视图

3.4.1　配置文件的内部结构

HarmonyOS 应用中的每个 HAP 模块的根目录中都存在一个 config.json 配置文件，文件内容涵盖 App 对象、deviceConfig 对象和 module 对象这 3 部分的相关配置信息。

（1）App 对象：主要为应用的全局配置信息，包含应用的包名、生产厂商、版本号等基本信息。

（2）deviceConfig 对象：主要为应用在具体设备上的配置信息，包含应用的备份恢复能力、网络安全性能等。

（3）module 对象：主要为 HAP 模块的配置信息，包含每个 Ability 必须定义的基本属性（如包名、类名、类型以及 Ability 提供的能力），以及应用访问系统或其他应用受保护部分所需的权限等。

下面分别对 App 对象、deviceConfig 对象和 module 对象进行详细介绍。

3.4.2　App 对象的内部结构

App 对象包含应用的全局配置信息，其重要属性如表 3-2 所示。

表 3-2　　　　　　　　　　　　　　　　App 对象的重要属性

属性名称	含义	数据类型	能否默认
bundleName	应用的包名，用于标识应用的唯一性	字符串	否
vendor	对应用开发厂商的描述，字符串长度不超过 255 字节	字符串	能
version	应用的版本信息	对象	否
smartWindowSize	用于在悬浮窗场景中表示应用的模拟窗口的尺寸	字符串	能
smartWindowDeviceType	用于表示在哪些设备上可使用模拟窗口打开	字符串数组	能
targetBundleList	免安装即可被拉起的其他 HarmonyOS 应用	字符串	能

表 3-2 中的 App 对象的各属性的具体意义如下。

（1）bundleName。包名是由字母、数字、下画线（_）和点号（.）组成的字符串，字符串必须以字母开头。包名通常采用反域名形式表示：建议第 1 级为域名后缀"com"，第 2 级为厂商/个人名，第 3 级为应用名。例如，"com.huawei.himusic"，也可以采用更多级。

（2）vendor。该属性指出该应用是由哪家厂商开发的，如 Huawei、Whu 等。

（3）version。该属性拥有子属性 name，表示应用的版本号，现在通常以 4 级模式呈现，如"1.0.0.1"。它还有子属性 minCompatibleVersionCode，表示应用可兼容的最低版本号，如"1.0.0.0"，如果该属性没有设置，则其默认值与 name 相同。

（4）smartWindowSize。该属性配置格式为"正整数×正整数"，单位为虚拟像素点（Virtual Pixel，VP）。正整数取值为[200,2000]。

（5）smartWindowDeviceType。该属性取值为 phone、tablet 或 tv。

（6）targetBundleList。该属性为列表类型，取值为网络内每个 HarmonyOS 应用的 bundleName，多个 bundleName 之间用英文逗号（,）隔开，最多配置 10 个 bundleName。如果被拉起的应用不支持免安装方式，则拉起失败。

App 对象结构代码如例 3-5 所示，该代码中定义了应用的包名、开发者和版本号。

例 3-5　App 对象结构

```
□    "App": {
□        "bundleName": "com.huawei.hiworld.example",
□        "vendor": "huawei",
□        "version": {
□            "name": "2.0"
```

```
    }
  }
```

3.4.3 deviceConfig 对象的内部结构

deviceConfig 对象包含在具体设备上的应用配置信息，包含 default（默认）、phone（手机）、tablet（平板电脑）、tv（智慧屏）、car（车机）、wearable（智能穿戴设备）、liteWearable（轻量级智能穿戴设备）和 smartVision（智慧视觉开发板）等 8 个属性。default 标签内的配置适用于所有设备，其他设备类型如果有特殊的需求，则需要在该设备类型的标签下进行配置。

这 8 个对象都拥有表 3-3 所示的两个重要属性：process 和 network。

表 3–3   **default 等对象的重要属性**

属性名称	含义	数据类型
process	表示应用或者 Ability 的进程名	字符串
network	表示网络安全性配置。该标签允许应用通过配置文件的安全声明来自定义其网络安全，无须修改应用代码	对象

如果在 deviceConfig 对象中配置了 process 属性，则该应用的所有 Ability 都运行在这个进程中。如果在 abilities 标签下为某个 Ability 配置了 process 属性，则该 Ability 运行在这个进程中。应注意的是，process 属性仅适用于手机、平板电脑、智慧屏、智能座舱和智能穿戴设备。

对于 network 对象，定义的是应用间进行数据传输时的安全配置，它也具有两个重要属性，如表 3-4 所示。

表 3–4   **network 对象的重要属性**

属性名称	含义	数据类型
cleartextTraffic	表示是否允许应用使用明文网络流量	布尔值
securityConfig	表示应用的网络安全配置信息	对象

对 cleartextTraffic 属性来说，可以有 true 和 false 两种取值。

（1）true：允许应用使用明文网络流量的请求，如明文 HTTP。

（2）false：拒绝应用使用明文网络流量的请求，如密文 HTTPS。

deviceConfig 对象结构代码如例 3-6 所示。

例 3-6   deviceConfig 对象结构

```
"deviceConfig": {
    "default": {
        "process": "com.huawei.hiworld.example",
        "network": {
            "cleartextTraffic": true,
        }
    }
}
```

该配置表明应用或 Ability 的进程名为 com.huawei.hiworld.example，并允许明文进行数据传输。

3.4.4 module 对象的内部结构

module 对象包含 HAP 模块的配置信息，这是最重要的配置信息，其重要属性如表 3-5 所示。

表 3–5   **module 对象的重要属性**

属性名称	含义	数据类型	是否默认
mainAbility	表示 HAP 模块的入口 Ability 名称。该标签的值应配置为 module>abilities 中存在的 Page 类型的 Ability 的名称	字符串	如果存在 Page 类型的 Ability，则该字段不可默认
package	表示 HAP 模块的包结构名称，在应用内应保证唯一性，采用反域名形式	字符串	否
name	表示 HAP 模块的类名。采用反域名形式表示，前缀需要与同级的 package 标签指定的包名一致	字符串	否
description	表示 HAP 模块的描述信息	字符串	能
deviceType	表示允许 Ability 运行的设备类型	字符串数组	否
distro	表示 HAP 模块发布的具体描述	对象	否
abilities	表示当前模块内的所有 Ability。采用对象数组格式，其中每个元素表示一个 ability 对象	对象数组	能
js	表示基于 JS UI 框架开发的 JS 模块集合，其中的每个元素代表一个 JS 模块的信息	对象数组	能
defPermissions	表示应用定义的权限。应用调用者必须申请这些权限，才能正常调用该应用	对象数组	能
reqPermissions	表示应用运行时向系统申请的权限	对象数组	能

module 对象结构代码如例 3-7 所示，该代码表示 HAP 模块的启动 Ability 为 MainAbility，运行的设备是手机。

例 3-7　moudle 对象结构

```
"module": {
  "mainAbility": "MainAbility",
  "package": "com.example.myApplication.entry",
  "name": ".MyohosAbilityPackage",
  "description": "$string:description_Application",
  "deviceType": [
      "phone"
  ],
  "distro": {
      ...
      },
  "abilities": [
      ...
  ],
  "js": [
      ...
  ],
}
```

在表 3-5 所示的 module 对象的属性中，distro 和 js 这两个属性的对象需要重视，其详细说明如下。

1. distro 对象内部结构

moudle 对象中的第一个复杂属性对象为 distro，其包含模块的发布信息，其重要属性如表 3-6 所示。

表 3–6   **distro 对象的重要属性**

属性名称	含义	数据类型	能否默认
deliveryWithInstall	表示当前 HAP 模块是否支持随应用安装的功能	布尔值	否
moduleName	表示当前 HAP 模块的名称	字符串	否

属性名称	含义	数据类型	能否默认
moduleType	表示当前 HAP 模块的类型，包括两种类型：entry 和 feature	字符串	否
installationFree	表示当前 HAP 模块是否支持免安装特性	布尔值	否

distro 对象的两个重要属性 deliveryWithInstall 和 installationFree 的不同取值含义介绍如下。

（1）deliveryWithInstall。该属性取值为 true 时，表示随应用安装，取值为 false 时表示不可随应用安装。

（2）installationFree。该属性取值为 true 时，表示支持免安装特性，且符合免安装约束；取值为 false 时表示不支持免安装特性。另外，需注意的是，当 entry.hap 的该字段配置为 true 时，与该 entry.hap 相关的所有 feature.hap 的该字段也需要配置为 ture；当 entry.hap 的该字段配置为 false 时，与该 entry.hap 相关的所有 feature.hap 的该字段可按业务需求配置为 true 或 false。

distro 对象结构代码如例 3-8 所示。

例 3-8 distro 对象结构

```
"distro": {
    "deliveryWithInstall": true,
    "moduleName": "ohos_entry",
    "moduleType": "entry",
    "installationFree": true
}
```

例 3-8 代码表示 HAP 模块随着应用一起安装到设备上，HAP 模块名为 ohos_entry，模块类型为 entry，为应用的主引导模块，支持免安装模式。

2. js 对象内部结构

module 对象中的第二个复杂属性对象为 js，当应用基于 JS UI 框架时自动创建，主要包含 JS 模块（Component）的配置信息，其重要属性如表 3-7 所示。

表 3-7　js 对象的重要属性

属性名称	含义	数据类型	能否默认
name	表示 JS 模块的名称	字符串	否，默认值为 default
pages	表示 JS 模块中包含的页面，用于列举 JS 模块中每个页面的路由信息（[页面路径+页面名称]）。数组第一个元素代表 JS FA 首页	数组	否
window	用于定义与显示窗口相关的配置	对象	能，默认值为 750 逻辑像素
type	表示 JS 应用的类型	字符串	能，默认值为 normal

window 属性有两个子属性：designWidth 和 autoDesignWidth。designWidth 表示页面设计基准宽度，默认值为 750 逻辑像素，以此为基准，可根据实际设备宽度来进一步缩放元素大小。autoDesignWidth 表示页面设计基准宽度是否自动计算，当配置为 true 时，designWidth 将会被忽略，页面设计基准宽度由设备宽度与屏幕密度计算得出，该属性能默认，默认值为 false。

type 属性表示 JS 应用的类型，默认值为 normal，表示该 JS 模块为页面实例。该属性取值为 form 时，表示该 JS 模块为卡片实例。

js 对象结构代码如例 3-9 所示。

例 3-9 js 对象结构

```
"js": [
    {
        "name": "default",
```

```
        "pages": [
            "pages/index/index",
            "pages/detail/detail"
        ],
        "window": {
            "designWidth": 750,
            "autoDesignWidth": false
        },
        "type": "page"
    }
]
```

例 3-9 代码表示名为 default 的 JS 模块为页面类型，该模块拥有两个 JS 页面，分别为 index 和 detail，相对路径名已给出，窗口设计宽度为 750 逻辑像素。

3.4.5　ability 对象的内部结构

ability 对象也是 module 对象的属性，表示的是 module 对象内包含的所有业务能力的配置信息。考虑到它的重要性，将其分解为一个单独的小节进行介绍。ability 对象的属性较多，本小节根据属性的常用与否和重要程度将其分为重要属性和次重要属性两类。本小节重点介绍重要属性中的 skills 属性和次重要属性中的 forms 属性。

1. 重要属性

ability 对象的重要属性如表 3-8 所示。

表 3-8　　　　　　　　　　　　　　　　　　ability 对象的重要属性

属性名称	含义	数据类型	能否默认
name	表示 Ability 的名称。取值可采用反域名形式表示，由包名和类名组成	字符串	否
launchType	表示 Ability 的启动模式	字符串	能，默认值为 standard
visible	表示 Ability 是否可以被其他应用调用	布尔值	能，默认值为 false
permissions	表示其他应用的 Ability 调用此 Ability 时需要申请的权限	字符串数组	能，默认值为空
skills	表示 Ability 能够接收的 Intent 的特征	对象数组	能，默认值为空
type	表示 Ability 的类型	字符串	否
orientation	表示该 Ability 的显示模式。该标签仅适用于 Page 类型的 Ability	字符串	能，默认值为 unspecified

以上 7 个属性为 ability 对象的核心属性，是 module 对象中每一个 Ability 都具有的属性。这些属性（除 skills 外）的具体取值和意义介绍如下。

（1）name。该属性由包名和类名组成，如 com.example.myapplication.MainAbility；也可采用点号（.）开头的类名方式表示，如 MainAbility，Ability 的名称需在一个应用的范围内保证唯一。

（2）launchType。该属性支持 standard、singleMission 和 singleton 3 种模式，这 3 种模式的使用差异在 8.3.1 小节有详细示例。

① standard（标准）模式。该模式表示该 Ability 在一个应用中可以有多个实例，standard 模式适用于大多数应用场景，Page Ability 通常使用了该模式。

② singleMission（单任务）模式。该模式代表该 Ability 在每个任务栈中只能有一个实例，每个任务栈都是一个应用，这其实涉及一个应用访问另一个应用的 Ability 的问题。例如，旅游应用需要访问地图，则旅游应用的任务栈中除了会压入旅游应用的 Ability 外，还会压入某地图应用的 Ability；外卖应用也要访问地图，那么在外卖应用中也要压入某地图应用的 Ability。在这两个应用的任务栈

中都有该地图应用的 Ability，但是这两个 Ability 显示的内容不一样，每次点击返回按钮回退时，该地图应用的 Ability 都会被从栈顶析构，使得下一次引用地图功能都是一个新的 Ability。

③ singleton（单实例）模式。该模式表示该 Ability 在所有任务栈中仅可以有一个实例，当然，一个应用中也只能有一个实例。例如，具有全局唯一性的呼叫来电界面的一个 Page Ability 即采用了单实例模式，这个来电 Ability 会有一个单独的任务栈，该栈就只有这一个 Ability。当外卖应用要联系商家时，会将该栈一起压入外卖应用的堆栈，当返回时，会将该堆栈弹出，而外卖 Ability 并没有被弹出。不管多少个应用访问该来电 Ability，它始终是一个实例。

（3）visible。当该属性取值为 true 时，该 Ability 可以被其他属性看见，可以被其他应用访问，否则不能被访问。

（4）permissions。该属性通常采用反域名形式，取值可以是系统预定义的权限，也可以是开发者自定义的权限；如果是自定义权限，则其取值必须与 defPermissions 标签中定义的某个权限的 name 标签值一致。

（5）type。该属性有 4 种取值，分别为 service、page、data 和 CA。

① service。该值表示基于 Service 模板开发的 PA，用于提供后台运行任务的能力。

② page。该值表示基于 Page 模板开发的 FA，用于提供与用户交互的能力。

③ data。该值表示基于 Data 模板开发的 PA，用于对外部提供统一的数据访问抽象。

④ CA。该值表示支持其他应用以窗口方式调用该 Ability。

（6）orientation。该属性表示 Page Ability 显示时的朝向，有 4 种取值，分别为 unspecified、landscape、portrait 和 followRecent。

① unspecified。该值表示由系统自动判断显示方向。

② landscape。该值表示横屏模式。

③ portrait。该值表示竖屏模式。

④ followRecent。该值表示跟随栈中最近的应用。

2. skills 对象的内部结构说明

在表 3-8 列举的重要属性中，skills 属性较为特殊，它主要用于页面发生跳转的过程中，其重要属性如表 3-9 所示。

表 3-9   **skills 对象的重要属性**

属性名称	含义	数据类型	能否默认
actions	表示能够接收的 Intent 的 action 值，可以包含一个或多个 action	字符串数组	能
entities	表示能够接收的 Intent 的 Ability 的类别（如视频、桌面应用等），可以包含一个或多个 entity	字符串数组	能
uris	表示能够接收的 Intent 的 uri，可以包含一个或者多个 uri	对象数组	能

actions 属性代表该 Ability 能对外提供哪些服务，如支付服务、天气查询服务等。通过暴露这些接口，外界能够看到并通过 Intent 进行跳转访问。skills 对象结构代码如例 3-10 所示。

例 3-10   skills 对象结构

```
❑    "skills": [
❑        {
❑            "actions": [
❑                "ability.intent.QUERY_WEATHER"
❑            ],
❑            "entities": [
❑                "entity.system.home"
❑            ],
```

- ❑　　　　 }
- ❑　]

例 3-10 代码表示该 Ability 能提供天气查询服务。有关 skills 对象的具体使用场景将在 4.2 节中详细介绍。

3. 次重要属性

ability 对象的次重要属性如表 3-10 所示。

表 3-10　　　　　　　　　　　　**ability 对象的次重要属性**

属性名称	含义	数据类型	能否默认
description	表示对 Ability 的描述，默认值为空	字符串	能
icon	表示 Ability 图标资源文件的索引。取值示例：$media:ability_icon	字符串	能
label	表示 Ability 对用户显示的名称。取值可以是 Ability 名称，也可以是对该名称的资源索引，以支持多语言	字符串	能
uri	表示 Ability 的统一资源标识符。对于 data 类型的 Ability，该值不可默认	字符串	能
readPermission	表示读取 Ability 的数据所需的权限。该标签仅适用于 data 类型的 Ability	字符串	能
writePermission	表示向 Ability 写数据所需的权限。该标签仅适用于 data 类型的 Ability	字符串	能
mission	表示 Ability 指定的任务栈。该标签仅适用于 Page 类型的 Ability。默认情况下应用中所有 Ability 同属一个任务栈，默认为应用的包名	字符串	能
formsEnabled	表示 Ability 是否支持卡片（forms）功能。该标签仅适用于 Page 类型的 Ability，默认值为 false	布尔值	能
forms	表示服务卡片的属性。该标签仅当 formsEnabled 为 true 时才能生效	对象数组	能

uri 属性的格式为 [scheme:][//authority][path][?query][#fragment]，用来标识 Data Ability。readPermission 和 writePermission 属性代表文件读写权限，通常用于 Data Ability，用于声明该 Ability 能否对文件进行读写。

4. forms 对象内部结构

在表 3-10 列举的属性中，forms 属性十分关键。forms 对象是 ability 对象的重要属性，它包含的是 HarmonyOS 独有的服务卡片的配置信息，其重要属性如表 3-11 所示。

表 3-11　　　　　　　　　　　　**forms 对象的重要属性**

属性名称	含义	数据类型	能否默认
name	表示卡片的类名	字符串	否
description	表示卡片的描述。取值可以是描述性内容，也可以是对描述性内容的资源索引	字符串	能
isDefault	表示该卡片是否为默认卡片，每个 Ability 有且只有一个默认卡片	布尔值	否
type	表示卡片的类型	字符串	否
colorMode	表示卡片的主题样式，默认值为 auto	字符串	能
defaultDimension	表示卡片的默认外观规格，取值必须在该卡片 supportDimensions 属性配置的列表中	字符串	否
supportDimensions	表示卡片支持的外观规格列表	字符串数组	否
jsComponentName	表示 JS 卡片的模块名称	字符串	否

forms 对象的属性的具体取值和含义如下。

（1）colorMode：取值可以为 auto（自适应）、dark（深色主题）和 light（浅色主题）。

（2）type：卡片可以为 Java 卡片和 JS 卡片两种类型。

（3）supportDimensions：定义卡片在不同设备分辨率下的不同外观，其包括如下 4 种结构。

① 1×2：表示 1 行 2 列的二格结构。

② 2×2：表示 2 行 2 列的四格结构。

③ 2×4：表示 2 行 4 列的八格结构。

④ 4×4：表示 4 行 4 列的十六格结构。

forms 对象结构代码如例 3-11 所示。

例 3-11　forms 对象结构

```
    "forms": [
        {
                "name": "Form_Js",
                "description": "It's Js Form",
                "type": "JS",
                "jsComponentName": "card",
                "colorMode": "auto",
                "isDefault": true,
                "updateEnabled": true,
                "scheduledUpdateTime": "11:00",
                "updateDuration": 1,
                "defaultDimension": "2*2",
                "supportDimensions": [
                    "2*2",
                    "2*4",
                    "4*4"
                ]
        },
    ]
```

例 3-11 代码表示有一个名称为 Form_Js 的 JS 类型的卡片，卡片结构为 2×2，卡片允许刷新，并从 11：00 开始刷新，每 30 分钟刷新一次。卡片定义和使用的具体场景见 10.5.2 小节。最后，abilities 对象结构代码如例 3-12 所示。

例 3-12　abilities 对象结构

```
    "abilities": [
        {
                "name": ".MainAbility",
                "description": "himusic main ability",
                "icon": "$media:ic_launcher",
                "label": "HiMusic",
                "launchType": "standard",
                "orientation": "unspecified",
                "permissions": [
                ],
                "visible": true,
                "type": "page"
        },
        {
                "name": ".PlayService",
                "description": "himusic play ability",
                "icon": "$media:ic_launcher",
                "label": "HiMusic",
                "launchType": "standard",
```

```
            "orientation": "unspecified",
            "visible": false,
            "skills": [
                {
                    "actions": [
                        "action.play.music",
                        "action.stop.music"
                    ],
                    "entities": [
                        "entity.audio"
                    ]
                }
            ],
            "type": "service",
            "backgroundModes": [
                "audioPlayback"
            ]
        },
        {
            "name": ".UserADataAbility",
            "type": "data",
            "uri": "dataability://com.huawei.hiworld.himusic.UserADataAbility",
            "visible": true
        }
    ]
```

例 3-12 中的 ability 配置文件中包含 3 个 Ability，分别是 Page Ability 类型的 MainAbility、Service Ability 类型的 PlayService 和 Data Ability 类型的 UserADataAbility。MainAbility 和 UserADataAbility 都是可以从外界应用访问的，而 PlayService 只能从内部访问。MainAbility 在界面上的朝向由系统自行判断。

MainAbility 和 PlayService 均为标准模式，可以创建多个实例。其权限为空，意味着其他应用可以直接访问 MainAbility。PlayService 对外提供两种功能，分别是音乐的播放和暂停功能。UserADataAbility 的引用地址为 dataability://com.huawei.hiworld.himusic.UserADataAbility，请求者可以访问该地址获取其他数据服务。

本章小结

本章主要介绍了 HarmonyOS 中应用的概念和 HAP 模块的组成，通过对 HAP 模块的主要成分的介绍，引出如何构建扩展名为.har 的库文件，如何在项目中引用库文件。另外，分析了重要成分资源文件和配置文件的内容与作用，以及如何对它们进行访问和配置。

通过对本章的学习，读者应能够深入理解 HarmonyOS 中应用包和 HAP 模块的结构及工作原理，掌握对应用关键资源配置和访问的方法。

课后习题

（1）（判断题）HarmonyOS 应用包是由一个或多个 HAP 模块以及描述每个 HAP 模块属性的 pack.info 文件组成的。（　　）

　　A. 正确　　　　　　B. 错误

（2）（多选题）一个 HarmonyOS 中的 HAP 模块是由（   ）组成的。

    A．代码   B．资源文件   C．第三方库   D．应用配置文件

（3）（判断题）限定词是用来进行应用多语言化支持、多设备支持和多场景支持的重要手段。（   ）

    A．正确   B．错误

（4）（多选题）配置文件中通过 ability 对象的属性 launchType 定义了 ability 对象启动的 3 种模式，分别为（   ）。

    A．standard   B．singleton   C．singleMission   D．singletask

第4章 HarmonyOS核心组件 ——Ability

学习目标

- 掌握 Ability 的定义和分类，能够与常用 MVC 模式进行类比分析。
- 掌握 Page Ability 和其组件 AbilitySlice 的原理及工作机制。
- 掌握 Page Ability 和 AbilitySlice 的生命周期含义，能够运用系统回调函数进行页面初始化。
- 掌握 Ability 内和 Ability 间的导航机制，能够运用 Intent 进行跳转。

一个典型的 HarmonyOS 应用具备与用户交互的界面、完成应用功能的业务逻辑和需要处理的业务数据。直观来说，这 3 项其实就是用户在操作应用时所看到的内容、通过应用所完成的功能，以及应用真实作用的对象。当然，对于一个复杂应用，其不会只有一个可视化页面，而是会包含承载很多功能的显示处理逻辑，这些功能模块需要进行跳转切换。

本章将对 HarmonyOS 应用中最核心的功能组件 Ability 的定义、种类、生命周期和 Ability 间的导航进行详细讲解。

4.1 Ability 的定义

Ability 是 HarmonyOS 应用所具备功能的抽象，也是应用程序的重要组成部分。一个应用可以具备多种功能，即可以包含多个 Ability，HarmonyOS 支持应用以 Ability 为单位进行部署。Ability 可以分为 FA 和 PA 两种类型，可以将它们分别看作 HarmonyOS 应用的"面子"和"里子"。"面子"（FA）主要负责展示界面给用户和完成与用户的交互，"里子"（PA）则是应用的实际功能。

4.1.1 FA 和 PA 支持的模板

FA 和 PA 从宏观上对应用的能力进行了划分，HarmonyOS 还针对不同场景的应用为开发者提供了不同的模板，以便实现不同的业务功能。

（1）FA 支持 Page Ability（页面能力）。Page Ability 是 FA 唯一支持的模板，用于提供与用户交互的能力。一个 Page Ability 对象可以包含一组相关页面，每个页面用一个 AbilitySlice（能力切片）对象表示。

（2）PA 支持 Service Ability（服务能力）和 Data Ability（数据能力）。

① Service Ability：用于提供后台运行任务的能力。

② Data Ability：用于对外部提供统一的数据访问能力。

Service Ability 和 Data Ability 是 PA 支持的两种模板，在配置文件（config.json）中注册 Ability 时，可以通过配置 Ability 元素中的 type 属性来指定 Ability 模板类型，示例代码如下。

```
{
    "module": {
        ...
        "abilities": [
            {
                ...
                "type": "page"
                ...
            }
        ]
        ...
    }
    ...
}
```

其中，type 的取值可以为 page、service 或 data，分别表示 Page Ability、Service Ability 和 Data Ability。为了便于表述，后文将基于 Page Ability、Service Ability、Data Ability 实现的 Ability 分别简称为 Page、Service、Data。

4.1.2 MVC 和 DPS 的异同

模型－视图－控制器（Model-View-Controller，MVC）是 Xerox PARC 在 20 世纪 80 年代为编程语言 Smalltalk－80 发明的一种软件设计模式，现已被广泛使用。

M 即 Model（模型），是指应用处理的数据。在 MVC 的 3 个部件中，模型接收控制器提出的数据请求，并将感兴趣的数据返回。被模型返回的数据是中立的，模型与数据格式无关，这样一个模型便能为多个视图提供数据，因此减少了代码的重复性。

V 即 View（视图），是指用户的交互界面，如由 HTML 元素组成的网页界面，或软件的客户端界面等。在视图中其实没有真正的数据处理，它只是输出数据，并允许用户进行操作。

C 即 Controller（控制器），能够接收用户的输入并调用模型和视图去完成用户的需求。它接收请求并将数据请求（如果有）转发给模型，并确定用哪个视图来显示模型返回的数据。

使用 MVC 的目的是实现模型、视图和控制器这 3 部分的分离，从而方便不同的专业人员分别处理应用的不同部分。例如，数据库管理员规划模型，美工人员优化视图，应用开发程序员设计控制器的业务逻辑，这样有利于加快开发进度。

HarmonyOS 应用中提出的 Data、Service 和 Page 之间的关系（称为 DPS）和 MVC 设计模式的相关性很高。其中，Model 在这里对应 Data，View 对应 Page，Controller 对应 Service，DPS 与 MVC 的对应关系如图 4-1 所示。

Page 和 View 的作用是类似的，它除了显示作用外，还可以响应用户交互，也就是说，HarmonyOS 应用中的 Page 兼有 View 和一部分 Controller 的功能，其 View 功能是通过加载对应的布局来实现的。图 4-1 中的 Page 模块中的小圆圈代表 AbilitySlice，一个页面中可以包含多个相关功能的 AbilitySlice，在 AbilitySlice 上发生用户交互后，会调用对应的事件监听函数来进行响应。

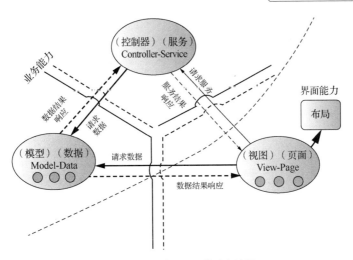

图 4-1　DPS 与 MVC 的对应关系

Service 和 Controller 的功能相似，主要承载应用的业务逻辑功能，不承载 View 功能。其与 Page 的交互主要是通过 Page 提出服务请求，而 Service 进行服务结果响应来实现的。应用可以把关键功能放在后台服务进行实现，更为重要的是，这里提出的 Service 概念体现了 HarmonyOS 应用区别于 iOS 和 Android 的显著不同，它是可以跨设备提供的。其实 Service 也是 Controller 的一种，之所以把它单独抽取出来，是为了体现分布式服务的特点。

Data 和 Model 的功能相同，主要承载的是应用的 Data 服务，响应来自 Page 的数据请求，返回的是标准的数据结果。同样，这里的 Data 服务既可以是本地 Data 服务，又可以是远程 Data 服务或分布式 Data 服务。作为 Data 服务，当然也可以响应来自 Service 端的数据请求，将数据结果返回给 Service。

这里可以把 Service 和 Data 统称为"元服务"，因为它们都是向 Page 提供服务的。"元服务"可以部署在不同的设备上，实现分布式的应用程序。图 4-1 中的 Service、Page 和 Data 的交互除了可以扩展到分布式设备上外，还可以扩展到多 DPS 之间，也就是设备 A 上的 Page2 去调用设备 B 上的 Page3，设备 A 上的 Service2 去调用设备 B 上的 Service3 等，设备 A 和设备 B 上的 DPS 可以属于同一应用，也可以属于不同应用，整个调用过程完全分布化，多 DPS、多设备分布式交互如图 4-2 所示。

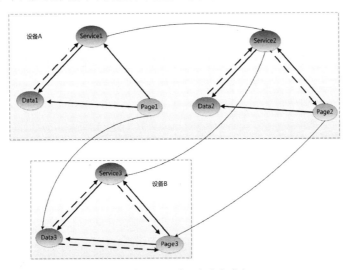

图 4-2　多 DPS、多设备分布式交互

4.2 Page 的功能及组成

4.1 节介绍了 Page、Data 和 Service 之间的关系，本节将重点介绍 Page 的功能及组成。Page 可以说是应用最重要的部分，因为它是直接与用户交互的。

4.2.1 AbilitySlice

一个 Page 可以由一个或多个 AbilitySlice 构成，AbilitySlice 是指应用的单个 Page 及其控制逻辑的总和。当一个 Page 由多个 AbilitySlice 共同构成时，这些 AbilitySlice 页面提供的业务能力应具有高度相关性。例如，新闻浏览能力可以通过一个 Page 来实现，其中包含了两个 AbilitySlice：一个 AbilitySlice 用于展示新闻列表，另一个 AbilitySlice 用于展示新闻详情。Page 和 AbilitySlice 的关系如图 4-3 所示。

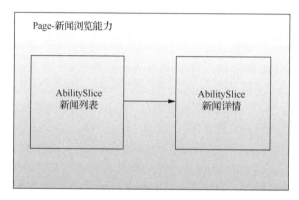

图 4-3　Page 和 AbilitySlice 的关系

相比于桌面场景，移动场景下应用之间的交互更为频繁。通常，单个应用专注于某个方面的能力开发，当它需要其他能力辅助时，会调用其他应用提供的能力。这种跨应用的能力调用机制是 HarmonyOS 一直强调的。例如，外卖应用提供了联系商家的业务能力，当用户在使用该功能时，会跳转到通话应用的拨号界面。与此类似，HarmonyOS 支持不同 Page 之间的跳转，并可以指定跳转到目标 Page 中某个具体的 AbilitySlice。

4.2.2 AbilitySlice 路由配置

虽然一个 Page 可以包含多个 AbilitySlice，但是 Page 进入前台时屏幕默认只显示一个 AbilitySlice，Page 处于前台时意味着 Page 处于活动状态并占据手机主屏。默认显示的 AbilitySlice 是通过 setMainRoute 函数来指定的。如果需要从其他 Page 导航到该 Page 中某个具体的 AbilitySlice（非默认 AbilitySlice），则可以通过 addActionRoute 函数为此 AbilitySlice 配置一条路由规则，路由配置的过程如图 4-4 所示。默认情况下，Page2 只能导航到 AbiltiySlice1，但如果 Page1 执行完 addActionRoute 函数后，Page2 知道 Page1 还提供额外能力 AbilitySlice2，则 Page2 可以直接导航到 AbilitySlice2。

例 4-1 中的 MyAbility 类定义通过 setMainRoute 函数为 Page 类型的 MyAbility 添加了主能力路由。MyAbility 启动时会加载主能力 MainSlice 中的可视化元素；并使用 addActionRoute 函数添加两个额外能力 AbilitySlice 的路由，即当外部 Page 需要调用 MyAbility 中的支付能力时，其可直接启动 PayAlipaySlice 能力来提供服务。

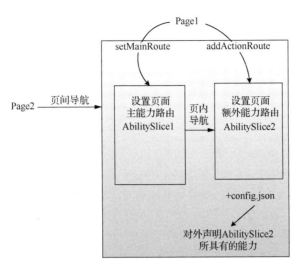

图 4-4 路由配置的过程

例 4-1 MyAbility 类定义

```
public class MyAbility extends Ability {
    @Override
    public void onStart(Intent intent) {
        super.onStart(intent);
        // set the main route
        setMainRoute(MainSlice.class.getName());
        // set the action route
        addActionRoute("action.paybyAlipay", PayAlipaySlice.class.getName());
        addActionRoute("action.paybyWechat", PayWechatSlice.class.getName());
    }
}
```

需要注意的是，addActionRoute 函数中使用的动作必须在应用配置文件（config.json）中注册，否则其他 Page 无法发现该动作。在 config.json 文件中注册动作的代码如例 4-2 所示。

例 4-2 在 config.json 文件中注册动作

```
{
    "module": {
        "abilities": [
            {
                "skills":[
                    {
                        "actions":[
                            "action.paybyAlipay",
                            "action.paybyWechat"
                        ]
                    }
                ]
                ...
            }
        ]
        ...
    }
```

```
❑        ...
❑     }
```

例 4-2 中的代码对外声明了 MyAbility 提供两种支付能力。当配置好路由的相关信息后，可以通过下述代码实现支付 Page 的跳转。

```
❑    Intent intent = new Intent();
❑    Operation operation = new Intent.OperationBuilder()
❑            .withAction("action.paybyAlipay")
❑            .build();
❑    intent.setOperation(operation);
❑    startAbility (intent);
```

前面已经讲过，移动应用 Page 间有相当频繁的交互需求，当用户从新闻列表 AbilitySlice 中看到自己感兴趣的新闻时，点击这条新闻，就会导航到新闻详情 AbilitySlice。当发起导航的 AbilitySlice 和导航目标的 AbilitySlice 处于同一个 Page 时，可以通过 present 函数实现导航。以下代码片段展示了通过点击按钮导航到其他 AbilitySlice 的具体实现。

```
❑    @Override
❑    protected void onStart(Intent intent) {
❑        ...
❑        Button button = ...;
❑        button.setClickedListener(listener -> present(new TargetSlice(), new Intent()));
❑        ...
❑    }
```

4.3 生命周期

从面向对象的程序设计角度来讲，每个对象都有生命周期的概念。对象的生命周期是指对象从被构造出来（对象生命周期的起点），到该对象被使用（对象的活跃期），直到没有人使用该对象，对象被析构（对象生命周期的终点）。对象的生命周期详细描述了对象在程序中的活动轨迹，经常用于操作系统对象内存管理机制中。

只有对对象的活动轨迹有清晰的统计和追踪，才能帮助操作系统安排为对象分配内存、回收对象内存等动作的合适时机，这对操作系统（尤其是对于内存不太充足的移动操作系统）来说非常重要。在 HarmonyOS 中，占用内存最大的是各种应用，在这些应用中最活跃的是可视化页面 Page，因此了解 Page 对象的生命周期，知道 Page 对象在哪种状态时响应用户操作最恰当，对 HarmonyOS 应用开发者来说非常关键。

4.3.1 Page 状态

只有深入理解 Page 的生命周期，才能对管理应用的程序资源有更深刻的认识，从而开发出更加流畅连贯的 HarmonyOS 应用，使用户有更好的使用体验。系统管理或用户操作等行为均会引起 Page 实例在其生命周期的不同状态之间进行转换。当 Page 对象的状态发生变化时，HarmonyOS 会通知该 Page 对象。通知的外在表现形式便是 Ability 类提供的回调机制，因此回调函数能够让 Page 对象及时感知外界变化，从而让系统和开发者及时、准确地应对状态变化（如释放资源），这有助于提升应用的性能和稳健性。Page 生命周期如图 4-5 所示，在该图中，圆角矩形中为 Page 的状态，方角矩形中为 Page 生命周期回调函数。

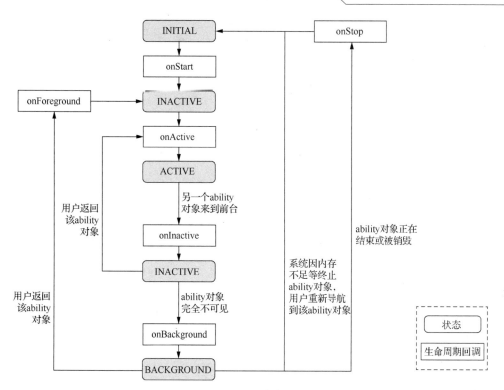

图 4-5　Page 生命周期

由图 4-5 可知，每个 Page 对象在其生命周期内都有 4 种状态，分别为 INITIAL（就绪）、INACTIVE（不活动）、ACTIVE（活动）和 BACKGROUND（后台）。每种状态代表对象在其生命周期内的一个阶段，具有一定的稳定性，而 HarmonyOS 会一直监控每个对象的状态，从而维护每个 Page 对象的生命周期；每个状态都会在满足某项条件的时候被切换，状态的切换又会触发相应的 Page 回调函数，因此，对象的状态变化和回调函数是成对出现的，且回调函数是被动调用的。

1. INITIAL

Page 对象还在只读存储器中，尚未被载入内存，但处于该状态的 ability 对象的队列中，随时可以被当前进程使用。

2. INACTIVE

处于该状态的 Page 对象已经被载入内存，并分配了内存空间，但其可视化元素还没有初始化，也就是尚未在屏幕上显示。如果没有受到其他事件的打扰，则处于该状态的 Page 对象会自动进入 ACTIVE 状态。此外，处于 ACTIVE 状态的 Page 对象在发生导航事件后会被压入堆栈，在屏幕上消失，又会再次进入该状态。处于该状态的 Page 对象后续还能够再度唤醒并转换回 ACTIVE 状态，重新显示在屏幕上。

3. ACTIVE

处于该状态的 Page 对象可以获得焦点，获得焦点的 Page 对象可以占据屏幕进行显示，并提供可视化元素与用户进行交互。Page 对象处于 INACTIVE 和 ACTIVE 状态时统称为前台态，Page 对象处于前台态时不会被系统回收内存。

4. BACKGROUND

在这种状态下，Page 对象依然在内存中，但在前台无法看到，也无法直接与用户交互。此状态的 Page 对象被称为后台任务。

4.3.2　Page 回调函数

Page 对象共有 6 个回调函数，分别为 onStart、onActive、onInactive、onBackground、onForeground 和 onStop。Page 对象的回调函数均是 HarmonyOS 根据对象状态变化来触发的，开发者不能主动调用。

1. onStart

当系统首次创建 Page 对象并分配内存时，触发该回调函数。对于一个 Page 对象，该回调函数在其生命周期中仅触发一次，此时 Page 对象中的可视化元素还没有显示，因此 Page 对象通常在该回调函数中对可视化元素进行初始化。Page 对象在该回调函数执行后将自动进入 INACTIVE 状态，开发者必须重写该函数，并在此配置默认展示的 AbilitySlice，示例代码如下。

```
@Override
public void onStart(Intent intent) {
    super.onStart(intent);
    super.setMainRoute(FooSlice.class.getName());
}
```

2. onActive

Page 对象会在进入 INACTIVE 状态后来到前台，然后系统调用此回调函数。Page 对象在此之后进入 ACTIVE 状态，该状态是应用与用户交互的状态。Page 对象将保持在此状态，除非某类事件发生导致 Page 失去焦点，如用户点击返回键或导航到其他 Page。当此类事件发生时，会触发 Page 对象返回 INACTIVE 状态，系统将调用 onInactive 回调函数。此后，Page 对象可能会重新回到 ACTIVE 状态，系统将再次调用 onActive 回调函数。因此，开发者通常需要成对实现 onActive 和 onInactive 回调函数，并在 onActive 函数中获取在 onInactive 函数中被释放的资源。

从上面的回调过程可以看到，onActive 和 onInactive 回调函数会在 Page 对象获得焦点和失去焦点时被反复调用，因此可以将一些需要在 Page 显示和消失时调用多次的功能放在这两个回调函数中。

3. onInactive

当 Page 对象失去焦点时，系统将调用此回调函数，此后 Page 对象进入 INACTIVE 状态。开发者可以在此回调函数中实现 Page 对象失去焦点时应表现的恰当行为。

4. onBackground

如果 Page 对象不再对用户可见，则系统将调用此回调函数，通知开发者进行相应的资源释放，此后 Page 对象进入 BACKGROUND 状态。开发者应该在此回调函数中释放 Page 对象不可见时无用的资源，或在此回调函数中执行较为耗时的状态保存操作。

5. onForeground

处于 BACKGROUND 状态的 Page 对象仍然驻留在内存中，当重新回到前台时（如用户重新导航到此 Page 时），系统将先调用 onForeground 回调函数通知开发者，而后 Page 对象的生命周期状态回到 INACTIVE 状态。开发者应当在此回调函数中重新申请在 onBackground 中释放的资源，最后 Page 对象的生命周期状态进一步回到 ACTIVE 状态，系统将通过 onActive 回调函数通知开发者。

6. onStop

系统将要销毁 Page 对象时，会触发此回调函数，通知用户释放系统资源，如释放自身内存和对其他对象的引用。销毁 Page 对象的可能原因包括以下几个。

（1）用户通过系统管理能力关闭指定的 Page 对象。例如，使用任务管理器关闭 Page 对象所在的应用程序。

（2）用户执行某项操作，而该操作触发了 Page 对象的 terminateAbility 函数调用。例如，使用应用的退出功能。

（3）配置变更导致系统暂时销毁 Page 对象并重建。

（4）系统出于资源管理目的，自动触发 BACKGROUND 状态的 Page 对象的销毁。例如，如果当前系统中有较多的进程，造成系统可用内存过小，则系统会主动回收处于 BACKGROUND 状态的 Page 对象的内存。

4.3.3　Page 与 AbilitySlice 生命周期关联

AbilitySlice 实例创建和管理通常由应用负责，系统仅在特定情况下会创建 AbilitySlice 实例。例如，通过导航启动某个 AbilitySlice 时，系统负责实例化；但是在同一个 Page 中不同的 AbilitySlice 间导航时，由应用负责实例化。

AbilitySlice 作为 Page 的组成单元，其生命周期是依托于其所属 Page 生命周期的。AbilitySlice 和 Page 具有相同的生命周期状态和同名的回调函数，当 Page 生命周期发生变化时，它包含的 AbilitySlice 也会发生相同的生命周期变化。

当 AbilitySlice 处于前台且具有焦点时，其生命周期状态随着所属 Page 的生命周期状态的变化而变化。此外，在同一 Page 中的 AbilitySlice 之间导航时，AbilitySlice 会具有独立于 Page 的生命周期变化。当一个 Page 拥有多个 AbilitySlice 时，如 MyAbility 下同时具有 FooAbilitySlice 和 BarAbilitySlice，当前 FooAbilitySlice 处于前台并获得焦点，并即将导航到 BarAbilitySlice，在此期间的生命周期状态变化顺序如下。

（1）FooAbilitySlice 从 ACTIVE 状态变为 INACTIVE 状态。

（2）BarAbilitySlice 则先从 INITIAL 状态变为 INACTIVE 状态，再变为 ACTIVE 状态（假定此前 BarAbilitySlice 未曾启动）。

（3）FooAbilitySlice 从 INACTIVE 状态变为 BACKGROUND 状态。

对应两个 AbilitySlice 的生命周期回调函数的发生顺序如下。

FooAbilitySlice.onInactive→BarAbilitySlice.onStart→BarAbilitySlice.onActive→FooAbilitySlice.onBackground。

在整个流程中，MyAbility 始终处于 ACTIVE 状态。但是当 Page 被系统销毁时，其所有已实例化的 AbilitySlice 将联动销毁，而不仅是处于前台态的 AbilitySlice。

4.3.4　AbilitySlice 间的导航

前面已经说到，AbilitySlice 之间的导航可以引发 AbilitySlice 的生命周期变化。其实，AbilitySlice 之间的导航可以分为两种，分别是同一 Page 内的和不同 Page 间的。

1. 同一 Page 内的 AbilitySlice 之间的导航

当发起导航的 AbilitySlice 和导航目标的 AbilitySlice 处于同一 Page 时，可以通过 present 函数实现导航。以下代码展示了通过点击按钮导航到其他 AbilitySlice 的具体实现。

```
@Override
protected void onStart(Intent intent) {
    ...
    Button button =
    button.setClickedListener(listener -> present(new TargetSlice(), new Intent()));
    ...
}
```

从以上代码中可以看出，当调用 present 函数显示第二个 AbilitySlice 时，采用 new 函数新构造了 TargetSlice，即在同一个 Page 内导航时，AbilitySlice 由开发者自己构建。

系统为每个 Page 维护了一个 AbilitySlice 实例的栈，每个进入前台的 AbilitySlice 实例均会入栈，如图 4-6 所示。当开发者在调用 present 函数时，若指定的 AbilitySlice 实例已经在栈中存在，则栈中位于此实例之上的 AbilitySlice 均会出栈并终止其生命周期。从 AbilitySlice2 返回 AbilitySlice1 时，AbilitySlice2 必须出栈，同时该 AbilitySlice 对象被析构。在前面的示例代码中，不管用户多少次从 AbilitySlice1 导航到 AbilitySlice2，导航时指定的 AbilitySlice 实例均是新建的。虽然每次看到的都是用一个 AbilitySlice2 的界面，但其实每次都是一个新的 AbilitySlice2 对象压入堆栈，不会导致任何 AbilitySlice 出栈。

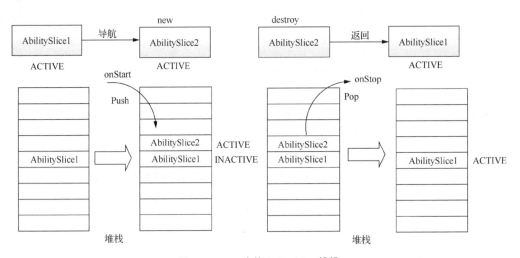

图 4-6 Page 内的 AbilitySlice 堆栈

根据 AbilitySlice 与 Page 的相似性，同样可以将上述 AbilitySlice 的内存管理过程应用于 Page。也就是说，系统在每个应用内都维持了一个 Page 对象堆栈，每个进入前台的 Page 对象都会入栈，当开发者调用 startAbility 函数来启动新的 Page 对象时，如果该 Page 对象已经在堆栈内，则处于该堆栈上面的所有 Page 对象都会被弹出栈；而每次导航到的 Page 页面，都是新构建的 Page 实例。

2. 不同 Page 间的 AbilitySlice 之间的导航

关于不同 Page 间的 AbilitySlice 之间的导航，在前面已经介绍过相关代码了。先在目标 AbilitySlice2 中通过 addActionRoute 函数添加 Action 与 AbilitySlice2 关联的路由，再在 config.json 中对外暴露该 Action，最后在源 AbilitySlice1 中通过 startAbility 函数指定该 Action。整个过程中假设这两个 AbilitySlice 属于不同 Page 对象（Page1 和 Page2），但这两个 Page 对象属于同一个应用，HarmonyOS 为每个应用维持了一个 Page 的堆栈。在整个导航的过程中，生命周期状态的变化顺序如下。

（1）Page1 和 AbilitySlice1 从 ACTIVE 状态变为 INACTIVE 状态。

（2）Page2 和 AbilitySlice2 则先从 INITIAL 状态变为 INACTIVE 状态，再变为 ACTIVE 状态（假定此前 Page2 未曾启动）。

（3）Page1 和 AbilitySlice1 从 INACTIVE 状态变为 BACKGROUND 状态。

不同 Page 间 AbilitySlice 导航时的堆栈变化过程如图 4-7 所示。

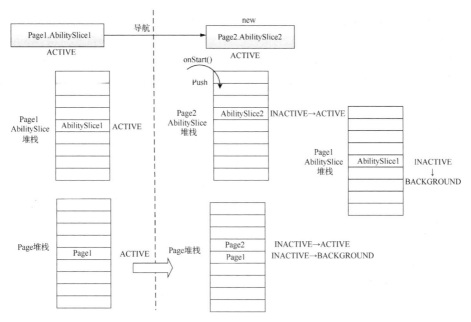

图 4-7　不同 Page 间 AbilitySlice 导航时的堆栈变化过程

4.4　Page 的用法

前面已经介绍了 Page 和 AbilitySlice 的生命周期，本节通过手动创建一个 Page 来查看具体应用中 Page 的生命周期的使用方法，详细讨论如何加载 Page 布局，以及如何在 config.json 中注册一个 Page。

4.4.1　Page 的创建

假设已经通过 DevEco Studio 创建了一个基于"Empty Page Ability(Java)"模板的项目，该项目基于 Java UI 框架，被命名为 MyApplicationfor2Page，表示一个项目中包括两个 Java Page。现在在该项目的 entry\src\java 目录的 com.whu.myapplicaitonfor2page 包目录中单击鼠标右键，在弹出的快捷菜单中选择"New"→"Ability"→"Empty Page Ability(Java)"命令，新建 Page Ability，如图 4-8 所示。

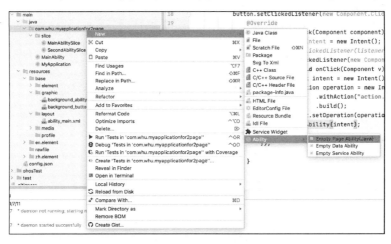

图 4-8　新建 Page Ability

在进入的界面中将该 Ability 命名为 MyAbility，单击"Finish"按钮，图 4-9 所示为新建 Page Ability 后开发工具 DevEco Studio 中新增的文件内容。从图中可看出，除了新增的 MyAbility 文件外，也默认增加了 MyAbility 文件中包含的页面片段 MyAbilitySlice。此外，这是一个 Page，肯定会有可视化元素，因此默认增加了布局文件 ability_my.xml，该文件的名称是可变的，可以在为 Ability 命名的界面中进行修改。

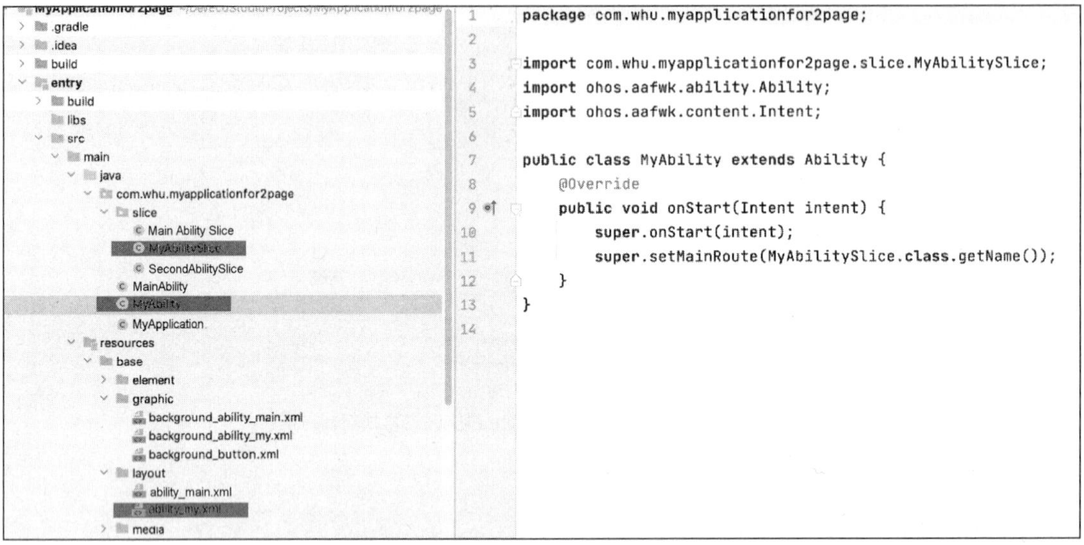

图 4-9　新建 Page Ability 后开发工具 DevEco Studio 中新增的文件内容

4.4.2　创建和加载布局

Page 是应用对外展示的窗口，因此其最重要的功能是显示可视化元素，而 Page 的可视化元素显示是通过其包含的 AbilitySlice 来实现的。在图 4-9 显示的新创建的 MyAbility 类中，系统默认为该类重载了 onStart 回调函数，在该回调函数中设置了 MyAbility 的默认路由，即当 MyAbility 启动时，默认加载 MyAbilitySlice 的界面。

由于 AbilitySlice 承载具体的页面，系统会在默认创建的 MyAbilitySlice 类中添加 onStart 回调函数，并在此函数中通过 setUIContent 函数来加载布局，代码如例 4-3 所示。

例 4-3　在 MyAbilitySlice 类中加载布局

```
public class MyAbilitySlice extends AbilitySlice {
    @Override
    public void onStart(Intent intent) {
        super.onStart(intent);
        super.setUIContent(ResourceTable.Layout_ability_my);
    }
    @Override
    public void onActive() {
        super.onActive();
    }
    @Override
    public void onForeground(Intent intent) {
        super.onForeground(intent);
    }
}
```

例 4-3 中加载的布局在 resources\layout 目录的 ability_my.xml 文件中进行定义。

Page Ability 的页面布局的定义有两种方式：XML 文件定义方式和纯代码定义方式。

1. XML 文件定义方式

例 4-4 所示代码为在 ability_my.xml 文件中定义布局，该布局位于 resources\layout 目录，文件名为 ability_my.xml，该布局文件是系统默认创建的。开发者可以修改该布局文件，如在布局文件中添加自己想要的布局和可视化元素。

例 4-4　在 ability_my.xml 文件中定义布局

```xml
<?xml version="1.0" encoding="utf-8"?>
<DirectionalLayout
    xmlns:ohos="http://schemas.huawei.com/res/ohos"
    ohos:height="match_parent"
    ohos:width="match_parent"
    ohos:alignment="center"
    ohos:orientation="vertical">
    <Text
        ohos:id="$+id:text_helloworld"
        ohos:height="match_content"
        ohos:width="match_content"
        ohos:background_element="$graphic:background_ability_my"
        ohos:layout_alignment="horizontal_center"
        ohos:text="$string:myability_HelloWorld"
        ohos:text_size="40vp"
        />
</DirectionalLayout>
```

例 4-4 代码表示该布局文件中采用了一个方向布局，并在方向布局中定义了一个 Text 组件，用来显示 string.json 中的 myability 变量中 HelloWorld 字符串的值。此外，在布局和 Text 组件中还定义了部分组件的大小约束，以方便在屏幕上按垂直方向摆放不同可视化元素，并使 Text 组件居中显示。之后切换回 MyAbility.java 源文件，在 DevEco Studio 右侧工具栏中单击预览工具 Previewer，可以看到例 4-4 中定义的布局显示效果，如图 4-10（a）所示。

2. 纯代码定义方式

除了使用 XML 文件方式定义布局并加载外，也可以使用代码来手动创建布局并加载，例 4-5 展示的是 SecondAbilitySlice 使用代码定义布局。

例 4-5　SecondAbilitySlice 使用代码定义布局

```java
public class SecondAbilitySlice extends AbilitySlice {
    @Override
    public void onStart(Intent intent) {
        super.onStart(intent);
        // 声明布局
        DependentLayout myLayout = new DependentLayout(this);
        // 设置布局大小
        myLayout.setWidth(LayoutConfig.MATCH_PARENT);
        myLayout.setHeight(LayoutConfig.MATCH_PARENT);
        // 设置布局背景为白色
        ShapeElement element = new ShapeElement();
        element.setRgbColor(new RgbColor(255, 255, 255));
        myLayout.setBackground(element);
        // 创建一个文本
```

```
        Text text = new Text(this);
        text.setText("Hi there");
        text.setWidth(LayoutConfig.MATCH_PARENT);
        text.setTextSize(100);
        text.setTextColor(Color.BLACK);
        // 设置文本的布局
        DependentLayout.LayoutConfig textConfig=new DependentLayout.
        LayoutConfi(LayoutConfig.MATCH_CONTENT,LayoutConfig.MATCH_CONTENT);
        textConfig.addRule(LayoutConfig.CENTER_IN_PARENT);
        text.setLayoutConfig(textConfig);
        myLayout.addComponent(text);
        super.setUIContent(myLayout);
    }
}
```

例 4-5 代码表示定义了一个依赖布局 myLayout，并定义了一个文本组件，设置完该组件的大小、位置等属性后，再调用 setUIContent 加载刚定义好的布局。

使用代码定义布局本质上和前面使用 XML 文件定义布局是一致的，都是通过对系统支持的布局模式和可视化元素的设置来实现对页面的布局，同样可以采用 Previewer 查看页面效果，如图 4-10（b）所示。从图 4-10 中两幅图的对比可以发现，使用 XML 文件定义布局和使用纯代码定义布局的效果相同。

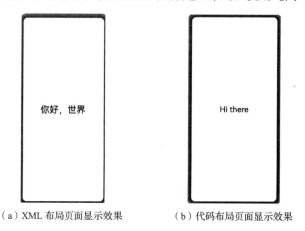

（a）XML 布局页面显示效果   （b）代码布局页面显示效果

图 4-10   Page Ability 页面布局的显示效果

4.4.3   在 config.json 文件中注册

在创建 MyAbility 时，除了看到添加了代码片段、XML 文件外，还有一处非常关键的内容变化是系统自动加上的，该变化反映在配置文件 config.json 中。

之前提到过，config.json 文件是系统中非常重要的配置文件，其中存储了整个项目的核心内容信息，包括应用包、HAP 模块等关键信息。当创建完 MyAbility 页面后，打开 config.json 文件，会发现 abilities 模块中多了例 4-6 所示的 MyAbility 的 Page 注册信息。

例 4-6   MyAbility 的 Page 注册信息

```
"abilities": [
...
{
        "orientation": "unspecified",
        "name": "com.whu.myapplicationfor2page.MyAbility",
        "icon": "$media:icon",
```

```
□               "description": "$string:myability_description",
□               "label": "$string:entry_MyAbility",
□               "type": "page",
□               "launchType": "standard"
□          }
□       ]
```

例 4-6 代码显示了新增的 MyAbility 页面的注册信息，它告诉开发者该 Ability 的类型（type 字段）为 Page，启动模式（launchType 字段）为标准模式，以及 Ability 的名称信息（name 字段），有了这 3 项信息，系统和其他 Ability 就可掌握它的性质，以及与之交互的方法。其中，label 字段中的内容是 Page 显示在标题栏中的信息。

4.5　Service 的用法

Service 与 Page 最大的区别是没有图形界面，Service 主要用于在本机后台或远程提供服务。通过 Page 和 Service，可以有效实现 HarmonyOS 应用中界面和业务逻辑的分离。本节主要介绍 Service 的定义、生命周期和基本使用方法。

4.5.1　Service 的定义

基于 Service 模板的 Ability（以下简称 Service）主要用于后台运行任务（如执行音乐播放、文件下载等任务），但不提供用户交互界面。Service 可由其他应用或 Ability 启动，表明 Service 主要是提供服务功能并做分布式调用。启动 Service 的应用即使被转入后台，该 Service 仍将继续运行。

Service 对象的启动是单实例的。在一个设备上，相同的 Service 只会存在一个实例。如果多个 Ability 共用这个实例，则只有当与 Service 绑定的所有 Ability 都退出后，Service 对象才能够被销毁。Service 是在主线程中执行的，因此，如果在 Service 中的操作时间过长，开发者必须在 Service 中创建新的线程来进行处理，以防止造成主线程阻塞，应用程序无响应。

4.5.2　Service 的生命周期

与 Page 类似，Service 也拥有生命周期，如图 4-11 所示。根据调用方法的不同，其生命周期有以下两种路径。

1．启动 Service

该 Service 在其他 Ability 调用 startAbility 函数时创建，并保持运行。其他 Ability 通过调用 stopAbility 函数来停止 Service，Service 停止后，系统会将其销毁。该路径中的 Service 有 4 个状态，和 Page 生命周期一样，不同的是 onActive 回调函数变成了 onCommand 回调函数，这两个回调函数很相似，都是调用 onStart 回调函数后自动触发的。不同之处在于，onCommand 回调函数是每次客户端启动该 Service 时调用，而 onActive 回调函数是每次该 Page 在前台显示时调用。

2．连接 Service

该 Service 在其他 Ability 调用 connectAbility 函数时创建，客户端可通过调用 disconnectAbility 函数断开连接。多个客户端可以绑定到相同 Service，而且当所有绑定全部取消后，系统即会销毁该 Service。根据服务端 Service 的两种不同状态，客户端连接 Service 时存在以下两种情况。

（1）如果客户端调用 connectAbility 函数时，对应的 Service 没有启动，则服务端 Service 会自动启动，触发 onStart 回调函数后，等待客户端连接，并触发 onConnect 回调函数。

（2）如果服务端 Service 已经被客户端通过 startAbility 函数创建并启动，那么客户端调用 connectAbility 函数时，就可以直接触发服务端 Service 的 onConnect 回调函数。

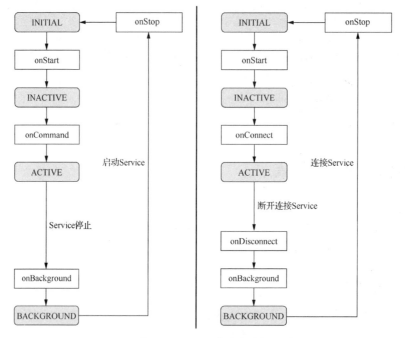

图 4-11　Service 的生命周期

4.5.3　启动 Service

Ability 对象为开发者提供了 startAbility 函数来启动另外一个 Ability 对象。因为 Service 也是 Ability 的一种，开发者同样可以通过将 Intent 传递给该函数来启动 Service。startAbility 函数不仅支持启动本地 Service，还支持启动远程 Service。

开发者可以通过构造包含 DeviceId、BundleName 与 AbilityName 的 Operation 对象来设置目标 Service 信息，这 3 个参数的含义介绍如下。

（1）DeviceId（设备 ID）：如果是本地设备，则可以直接留空；如果是远程设备，则可以通过 HarmonyOS 的系统类 DeviceManager 提供的 getDeviceList 函数获取设备列表。

（2）BundleName（包名称）：也就是应用名。

（3）AbilityName（Ability 名称）：也就是待启动的 Ability 名称。

启动本地 Service Ability 的代码如例 4-7 所示，其中 DeviceId 为空字符串""，代表 Service 在本设备上。

例 4-7　启动本地 Service Ability

```
Intent intent = new Intent();
Operation operation = new Intent.OperationBuilder()
        .withDeviceId("")
        .withBundleName("com.domainname.hiworld.himusic")
        .withAbilityName("com.domainname.hiworld.himusic.ServiceAbility")
        .build();
intent.setOperation(operation);
startAbility(intent);
```

启动远程 Service Ability 的代码如例 4-8 所示，其中"deviceId"是通过 getDeviceList 函数获得的，

该函数返回的是同一网络内、同一用户下的多台设备的列表。

例 4-8　启动远程 Service Ability

```
Intent intent = new Intent();
Operation operation = new Intent.OperationBuilder()
        .withDeviceId("deviceId")
        .withBundleName("com.domainname.hiworld.himusic")
        .withAbilityName("com.domainname.hiworld.himusic.ServiceAbility")
        .withFlags(Intent.FLAG_ABILITYSLICE_MULTI_DEVICE)
        // 设置支持分布式调度系统多设备启动的标识
        .build();
intent.setOperation(operation);
startAbility(intent);
```

从以上本地和远程 Service 启动的代码可以看出，HarmonyOS 对分布式调用功能支持得非常好，只需改动少量代码，就可以从本地过渡到远程服务调用。

执行上述代码后，Ability 将通过 startAbility 函数来启动 Service。如果 Service 尚未运行，则系统会先调用 onStart 函数来初始化 Service，再回调 Service 的 onCommand 函数来启动 Service；如果 Service 正在运行，则系统会直接回调 Service 的 onCommand 函数来启动 Service。

Service 一旦创建就会一直保持在后台运行，除非必须回收内存资源，否则系统不会停止或销毁 Service。开发者可以在 Service 中通过调用 terminateAbility 函数停止 Service，或在启动 Service 的 Ability 中调用 stopAbility 函数来停止 Service。

停止 Service 同样支持停止本地 Service 和停止远程 Service，使用方法与启动 Service 一样。一旦调用停止 Service 的函数，Service 对象就会收到 onStop 回调函数，系统便会尽快销毁 Service，释放 Service 的空间和其使用的相应资源。

4.5.4　连接 Service

如果 Service 需要与 Page Ability 或其他应用的 Service Ability 进行交互，则需创建用于连接的 Connection。Service 支持其他 Ability 通过 connectAbility 函数与其进行连接。

在使用 connectAbility 函数连接 Service 时，需要传入目标 Service 的 Intent 与 IAbilityConnection 的实例。IAbilityConnection 提供了两个函数供开发者实现，分别是 onAbilityConnectDone 和 onAbilityDisconnectDone 函数。onAbilityConnectDone 函数用来处理连接 Service 成功的回调函数，如果需要请求目标 Service 的函数并返回结果，则可以在此回调函数中进行处理；onAbilityDisconnectDone 函数用来处理 Service 连接断开的回调函数。连接 Service 周期中停止服务端 Service 的函数和启动 Service 周期中介绍的一样。

客户端连接 Service 的步骤如下。

（1）在客户端 Ability 中创建连接 Service 类的 IAbilityConnection 对象，代码如例 4-9 所示。

例 4-9　创建 IAbilityConnection 对象

```
// 创建 Service 连接类的示例，使用其回调处理 Service 返回结果
private IAbilityConnection connection = new IAbilityConnection() {
    // 成功连接到 Service 的回调函数
    @Override
    public void onAbilityConnectDone(ElementName elementName, IRemoteObject
                                iRemoteObject, int resultCode) {      }
    // Service 端断开连接的回调函数
    @Override
```

```
□        public void onAbilityDisconnectDone(ElementName elementName, int resultCode) {
□        }
□    };
```

例 4-9 中的 onAbilityConnectDone 函数非常重要，当客户端 Ability 与服务端 Service 成功建立连接后会产生此回调函数，第二个参数 iRemoteObject 是服务端返回的结果。客户端 Ability 需要定义与服务端 Service 相同的 IRemoteObject 实现类，这种实现方法和客户端/服务器模式下双方协商好数据包格式，从而正确进行数据交换的方法是一致的。只有这样开发者才能够在客户端 Ability 获取服务端传递过来的 IRemoteObject 对象，并从中解析出服务端传递过来的信息。

（2）客户端连接服务端 Service，代码如例 4-10 所示。

例 4-10　客户端连接服务端 Service

```
□    Intent intent = new Intent();
□    Operation operation = new Intent.OperationBuilder()
□        .withDeviceId("deviceId")
□        .withBundleName("com.domainname.hiworld.himusic")
□        .withAbilityName("com.domainname.hiworld.himusic.ServiceAbility")
□        .build();
□    intent.setOperation(operation);
□    connectAbility(intent, connection);
```

（3）服务端重载 onConnect 函数。Service 侧也需要在调用 onConnect 函数时返回 IRemoteObject 对象，从而定义客户端与 Service 进行通信的接口。onConnect 函数需要返回一个 IRemoteObject 对象，HarmonyOS 提供了 IRemoteObject 的默认实现——RemoteObject 类，iRemoteObject 其实是一个远程通信的接口。用户可以通过继承 LocalRemoteObject 来创建自定义的实现，因为 LocalRemoteObject 是 RemoteObject 的子类。Service 把自定义的 IRemoteObject 实现类 MyRemoteObject 的实例返回给调用侧的定义如例 4-11 所示。

例 4-11　IRemoteObject 实现类 MyRemoteObject 的定义

```
□    private class MyRemoteObject extends LocalRemoteObject {
□        MyRemoteObject(){
□        }
□    }
□    // 把实现了 IRemoteObject 接口的 MyRemoteObject 对象返回给客户端
□    @Override
□    protected IRemoteObject onConnect(Intent intent) {
□        return new MyRemoteObject();
□    }
```

4.5.5　前端 Service

一般情况下，Service 是在后台运行的，后台 Service 的优先级都是比较低的，当内存资源不足时，系统有可能要回收正在运行的后台 Service 的内存。

在一些场景下（如播放音乐时），用户希望应用能够一直保持运行状态，此时就需要使用前台 Service。前台 Service 会始终保持正在运行的图标在系统状态栏中显示。

使用前台 Service 并不复杂，开发者只需在 Service 初始化的 onStart 回调函数中调用 keepBackgroundRunning 函数将 Service 与通知绑定即可，即使后台服务一直运行。通知其实是一种进程间传递消息的机制。调用 keepBackgroundRunning 函数前需要在配置文件中声明 ohos.permission.KEEP_BACKGROUND_RUNNING 权限，同时需要在配置文件中添加对应的 backgroundModes 参数。在 onStop 回调函数中调用 cancelBackgroundRunning 函数可停止前台 Service。

在前台 Service 的 onStart 回调函数中加入例 4-12 所示的代码，使用通知创建前台 Service。

例 4-12 使用通知创建前台 Service

```
// 创建通知，其中 1005 为 notificationId
NotificationRequest request = new NotificationRequest(1005);
NotificationRequest.NotificationNormalContent content = new NotificationRequest.
NotificationNormalContent();
content.setTitle("title").setText("text");
NotificationRequest.NotificationContent notificationContent = new NotificationRequest.
NotificationContent(content);
request.setContent(notificationContent);
// 绑定通知，1005 为创建通知时传入的 notificationId
keepBackgroundRunning(1005, request);
```

例 4-12 中创建了通知请求对象 request，设置了通知请求内容，为该 request 绑定了通知 ID，ID 是用户自定义整型数，只要不与其他通知 ID 重复即可。

在配置文件中 module > abilities 字段下对当前 Service 做例 4-13 的配置，注册前台 Service。

例 4-13 注册前台 Service

```
{
    "name": ".ServiceAbility",
    "type": "service",
    "visible": true,
    "backgroundModes": ["dataTransfer", "location"]
}
```

例 4-13 代码表示该 Ability 是一个 Service，且由于它可见，其一定是一个前台 Service。同时，例 4-13 定义了该前台 Service 与 Ability 交互的内容为数据传输，并在通知栏中占据位置。

4.6 使用 Intent 进行页面导航

一个完整的 HarmonyOS 应用中不会只有一个 Page，在由多个 Page 组成的复杂应用中，应用经常需要进行 Page 或是 AbilitySlice 的跳转，实现这些功能的核心是 Intent。

4.6.1 Intent 的作用

Intent 是对象之间传递信息的载体，也可以称为"信使"。例如，当一个 Ability 需要启动另一个 Ability 时，或者一个 AbilitySlice 需要导航到另一个 AbilitySlice 时，可以通过 Intent 指定启动的目标，并携带相关数据。Intent 类的重要属性如表 4-1 所示。

表 4-1 Intent 类的重要属性

属性名称	子属性名称	含义
Operation	Action	表示动作，通常使用系统预置 Action，应用也可以自定义 Action，如 IntentConstants.ACTION_HOME 表示返回桌面动作
	Entity	表示类别，通常使用系统预置 Entity，应用也可以自定义 Entity，如 Intent.ENTITY_HOME 表示在桌面上显示图标
	Uri	表示 uri 描述。如果在 Intent 中指定了 uri，则 Intent 将匹配指定的 uri 信息，包括 scheme、schemeSpecificPart、authority 和 path 信息
	Flags	表示处理 Intent 的方式，如 Intent.FLAG_ABILITY_CONTINUATION 标记在本地的一个 Ability 是否可以迁移到远端设备继续运行
	BundleName	表示包描述。如果在 Intent 中同时指定了 BundleName 和 AbilityName，则 Intent 可以直接匹配到指定的 Ability

属性名称	子属性名称	含义
Operation	AbilityName	表示待启动的 Ability 名称。如果在 Intent 中同时指定了 BundleName 和 AbilityName，则 Intent 可以直接匹配到指定的 Ability
	DeviceId	表示运行指定 Ability 的设备 ID
Parameters	—	Parameters 是一种支持自定义的数据结构，开发者可以通过 Parameters 传递某些请求所需的额外信息

表 4-1 中的 Entity 属性指明 action 能够在什么类别的环境下执行，通过 .withEntities 进行设定，而 Uri 属性通常指 action 要访问资源的地址，这两个属性通常应用于隐式 Intent 访问中，用来设置 Operation 属性。在前面的章节中已经介绍过一些 Intent 类的用法了，利用 Intent 类实现导航的方法主要分为以下几种。

（1）同一 Page 内 AbilitySlice 的导航。

（2）同一设备不同 Page 内 AbilitySlice 的导航。

（3）不同设备不同 Page 内 AbilitySlice 的导航。

4.6.2　启动显式 Intent

当 Intent 用于发起请求时，根据指定元素的不同，可以分为以下两种类型。

（1）如果在 Intent 对象中同时指定了 BundleName 与 AbilityName，则根据 Ability 的全称（如 com.demoapp.FooAbility）来直接启动应用，该 Intent 为显式 Intent 对象。

（2）如果在 Intent 对象中未同时指定 BundleName 和 AbilityName，则根据 Operation 中的其他属性来启动应用，该 Intent 为隐式 Intent 对象。

显式 Intent 对象通过构造包含 BundleName 与 AbilityName 的 Operation 对象，可以启动一个 Ability，并导航到该 Ability。在图 4-8 所示的项目 MyApplicationfor2Page 中，如果要从 MainAbility 导航到 MyAbility，则可在 MainAbilitySlice 的 onStart 回调函数中加入例 4-14 所示的代码，启动显式 Intent。

例 4-14　启动显式 Intent

```
button.setClickedListener(new Component.ClickedListener(){
public void onClick(Component v){
Intent intent = new Intent();
/* 通过 Intent 中的 OperationBuilder 类构造 operation 对象, 指定设备标识( 空串表示当前设备 )、
应用包名、Ability 名称*/
Operation operation = new Intent.OperationBuilder()
        .withDeviceId("")
        .withBundleName("com.whu.myapplicationfor2page")
        .withAbilityName("com.whu.myapplicationfor2page.MyAbility")
        .build();
    // 将 operation 设置到 Intent 中
intent.setOperation(operation);
startAbility(intent);
    }
});
```

例 4-14 所示为较普遍的 Intent 使用方法，当点击按钮后，可以启动显式 Intent，以便从 MainAbility 跳转到 MyAbility。

4.6.3　启动隐式 Intent

在有些场景下，开发者需要在应用中使用其他应用提供的某种能力，而不用感知提供该能力的

应用具体是哪一个。例如，开发者需要通过浏览器打开一个链接，而不关心用户最终选择哪一个浏览器应用，则可以通过 Operation 的其他属性（除 BundleName 与 AbilityName 之外的属性）描述需要的能力。如果设备上存在多个应用提供同种能力，则系统会弹出候选列表，由用户选择由哪个应用处理请求。以下示例展示了使用 Intent 跨 Ability 查询天气信息的具体实现，该功能是继续在图 4-8 显示的项目 MyApplicationfor2Page 上进行修改得到的，且示例中的多个 Ability 均处于同一设备的同一应用中。

（1）在请求天气查询的 MainAbility 上发出查询请求，代码如例 4-15 所示。

例 4-15　发出查询请求

```
private void queryWeather() {
    Intent intent = new Intent();
    Operation operation = new Intent.OperationBuilder()
            .withAction(Intent.ACTION_QUERY_WEATHER)
            .build();
    intent.setOperation(operation);
    startAbility(intent);
}
```

例 4-15 代码显示了请求天气查询方的设置，只需要指明该 Ability 请求的 Action 是什么，从 ACTION_QUERY_WEATHER 可以看到要查询天气，但代码中并没有指定天气查询 Action 的提供方是谁。queryWeather 函数由 MainAbility 中的 MainAbilitySlice 进行调用。

（2）在提供天气查询功能的 Ability 上声明并实现服务，具体步骤如下。

① 作为处理天气查询请求的 Ability，首先需要在配置文件 config.json 中声明对外提供天气查询的能力，以便系统据此找到自己并作为候选的请求处理者，示例代码如下。

```
{
    "abilities": [
        {
            ...
            "skills":[
                {
                    "actions":[
                        "ability.intent.QUERY_WEATHER"
                    ]
                }
            ]
            ...
        }
    ]
    ...
}
```

② 在 Ability 中配置路由，以便支持以此 Action 导航到对应的 AbilitySlice，声明 Weather QuerySlice 提供天气查询能力，示例代码如下。

```
@Override
protected void onStart(Intent intent) {
    ...
    addActionRoute(Intent.ACTION_QUERY_WEATHER, WeatherQuerySlice.class.getName());
    ...
}
```

③ 在 MainAbility 和 MyAbility 的 onStart 回调函数中同时声明提供天气查询能力，也就是将前两个步骤在这两个 Page Ability 中都实现一遍，那么该应用就有两个提供天气查询服务的对象。当点

击"天气查询"按钮后，隐式 Intent 中的多个天气服务 Action 的运行效果如图 4-12 所示，此处可以随机选择其中一个进行查看。

图 4-12　隐式 Intent 中的多个天气服务 Action 的运行效果

4.6.4　向下一个 Ability 传递数据

　　Ability 之间经常需要进行数据传递，如 4.5 节介绍的 Service 就经常作为服务端响应客户端 Page 发过来的数据请求。这种 Page 和 Service 之间的交互在上一节中已经阐述过，但上一节中并没有详细描述数据传递过程，另一种常用场景是 Page 之间的交互。如果 Page1 启动了 Page2，且 Page1 需要向 Page2 中进行数据传递，以控制 Page2 的显示内容，则可以通过 Intent 对象来携带数据。当然，Ability 间的数据交互还存在于 Page 和 Data、Service 和 Data，以及 Service 与 Service 之间，其数据传递方法都是一样的。

　　下面以 Page 和 Page 之间传递数据为例进行详细介绍，Page 的页面显示都是通过其所包含的 AbilitySlice 来体现的，其实数据发送和接收的主体都是这两个 Page 的默认 AbilitySlice。当然，如果交互的对象本身就是两个从属于同一个 Page 的 AbilitySlice，则数据交互会稍微简单一点。典型的例子是通信录应用，通信录列表中显示多个联系人，单击某个联系人，会显示该联系人的详情，每个人的详情页显示的内容不一样，但实际上是同一个 AbilitySlice，只是其内容受控于通信列表。

　　整个交换过程的步骤如下。

　　（1）采用 new 函数创建 Intent，假设该 Intent 名为 secondIntent。

　　（2）在源 AbilitySlice 中准备传递给目标 AbilitySlice 的数据，以上述通信录为例，传递的数据为联系人姓名，假设该数据为字符串类型，名称为 name，值为 value。在源 AbilitySlice 中调用下列代码。

❑　`secondIntent.setParam("name","value");`

　　（3）在源 AbilitySlice 中发动跳转命令，示例代码如下，其中 button 对象为源 AbilitySlice 中的按钮。

❑　`button.setClickedListener(listener -> present(new TargetSlice(), secondIntent));`

　　（4）在目标 AbilitySlice 的 onStart 回调函数中获取源 AbilitySlice 传递过来的数据，因为 onStart

回调函数中有 Intent 参数，它就是从源 AbilitySlice 传递过来的。假设目标 AbilitySlice 中有一个用来显示传递过来的数据的文本组件，名为 text，则调用如下代码在目标 AbilitySlice 界面中显示 name 字符串的值。

```
text.setText(intent.getStringParam("name"))
```

选择在 onStart 回调函数中对文本组件内容进行填充也是有原因的。如果说每次目标 AbilitySlice 都显示出来，则调用 onActive 回调函数比较合适，因为第二个 AbilitySlice 会出现多次，onActive 函数满足多次调用的条件。但由于每次导航到第二个 AbilitySlice 时都会创建第二个 AbilitySlice 的新实例，所以 onStart 回调函数在第二个 AbilitySlice 每次出现的时候都会被调用。

上述步骤只介绍了同一个页面内 AbilitySlice 间的数据传递，如果是不同页面间的数据传递，则过程几乎是一样的，将步骤（3）中启动目标 AbilitySlice 的代码切换为启动目标 Ability 的代码即可，示例代码如下。

```
button.setClickedListener(listener -> startAbility(secondIntent))
```

由于 Ability 都是系统创建的，所以不需要开发者手动创建目标 Ability 的实例，secondIntent 的初始化过程如例 4-14 所示。

4.6.5　回传数据给上一个 Ability

既然可以传递数据到下一个 Ability，那么当下一个 Ability 处理完成后，需要将结果回传给上一个 Ability 时又该如何处理呢？这里要注意的是，回传数据给上一个 Ability 与从上一个 Ability 传递数据到下一个 Ability 是不一样的，二者的差别在 4.3.4 小节中已经指出：如果从前往后传递数据，则每次都会创建后一个 Ability 或 AbilitySlice 的新实例，但从后往前传递数据时，前一个 Ability 其实处于内存中，因此不能调用 startAbility 函数。

以同一 Page 中的两个 AbilitySlice 返回数据为例：如果开发者希望在用户从导航目标 AbilitySlice 返回时能够获得其返回结果，则应当在源 AbilitySlice 中使用 presentForResult 函数实现导航。用户从导航目标 AbilitySlice 返回时，系统将调用源 AbilitySlice 回调 onResult 函数来接收和处理返回结果，开发者需要重写该函数。具体步骤如下所示。

（1）源 AbilitySlice 发起导航，代码如例 4-16 所示。presentForResult 函数相对于 present 函数多了一个参数，在这里取值为 0。该参数名称为请求码，代表与该请求码关联的目标 AbilitySlice 已经启动。因为一个 AbilitySlice 可能会有很多导航请求，产生很多请求码，所以唯一的请求码就可以标注唯一的 AbilitySlice，对 onResult 回调函数来说这很重要，它是区分不同 AbilitySlice 返回结果的唯一依据。

例 4-16　源 AbilitySlice 发起导航

```
@Override
protected void onStart(Intent intent) {
    ...
    Button button = (Button) findComponentById(ResourceTable.Id_button);
    button.setClickedListener(listener -> presentForResult(new TargetSlice(), new
                             Intent(), 0));
    ...
}
@Override
protected void onResult(int requestCode, Intent resultIntent) {
    if (requestCode == 0) {
        // 在这里处理返回结果 resultIntent 中携带的信息
    }
```

```
❑    }
❑
```

（2）目标 AbilitySlice 设置返回结果。返回结果由导航目标 AbilitySlice 在其生命周期内通过 setResult 函数进行设置，示例代码如下。

```
❑    @Override
❑    protected void onActive() {
❑        ...
❑        Intent resultIntent = new Intent();
❑        setResult(0, resultIntent);   //0 为当前 AbilitySlice 销毁后返回的 resultCode
❑        ...
❑    }
```

同样，这里只介绍了通过 AbilitySlice 返回数据，如果是目标 Ability 向上一层 Ability 返回结果，则过程是一样的，只是步骤（1）中的启动目标 Ability 的代码需要做如下替换。

```
❑    button.setClickedListener(listener -> startAbilityForResult(secondIntent, 0));
```

如果以上代码中的 secondIntent 对象已经被正确初始化，则源 Ability 可以是 Page 或 Service。

4.7 阶段案例——访问后台服务获取电量信息

目前已经讲解了较多的和 Ability 使用相关的知识点，其中 Page 的使用较频繁，因此介绍也相对详细，读者掌握起来并不困难。然而，对于 Service 这个特别体现 HarmonyOS 分布式服务理念重要思想的对象，读者理解起来可能会困难一些，因为其在 iOS 和 Android 中都没有相应组件。因此，本节特别设计了一个通过后台 Service 获取电量信息，并在前台 Page 上进行显示的应用，来帮助读者深入理解 Service 的工作特性和工作原理。

在 DevEco Studio 中新建 BatteryJavaCallPA 项目，应基于"Empty Page Ability(Java)"模板，运行于手机之上，接下来的大致思路分为 3 步。

（1）建立后台 Service 获取电量信息。

（2）建立后台与前台信息交互的接口类。

（3）前台 Page 与 Service 交互。

4.7.1 建立后台 Service 获取电量信息

在当前 BatteryJavaCallPA 项目的 entry\src\main\java 目录中的包 com.whu.batteryjavacallpa 上单击鼠标右键，新建一个 Service Ability，将其命名为 BatteryInfo。该 Service 主要是提供电量获取功能，系统在 config.json 文件中会默认注册其为 Service，注册 BatteryInfo Service 的代码如例 4-17 所示。

例 4-17 注册 BatteryInfo Service

```
❑    {
❑    "name": "com.whu.batteryjavacallpa.BatteryInfo",
❑    "icon": "$media:icon",
❑    "description": "$string:batteryinfo_description",
❑    "type": "service"
❑    }
```

该 BatteryInfo Service 生命周期代码如例 4-18 所示。

例 4-18 BatteryInfo Service 生命周期

```
❑    public class BatteryInfo extends Ability {
❑    private static final HiLogLabel LABEL_LOG = new HiLogLabel(3, 0xD001100, "Demo");
❑    @Override
```

```
    public void onStart(Intent intent) {
        HiLog.error(LABEL_LOG, "BatteryInfo::onStart");
        super.onStart(intent);
    }
    @Override
    public void onBackground() {
        super.onBackground();
        HiLog.info(LABEL_LOG, "BatteryInfo::onBackground");
    }
    @Override
    public void onStop() {
        super.onStop();
        HiLog.info(LABEL_LOG, "BatteryInfo::onStop");
    }
    @Override
    public void onCommand(Intent intent, boolean restart, int startId) {
    }
```

其中，onCommand 函数是 Service Ability 特有的。上面这些回调函数只是简单地在日志上输出 Service 状态，获取电池电量及状态函数的代码如例 4-19 所示。

例 4-19　获取电池电量及状态函数

```
private boolean getChargingStatus() {
ohos.batterymanager.BatteryInfo batteryInfo = new ohos.batterymanager.BatteryInfo();
ohos.batterymanager.BatteryInfo.BatteryChargeState batteryStatus = batteryInfo.
getChargingStatus();
return (batteryStatus == ohos.batterymanager.BatteryInfo.BatteryChargeState.ENABLE
    ||batteryStatus == ohos.batterymanager.BatteryInfo.BatteryChargeState.FULL);
}
private int getBatteryLevel() {
    ohos.batterymanager.BatteryInfobatteryInfo=newohos.batterymanager.
    BatteryInfo();
    int batteryLevel = batteryInfo.getCapacity();
    return batteryLevel;
}
```

例 4-19 中的 getChargingStatus 函数用于查询手机是否在充电，getBatteryLevel 函数用于获取手机电池电量信息，这两个函数的实现是通过 HarmonyOS 核心库的 batterymanager 类来实现的。

返回电池电量及状态字符串的代码如例 4-20 所示，使用其中的 getBatteryInfo 函数可以将电池状态和电池电量信息合并起来，并将其转换成字符串输出。

例 4-20　返回电池电量及状态字符串

```
private String getBatteryInfo() {
StringBuilder stringBuilder = new StringBuilder();
boolean isCharging = getChargingStatus();
double batteryValue = getBatteryLevel();
stringBuilder
        .append("电量还剩")
        .append(batteryValue+"% ,"+ System.lineSeparator())
        .append("正在充电: ")
        .append(isCharging);
return stringBuilder.toString();
}
```

服务端 Service 获取到电量和充电信息后，下一步的关键就是将服务器获取到的这些信息传递到客户端 Page。这里的实现方式是当客户端连接上服务器，服务器知道连接成功后，在连接成功回调函数 onConnect 中获取电池信息，并将该信息通过服务器和客户端之间的 IPC 通道返回，这个通道的体现形式为接口 IRemoteObject。Service 中的 onConnect 回调函数的代码如例 4-21 所示。

例 4-21　Service 的 onConnect 回调函数

```
        @Override
    public IRemoteObject onConnect(Intent intent) {
        MyRemote thisRemote = new MyRemote();
        thisRemote.setbattery(getBatteryInfo());
        return thisRemote;
    }
```

需要注意的是，该代码中的返回对象 thisRemote 必须是实现了 IRemoteObject 接口的 RemoteObject 的子类，示例中为 MyRemote 类。

4.7.2　建立后台与前台信息交互的接口类

服务器获取到的电量信息是通过服务器中的 onConnect 回调函数中的返回值 MyRemote 对象返回到客户端的。客户端获取到服务器返回值时，必须清楚知道服务器返回内容的具体格式，这就是服务器和客户端共同协商好的协议包的格式。MyRemote 类除了是 RemoteObject 的子类外，也必须被客户端和服务器共同知晓。因此这里单独建立 MyRemote 类，它是 LocalRemoteObject 的子类。接口类 MyRemote 的定义如例 4-22 所示。

例 4-22　接口类 MyRemote 的定义

```
    public class MyRemote extends LocalRemoteObject {
    private String battery = "";
public MyRemote() {
        super();
        }
    public String getbattery() {
        return battery;
        }
    public void setbattery(String newbattery) {
        battery = newbattery;
    }
    }
```

以上代码中的 LocalRemoteObject 是 HarmonyOS 的系统类，也是 RemoteObject 的子类，使用该类在客户端和服务端传递消息很方便。在 MyRemote 类中定义了一个字符串 battery，用来存储服务器写入的电池信息。

4.7.3　前台 Page 与 Service 交互

在 4.5.3 小节中曾介绍过，如果客户端需要和服务器进行交互，则需要创建和服务器的连接，并将该连接作为 connectAbility 的参数来连接服务器。Page 连接 Service 的代码如例 4-23 所示。

例 4-23　Page 连接 Service

```
    private void startBatteryService() {
    Operation operation = new Intent.OperationBuilder().withDeviceId("")
            .withBundleName("com.whu.batteryjavacallpa")
            .withAbilityName("com.whu.batteryjavacallpa.BatteryInfo")
            .build();
    Intent intent = new Intent();
    intent.setOperation(operation);
```

```
    connectAbility(intent, connection);
    }
```

例 4-23 中的 startBatteryService 函数通过 Intent 的 Operation 属性来指明要连接的 Service 处于本机，并指明应用包名和 Service 的名称，再通过 connectAbility 函数来连接 BatteryInfo 服务。其中，connection 参数是客户端与服务器的连接通道。客户端 IAbilityConnection 对象的实现代码如例 4-24 所示。

例 4-24　客户端 IAbilityConnection 对象的实现

```
private IAbilityConnection connection = new IAbilityConnection() {
@Override
public voidonAbilityConnectDone(ElementNameelementName,IRemoteObject iRemoteObject,
                         int resultCode) {
  HiLog.info(LABEL_LOG,"%{public}s","onAbilityConnectDoneresultCode:"+
            resultCode);
    MyRemote clientRemote = (MyRemote) iRemoteObject;
    Text txt = (Text)findComponentById(ResourceTable.Id_text_helloworld);
    txt.setText(clientRemote.getbattery);
    Button btn = (Button)findComponentById(ResourceTable.Id_button_battery);
    btn.setText("电池状态");
}
}
```

例 4-24 代码表示当客户端 Page 通过 connectAbility 函数与 Service 成功建立连接后，会触发 connection 对象的回调函数 onAbilityConnectDone。该函数中的第二个参数 IRemoteObject 为服务器返回给客户端的数据，是 RemoteObject 的子类。在例 4-21 中讨论后台 Service 的时候，服务端将 MyRemote 对象返回给客户端。因此，例 4-24 先将 IRemoteObject 对象强制转化为 MyRemote 对象 clientRemote，再读取 clientRemote 对象中携带的电池信息 battery，最后将该信息在客户端文本组件中进行显示。访问后台服务后获取的电量信息如图 4-13 所示。

图 4-13　访问后台服务获取的电量信息

本章小结

本章主要介绍了 HarmonyOS 应用中最重要的组件 Ability，它是应用基础能力的抽象。Ability 按其功能可以划分为 Feature Ability 和 Particle Ability，Feature Ability 主要包括 Page Ability，而 Particle Ability 主要包括 Service Ability 和 Page Ability。本章重点介绍了 Page Ability 和 Service Ability 的生命周期及其创建和启动的方法。在不同 Ability 间进行跳转时，需要借助 Intent 工具，本章对显式、隐式 Intent 的启动和 Ability 间的数据传递均进行了详细介绍。

通过对本章内容的学习，读者应能够理解 Ability 的核心理念，熟悉 Page Ability 和 Service Ability 的运作方式，掌握 Page Ability 和 Service Ability 的构建及使用方法，通过 Intent 启动其他 Page Ability 和 Service Ability。

课后习题

（1）（多选题）Ability 可以分为两大类，分别是（　　　）和（　　　）。

    A．Feature Ability   B．Particle Ability   C．Page Ability   D．Service Ability

（2）（多选题）Page Ability 是 MVC 模式中的（　　　）和（　　　）功能的结合。

    A．View   B．Model   C．Controller   D．ViewModel

（3）（多选题）Page Ability 的生命周期包括（　　　）状态。

    A．INITIAL   B．INACTIVE   C．ACTIVE   D．BACKGROUND

（4）（判断题）所有的 Service Ability 都是在后台运行的，无法在前端显示。（　　　）

    A．正确   B．错误

（5）（单选题）当通过 Intent 启动网络中其他主机上的 Ability 时，必须提供（　　　）。

    A．deviceId   B．bundleName   C．abilityName   D．actionName

进阶篇

第5章 JS UI框架开发语法基础

学习目标

- 掌握 HML 语法基础。
- 掌握 CSS 语法基础，能够运用相应的属性定义组件样式。
- 熟练掌握 JS 语法基础。

在 IoT 时代，各种设备的能力差异非常大，有千字节级内存的穿戴设备，也有吉字节级内存的富设备等，因此 HarmonyOS 的 UI 框架需要能覆盖各种终端设备。为了实现这样的设计目标，HarmonyOS 的轻量级 UI 框架使用 JS 作为其应用开发的一种语言，并提供主流的类 Web 开发范式和数据模型（即 Model-View-ViewModel，MVVM），用户通过编写 JS、CSS 和 HML 标签，以及数据绑定的方式开发 UI 代码和业务逻辑。HarmonyOS 的轻量级 UI 框架采用轻量级 JS 引擎来运行 JS 框架层业务逻辑，同时采用 C++编写渲染框架的核心，搭配轻量级图形引擎来达到轻量内存的设计目标，轻量化 UI 框架如图 5-1 所示。

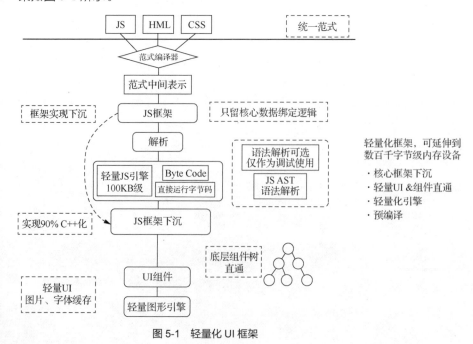

图 5-1 轻量化 UI 框架

本章主要介绍 HML 语法、CSS 语法和 JS 语法。HML 定义页面结构，CSS 定义页面样式，两者合在一起定义页面布局，JS 则定义页面的交互。页面布局和页面交互的组合共同定义应用的外观和逻辑功能。

5.1　HML 语法

HML 是一套类 HTML 的标记语言，通过组件、事件构建出页面的内容。页面具备数据绑定、事件绑定、列表渲染、条件渲染和逻辑控制等高级能力。

5.1.1　页面结构

使用 HML 可以快速定义应用的页面结构，HML 文件示例代码如例 5-1 所示。

例 5-1　HML 文件示例

```
<div class="item-container">
  <text class="item-title">Image Show</text>
  <div class="item-content">
    <image src="/common/ju.bmp" class="image"></image>
  </div>
</div>
```

例 5-1 采用类似 HTML 定义页面元素的方法定义了应用的页面结构，JS UI 框架处理该代码时会生成页面的文档对象模型（Document Object Model，DOM）。通过 DOM，JS 能够动态处理 HML 文件中包含的内容、结构和样式。HML 文件的 DOM 模型和对应的手机屏幕显示如图 5-2 所示。

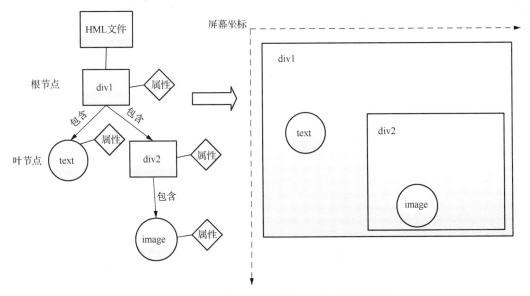

图 5-2　HML 文件的 DOM 模型和对应的手机屏幕显示

HML 文件的 DOM 模型是 HML 的标准对象模型和编程接口，它定义了以下 4 个内容。

（1）作为组件对象的 HML 元素。

（2）所有 HML 元素的属性。

（3）访问所有 HML 元素的方法。

（4）所有 HML 元素的事件。

页面元素以键值对（Key-Value）模式构成树状结构，最外层为根节点，定义的 div 容器组件处于手机主屏视图层的最底层，text 组件和内层 div 容器同级，而内层 div 容器包含一个 image 组件，上层元素会覆盖下层元素。为了便于区分，这里将外层 div 命名为 div1，内层 div 命名为 div2。

尖括号内的变量名称为 HarmonyOS 的 JS UI 框架支持的组件名称，如 div（容器）、text（文本组件）、image（图片组件）。尖括号都是成对出现的，处于一对尖括号（如<text></text>）当中的内容（如 Image Show）为组件属性值，尖括号内部（如<image src>中的 src 等）均为组件属性。

5.1.2 数据绑定

在 HML 文件中可以对需要数据后续设置和变更的地方进行数据绑定操作，示例代码如下。

```
❑    <div>
❑      <text> {{content[1]}} </text>
❑    </div>
```

以上代码中的 text 组件的内容在 HML 文件中是没有设置的，其数据来自 JS 文件，示例代码如下。

```
❑    export default {
❑      data: {
❑        content: ['Hello World!', 'Welcome to my world!']
❑      }
❑    }
```

以上代码中定义了 HML 文件中 text 组件的内容来自 JS 文件的 data 对象的 content 字符串数组中的第二个元素，值为'Welcome to my world! '。

5.1.3 事件绑定

在移动应用中，页面元素（即组件）经常要与用户交互，交互的主要是通过定义组件的触摸事件及其响应函数来实现的。触摸事件通过 on 或者@绑定在组件上，当组件触摸事件发生时，会执行 JS 文件中对应的事件回调函数来对手指触摸页面元素进行响应。

事件绑定有以下两种定义方法。

（1）"funcName"：funcName 为事件回调函数名，在 JS 文件中通过定义相应的函数来实现。

（2）"funcName(a,b)"：函数参数（如 a、b）可以是常量，或者是在 JS 文件中的 data 对象中定义的变量（前面不用加 this 关键字）。

也就是说，HML 文件中定义的回调事件有两种，一种为无参的，一种为有参的。定义事件绑定代码如例 5-2 所示。

例 5-2　定义事件绑定

```
❑    <div class="container">
❑        <text class="title">{{count}}</text>
❑        <div class="box">
❑            <input type="button" class="btn" value="increase" onclick="increase" />
❑            <input type="button" class="btn" value="decrease" @click="decrease" />
❑            <input type="button" class="btn" value="double" @click="multiply(2)" />
❑            <input type="button" class="btn" value="square" @click="multiply(count)" />
❑        </div>
❑    </div>
```

例 5-2 中定义了 4 个 input 组件，均为按钮类型。每个按钮绑定的都是点击事件，除了第一个是通过 on 进行绑定的,后续 3 个都是通过@进行绑定的。按钮点击事件定义了对应的回调函数,前两个回调函数没有参数,后两个回调函数都是带参数的,带参数的回调函数的第一个参数是常量,第二个参数为 JS 文件中定义的变量。

JS 文件中的回调函数定义如例 5-3 所示。

例 5-3　JS 文件中的回调函数定义

```
export default {
  data: {
    count: 0
  },
  increase() {
    this.count++;
  },
  decrease() {
    this.count--;
  },
  multiply(multiplier) {
    this.count = multiplier * this.count;
  }
};
```

在例 5-3 定义的回调函数中,要想访问 data 中定义的变量,需要在前面加上关键字 this。

5.1.4　列表渲染

移动应用页面中经常需要对一类相同的元素进行显示,如联系人、图片库等。可以使用列表渲染方法来处理重复数据显示。例 5-4 所示代码是对 div 组件进行列表渲染。

例 5-4　div 组件列表渲染

```
<div class="array-container">
  <div for="{{array}}" tid="id" onclick="changeText">
   <text>{{$idx}}.{{$item.name}}</text>
  </div>
  <div for="{{value in array}}" tid="id" onclick="changeText">
   <text>{{$idx}}.{{value.name}}</text>
  </div>
  <div for="{{(index, value) in array}}" tid="id" onclick="changeText">
   <text>{{index}}.{{value.name}}</text>
  </div>
</div>
```

例 5-4 中的外层 div 包含 3 个平行的内层 div 子组件,每个 div 子组件中的 for 关键字后面跟的是循环遍历的数组。使用数组循环实现列表渲染需要使用以下属性。

(1)$item 默认表示数组中的元素。

(2)$idx 表示数组中元素的索引。

(3)tid 属性用来加速 for 循环的重新渲染,主要有以下两个作用。

① 当列表中的数据有变更时,需要对页面中的列表进行数据刷新,tid 属性可以提高数据刷新的效率。

② tid 属性用来指定数组中每个元素的唯一标识,如果未指定,则数组中每个元素的索引$idx 为该元素的唯一 id。例 5-4 中的 tid="id"表示数组中的每个元素的 id 属性为该元素的唯一标识。

for 循环支持以下几种用法。

（1）for="array"：其中 array 为数组变量，array 中的元素变量默认为$item。

（2）for="v in array"：其中 v 为自定义的数组变量，元素索引默认为$idx。

（3）for="(i, v) in array"：其中数组元素索引为 i，数组元素变量为 v，遍历数组对象为 array。

将例 5-4 中的数组数据绑定在 JS 文件中，代码如例 5-5 所示。

例 5-5　列表渲染中的数据绑定

```
export default {
  data: {
    array: [
        {id: 1, name: 'jack', age: 18},
        {id: 2, name: 'tony', age: 18},
    ],
  },
  changeText: function() {
    if (this.array[1].name === "tony"){
        this.array.splice(1, 1, {id:2, name: 'Isabella', age: 18});
    } else {
        this.array.splice(2, 1, {id:3, name: 'Bary', age: 18});
    }
  },
}
```

例 5-5 中的 array 数组中有两个元素，每个元素包含 id、name 和 age 属性。每个子组件 div 都会显示两个元素的索引号和姓名，列表渲染效果如图 5-3 所示。从例 5-5 可以看出，列表渲染方式的优点是在显示批量信息时，避免了在 HML 文件中大量定义重复条目。

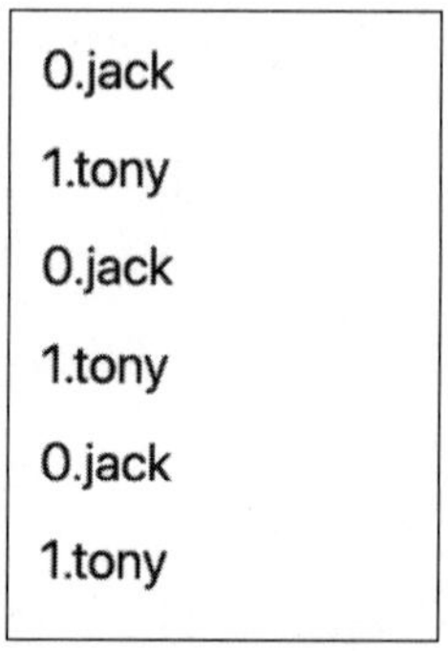

```
0.jack
1.tony
0.jack
1.tony
0.jack
1.tony
```

图 5-3　列表渲染效果

5.1.5　条件渲染

条件渲染分为两种：if-elif-else 和 show。这两种方式都可以控制组件的显示。这两种方式的区别在于：第一种方式中 if 为 false 时，组件不会在 vdom（虚拟文档对象模型）中构建，也不会渲染，而第二种方式中 show 为 false 时虽然也不会渲染，但会在 vdom 中构建；另外，当使用 if-elif-else 方式时，节点必须是兄弟节点，否则编译无法通过。条件渲染定义示例如例 5-6 所示。

例 5-6　条件渲染定义

```
<div class="container">
<button class="btn" type="capsule" value="toggleShow" onclick="toggleShow">
</button>
<button class="btn" type="capsule" value="toggleDisplay" onclick="toggleDisplay">
</button>
<text if="{{showit}}"> Hello-TV </text>
```

```
❑        <text elif="{{display}}"> Hello-Wearable </text>
❑        <text else> Hello-World </text>
❑    </div>
```

例 5-6 中定义了两个 button 和 3 个 text 组件，两个 button 组件是必须显示的，而 3 个 text 组件根据示例中 if-elif-else 的设定逻辑只会显示一个，且如何显示取决于 JS 文件中定义的 show 和 display 变量的取值。

条件数据绑定代码如例 5-7 所示。show 和 display 的初始值为 false 和 true。按照例 5-6 中的页面逻辑，只有第二个 text 组件显示 Hello-Wearable，如图 5-4（a）所示，其他两个 text 组件都不显示。

例 5-7　条件数据绑定

```
❑    export default {
❑    data: {
❑      showit: false,
❑      display: true,
❑    },
❑    toggleShow: function() {
❑      this.show = !this.show;
❑    },
❑    toggleDisplay: function() {
❑      this.display = !this.display;
❑    }
❑    }
```

点击第一个 button 后，第一个 text 组件显示 Hello-TV，如图 5-4（b）所示。点击第二个 button 后，第三个 text 组件显示 Hello-World，如图 5-4（c）所示。

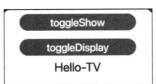

（a）初始条件显示　　　　　（b）点击第一个 button 后显示　　　　（c）点击第二个 button 后显示

图 5-4　条件渲染的效果

5.2　CSS 语法

CSS 是描述 HML 页面结构的样式语言。使用 CSS 可以实现结构与表现的分离。CSS 提供了丰富的样式描述功能，包括组件中的字体、颜色、背景的控制及整体布局等。在 JS UI 框架中，所有组件均存在系统默认样式，也可通过在页面 CSS 样式文件中对组件样式进行自定义来实现不同的显示效果。本节主要介绍与组件尺寸大小相关的尺寸单位定义，以及样式选择器和伪类的特点与用法。

5.2.1　尺寸单位

在页面元素的样式描述中，第一个需要定义的是组件的大小。因为 JS UI 框架支持"一次开发，多端部署"，所以就需要页面元素在不同的分辨率下都能够显示合适的尺寸。实现该功能只需要修改样式文件就可以了，页面结构文件和页面交互文件是不需要变更的。

要做到适配不同屏幕尺寸，必须了解样式文件中用到的组件尺寸单位与实际物理像素点大小之间的映射关系。在样式文件中用到的尺寸单位为逻辑像素（px）和百分比，它们与物理像素和屏幕大小之间的关系如下。

（1）逻辑像素。逻辑像素通常用来定义组件宽度（width）、高度（height）、内外间距。默认屏幕（手机屏幕）具有的逻辑宽度为 720px，实际显示时会将页面布局缩放至屏幕实际宽度。例如，100px 在实际宽度为 1440 物理像素的屏幕上时，会被渲染为 200 物理像素（从 720 逻辑像素向 1440 物理像素转变，所有尺寸为原来的两倍）。

当设置了组件的大小属性后，如果同时将组件的 autoDesignWidth 属性设置为 true，则逻辑像素将按照屏幕密度进行缩放。例如，100px 在屏幕密度为 3 的设备上时，会被实际渲染为 300 物理像素。应用需要适配多种设备时，建议采用此方法。

（2）百分比。CSS 文件中通常以%表示，指的是该组件占父组件尺寸的百分比。例如，组件的宽度设置为 50%，代表其宽度为父组件宽度的 50%。

5.2.2　CSS 选择器

CSS 选择器用于选择需要添加样式的元素，常见的 5 种 CSS 选择器如表 5-1 所示。

表 5-1　　　　　　　　　　　　　　常见的 5 种 CSS 选择器

选择器	样例	样例描述
.class	.container	用于选择 class="container"的组件
#id	#titleId	用于选择 id="titleId"的组件
tag	text	用于选择 text 组件
,	.title, .content	用于选择 class=.title.和 class=.content 的组件
.class tag	.content text	用于选择具有 class="content"行为的所有 text 组件

下面用代码对上述 5 种选择器进行验证。首先定义一个 HML 文件，在其中定义一些组件及样式，如例 5-8 所示。

例 5-8　组件及样式定义

```
<div id="containerId" class="container">
  <text id="titleId" class="title">标题</text>
  <div class="content">
    <text id="contentId">内容</text>
  </div>
</div>
```

例 5-8 中定义了内外两层 div 组件，每个 div 组件中都有一个 text 组件。div 组件和 text 组件都声明了对应的样式。与 HML 文件对应的 CSS 文件代码如例 5-9 所示。

例 5-9　与 HML 文件对应的 CSS 文件

```
div {
  flex-direction: column;
}
.title {
  font-size: 30px;
}
#contentId {
  font-size: 20px;
}
.title, .content {
  margin: 20px;
}
```

```
.container text {
    color: #007dff;
}
```

例 5-9 中定义了 5 个样式选择器，具体作用如下。

（1）div 样式对应 tag 选择器模式，对所有 div 组件有效，这种选择器通过对组件的类型进行筛选来确定作用范围。

（2）.title 对应.class 选择器模式，对 class="title"的组件有效，这种选择器主要通过样式名进行筛选。

（3）#contentId 对应#id 选择器模式，对 id="contentId"的组件有效，这种选择器主要通过 id 属性进行筛选。

（4）.title 和.content 对应,选择器模式，该选择器代表一种"或"关系，这里表示对 class="title"和 class="content"的组件有效。

（5）.container text 对应.class tag 选择器模式，该选择器代表一种"与"关系，对 class="container"的组件下所有 text 类型的组件有效。

例 5-8 和例 5-9 所示代码运行效果如图 5-5 所示。

其中，.container text 样式选择器将 class="container"的 text 组件中的文字的标题和内容设置为蓝色。

在 CSS 选择器的使用过程中，如果由于人为错误或其他情况，造成某个组件对应了多个 CSS 选择器，那么组件最后的样式如何确定呢？此外，如果他人已经定义了很合理的样式，能不能直接将其引用到自己的应用中呢？下面就这两个问题进行讨论。

图 5-5　例 5-8 和例 5-9 所示代码运行效果

1. 选择器优先级

选择器优先级的计算规则与 W3C 规则保持一致（只支持内联样式、id、class、tag、后代和直接后代），其中内联样式为在元素 style 属性中声明的样式。

组件样式的声明除了可以使用单独的 CSS 文件外，还可以直接定义在 HML 文件中，HML 文件中的 style 样式定义如例 5-10 所示。

例 5-10　HML 文件中的 style 样式定义

```
<div class="container">
  <text style="color: red">Hello World</text>
</div>
```

例 5-10 直接在 HML 文件中通过 style 属性定义了 text 组件的颜色为红色。与直接在 CSS 文件中声明样式相比，style 方式的优点是直接，缺点是容易降低代码的可读性，特别是在组件结构复杂时。

当多个选择器声明匹配到同一元素时，各类选择器的优先级由高到低依次如下：内联样式 > id > class > tag。优先级高的 CSS 选择器会覆盖优先级低的 CSS 选择器，如果优先级相同，则后面的 CSS 选择器会覆盖前面的 CSS 选择器。

2. 引入外部样式

为了模块化管理和代码复用，CSS 样式文件支持使用@import 语句导入外部 CSS 文件。例如，在 common 目录中定义样式文件 style.css，并在 index.css 文件首行中进行导入。引入外部样式的代码如例 5-11 所示。

例 5-11　引入外部样式

```
/* style.css */
.title {
    font-size: 50px;
```

```
    }
    /* index.css */
    @import '../../common/style.css';
    .container {
        justify-content: center;
    }
```

5.2.3 伪类

CSS 伪类是 CSS 选择器中的特殊关键字，用于指定要选择元素的特殊状态。例如，:disabled 状态可以用来设置元素的 disabled 属性变为 true 时的样式，disabled 属性为 true 表示元素不能被点击。

除了单个伪类之外，CSS 选择器还支持伪类的组合，例如，:focus:checked 状态可以用来设置元素的 focus 属性和 checked 属性同时为 true 时的样式，这两个属性为 true 表示元素获得焦点且被单选。CSS 选择器支持的单个伪类如表 5-2 所示，伪类按照优先级降序排列。

表 5-2　　　　　　　　　　　　　CSS 选择器支持的单个伪类

名称	支持组件	描述
:disabled	支持 disabled 属性的组件	表示 disabled 属性变为 true 时的元素
:focus	支持 focusable 属性的组件	表示获取 focus 时的元素
:active	支持 click 事件的组件	表示被用户激活的元素，如被用户按下的按钮、被激活的 tab-bar 页签
:checked	input[type="checkbox"或type="radio"]、switch	表示 checked 属性为 true 的元素

表 5-2 中的前 3 个伪类:disabled、:focus 和:active 可以支持绝大多数可视化组件，如 button、text 和 image 等；第 4 个伪类:checked 支持 input 组件（单选按钮和复选框）和 switch（开关）组件。

接下来设计一个伪类使用的范例，希望读者能够通过设置按钮被用户按下时的样式来对比按钮点击前后样式的不同。首先设计伪类页面结构，代码如例 5-12 所示。

例 5-12　伪类页面结构
```
<div class="container">
    <input type="button" class="button" value="Button"></input>
</div>
```

例 5-12 中的 div 容器中定义了一个 button 类型的 input 组件，样式为 button。与该伪类页面结构对应的伪类页面样式代码如例 5-13 所示。

例 5-13　伪类页面样式
```
.button:active {
    background-color: blue;
}
```

例 5-13 中的 CSS 选择器定义当组件样式为 button 且处于活跃态（被点击时）时，组件背景色变为蓝色。符合这一条件的就是例 5-12 中定义的 input 组件。

5.3　JS 语法

JS 文件用来定义 HML 页面中发生的交互（也被称为应用的业务逻辑），它支持 ECMA 规范的 JavaScript 语言。基于 JavaScript 语言的动态化能力可以使应用更加富有表现力，具备更加灵活的设计能力。本节主要介绍 JS 文件的编译和运行的支持元素，包括 JS 文件支持的关键字、对象和函数。

5.3.1　关键字

JS 文件支持 ES6 语法，支持以下两个主要关键字。

（1）this 关键字。this 关键字用于指明它所属的对象，该关键字可以拥有不同的值，具体取值取决于它的使用位置。

① 在函数中，this 指的是所有者对象。

② 在单独使用的情况下，this 指的是全局对象。

③ 在事件中，this 指的是接收事件的元素。

（2）import 关键字。该关键字用于模块声明，即引入系统功能模块，示例代码如下，这里引入的是页面路由模块。

```
import router from '@system.router';
```

import 关键字也可以用于导入第三方 JS 代码，示例代码如下。

```
import utils from '../../common/utils.js';
```

5.3.2　对象

JS 文件中除了自定义对象外，常用的系统对象包括应用对象、页面对象等。

1. 应用对象

应用对象为 $app，其属性包括 $def，该属性为 Object 类型，可以使用 this.$app.$def 获取在 app.js 中暴露的对象。应用对象不支持数据绑定，需主动触发 UI 更新。

例如，某个使用 JS UI 框架的应用 A 的 app.js 文件结构代码如例 5-14 所示。

例 5-14　app.js 文件结构

```
export default {
  onCreate() {
    console.info('AceApplication onCreate');
  },
  onDestroy() {
    console.info('AceApplication onDestroy');
  },
  globalData: {
    appData: 'appData',
    appVersion: '2.0',
  },
  globalMethod() {
    console.info('This is a global method!');
    this.globalData.appVersion = '3.0';
  }
};
```

例 5-14 中定义了全局变量 globalData，其包含两个属性 appData 和 appVersion，以及一个全局函数 globalMethod。应用 A 包含的 JS 页面 index 对应的页面交互文件代码如例 5-15 所示。

例 5-15　index 对应的页面交互文件

```
export default {
  data: {
    appData: 'localData',
    appVersion:'1.0',
  },
  onInit() {
```

```
    this.appData = this.$app.$def.globalData.appData;
    this.appVersion = this.$app.$def.globalData.appVersion;
  },
  invokeGlobalMethod() {
    this.$app.$def.globalMethod();
  },
  getAppVersion() {
this.appVersion = this.$app.$def.globalData.appVersion;
console.log(this.appVersion);
  }
}
```

例 5-15 中通过 $app.$def 属性访问了应用在 app.js 中定义的变量 globalData 和函数 globalMethod。

接下来在 HML 文件中加入两个按钮，让它们调用 invokeGlobalMethod 和 getAppVersion 这两个函数，index 对应的页面结构文件代码如例 5-16 所示。

例 5-16　index 对应的页面结构文件

```
<div class="container">
    <button class= "btn" onclick="invokeGlobalMethod">call global method</button>
    <button class= "btn" onclick="getAppVersion">read global variable</button>
</div>
```

与例 5-16 对应的 index 页面样式文件代码如例 5-17 所示。该样式文件中简单定义了组件大小、位置和对齐方式。

例 5-17　index 页面样式文件

```
.container {
    flex-direction: column;
    justify-content: center;
    align-items: center;
    left: 0px;
    top: 0px;
    width: 454px;
    height: 454px;
}
.btn{
 margin-top: 20px;
}
```

index 页面的运行结果如图 5-6 所示。

```
[phone] 09/14 16:10:29 258969600 [Console    INFO]  app Log: AceApplication onCreate
[phone] 09/14 16:12:16 258969600 [Console    INFO]  app Log: This is a global method!
[phone] 09/14 16:12:18 258969600 [Console    DEBUG]  app Log: 3.0
```

图 5-6　index 页面的运行结果

从图 5-6 中可以看到，app.js 中定义的全局函数和全局变量都得到了使用。

2. 页面对象

JS 常用的页面对象如表 5-3 所示。

表 5-3　　　　　　　　　　　　　　　　JS 常用的页面对象

对象	类型	描述
data	Object/Function	页面的数据模型，类型是对象或者函数，如果类型是函数，则返回值必须是对象
$refs	Object	具有注册过 ref 属性的 DOM 元素或子组件实例的对象
private	Object	页面的数据模型，private 下的数据属性只能由当前页面修改
public	Object	页面的数据模型，public 下的数据属性的行为与 data 保持一致
props	Array/Object	props 用于组件之间的通信，props 名称必须使用英文小写字母
computed	Object	用于在读取或设置时进行预先处理，计算属性的结果会被缓存

data 与 private 和 public 不能并列使用。这些属性中包含的变量名不能以$或_开头，不能使用保留字 for、if、show、tid 等。下面分别对$refs、props 和 computed 对象进行详细介绍。

（1）$refs。下面设计一个应用来说明$refs 对象的使用方法。该应用中有一个 index 页面，该 index 页面的样式文件代码如例 5-18 所示。

例 5-18　index 页面的样式文件

```
<div class="container">
    <button onclick="handleClick">click me</button>
    <image-animator class="image-player" ref="animator" images="{{images}}"
     duration="1s"></image-animator>
</div>
```

例 5-18 中的 div 容器中定义了一个 button 组件和一个 image-animator（图片动画）组件。image-animator 组件是通过在一段时间内连续播放一系列图片来实现动画效果的。本例中定义了引用该组件的 ref 属性、动画的图片来源 images 属性和持续间隔 duration 属性。点击 button 组件，会触发 handleClick 回调函数，通过此回调函数来变更动画状态，index 页面交互文件代码如例 5-19 所示。

例 5-19　index 页面交互文件

```
export default {
  data: {
    images: [
                  { src: '/common/images/bg-tv.jpg' },
                  { src: '/common/images/Wallpaper.png' },
                  { src: '/common/images/bg-tv.jpg' },
    ],
  },
  handleClick() {
const animator = this.$refs.animator;
const state = animator.getState();
    if (state === 'paused') {
       animator.resume();
    } else if (state === 'stopped') {
       animator.start();
    } else {
       animator.pause();
    }
  },
};
```

例 5-19 对 image-animator 组件的图片来源数组进行了初始化,同时定义了 handleClick 回调函数:当用户点击 button 组件时去获取 image-animator 组件的状态,如果动画处于暂停态,则重启动画,如果动画处于停止态,则启动动画,否则停止动画。

(2)props。props 对象是父组件与子组件进行通信的通道,通常在子组件中使用。父组件可以通过<tag xxx='value'>方式将属性对象传递给子组件:tag 为子组件页面名称,如子组件页面名称为 comp.hml,则 tag 为 comp;xxx 为子组件 props 对象中定义的属性名;value 为父组件对该属性的赋值。

(3)computed。自定义组件中经常需要在读取或设置某个属性时进行预先处理,以提高开发效率,这种情况就需要使用 computed 对象(也是在子组件中使用)。在 computed 对象中,可通过设置属性的 getter 和 setter 函数在属性读写的时候进行触发,computed 对象定义如例 5-20 所示。

例 5-20　computed 对象定义

```
// comp.js
export default {
  props: ['title'],
  data() {
    return {
      objTitle: this.title,
      time: 'Today',
    };
  },
  computed: {
    message() {
      return this.time + ' ' + this.objTitle;
    },
    notice: {
      get() {
        return this.time;
      },
      set(newValue) {
        this.time = newValue;
      },
    },
  },
  onClick() {
    console.info('get click event ' + this.message);
    this.notice = 'Tomorrow';
    console.info(this.time);
  },
}
```

例 5-20 中声明的第一个计算属性 message 默认只有 getter 函数,message 的值取决于 time 变量和 objTitle 变量。getter 函数只能读取而不能改变设定值,当需要赋值给计算属性的时候,可以为其提供一个 setter 函数,如示例中的 notice。例 5-20 的运行结果如图 5-7 所示。

```
[phone] 09/14 16:06:06 121663488 [Console     INFO]  app Log: AceApplication onCreate
[phone] 09/14 16:06:11 121663488 [Console     INFO]  app Log: get click event Today undefined
[phone] 09/14 16:06:11 121663488 [Console     INFO]  app Log: Tomorrow
```

图 5-7　例 5-20 的运行结果

其中,message 属性只能读取,其输出值为 "Today undefined",因为 time 的默认值为 "Today",而 title 变量在 props 对象中定义,props 对象中的变量只能由父组件赋值。由于此刻还没有父组件引用,所以其值为 "undefined"。notice 属性可以读写,例 5-20 中的 onClick 回调函数改变了 time 的值,从"Today"变为"Tomorrow"，因此 notice 属性输出为"Tomorrow"。

5.3.3　函数

从前面的较多示例代码中可以看出，在 JS 文件中可以定义函数。目前，JS 文件中的函数可以分为数据函数和公共函数两类。

1. 数据函数

可以通过在 JS 文件中定义 $set 和 $delete 函数来对数据属性进行操作。JS 文件内常用的数据函数如表 5-4 所示。

表 5-4　　　　　　　　　　　　　　　JS 文件内常用的数据函数

函数	参数	描述
$set	key: string。value: any	添加新的数据属性或者修改已有的数据属性
$delete	key: string	删除数据属性

可以使用 this.$set('key',value) 为已存在的 key 修改数据属性，或为不存在的 key 添加数据属性。还可以使用 this.$delete('key') 来删除 key 对应的数据属性，通常 key 为字符串类型。数据函数定义如例 5-21 所示。

例 5-21　数据函数定义

```
export default {
  data: {
    keyMap: {
      OS: 'HarmonyOS',
      Version: '2.0',
    },
  },
  getAppVersion() {
    this.$set('keyMap.Version', '3.0');
console.info("keyMap.Version = " + this.keyMap.Version);
this.$delete('keyMap');
console.info("keyMap.Version = " + this.keyMap);
  }
}
```

例 5-21 使用 $set 函数设置已有数据 keyMap 中的版本属性并输出，结果为"keyMap.Version = 3.0"；修改成功后，调用 $delete 函数删除数据 keyMap 并输出，结果为"keyMap.Version = undefined"，例 5-21 的运行结果如图 5-8 所示。

```
[phone] 09/14 16:02:31 221708288 [Console    INFO]  app Log: AceApplication onCreate
[phone] 09/14 16:02:32 221708288 [Console    INFO]  app Log: keyMap.Version = 3.0
[phone] 09/14 16:02:32 221708288 [Console    INFO]  app Log: keyMap.Version = undefined
```

图 5-8　例 5-21 的运行结果

2. 公共函数

公共函数中使用较多的是 $element 函数，该函数可以带一个名为 id 的字符串类型参数，获得指定 id 的组件对象。如果 id 参数为空，则返回根组件对象。此处定义一个应用 C 来演示 $element 函数的使用，该应用 C 包含的 index 页面样式文件和例 5-18 几乎是一致的，只不过将 ref 属性替换成了 id 属性，因为该例使用 $element 函数来调用页面组件。

index 页面样式文件代码如例 5-22 所示。

例 5-22　index 页面样式文件

```
.container {
    flex-direction: column;
    justify-content: center;
    align-items: center;
    left: 0px;
    top: 0px;
    width: 454px;
    height: 454px;
}
.image-player{
    width: 200px;
    height: 200px;
}
```

例 5-22 重点定义了 image-animator 组件承载图片容器的大小，此处为 200px×200px 的正方形。

index 页面交互文件和例 5-19 几乎一致，区别就是通过 this.$element('animator') 获取 id 属性为 animator 的 DOM 元素 image-animator 组件，图片动画所需的图片都存放在 common 目录的子目录 images 中。

应用 C 的运行结果如图 5-9 所示。

图 5-9　应用 C 的运行结果

应用 C 启动运行时，该图片会不停闪烁，在两张图片间进行切换。经过断点调试执行后发现：图片动画 image-animator 组件在应用启动后会一直处于播放状态；当点击 "click me" 按钮后，根据例 5-19 JS 文件中定义的程序执行逻辑，动画会被暂停，动画处于暂停状态；当再次点击 "click me" 按钮后，图片动画会被复位，该动画又会使图片不停闪烁。

本章小结

本章介绍了 JS UI 框架中支持的类网页开发模式的三大组成部件：设计页面结构的 HML 文件的语法、支持页面样式的 CSS 文件的语法和支持页面逻辑的 JS 文件的语法。

通过对本章的学习，读者应能够掌握 JS UI 框架的语法基础，为后续基于 JS UI 框架的 HarmonyOS 应用开发创造条件。

课后习题

（1）（判断题）HarmonyOS 中 JS UI 框架采用主流的类 Web 开发范式和数据模型，开发者可以通过编写 JS、CSS、HTML 标签和数据绑定的方式开发 UI 代码及业务逻辑。（　　）

　　A．正确　　　　　　B．错误

（2）（单选题）HML 文件中可以通过（　　）关键字进行条件渲染，通过对组件进行反复枚举来实现组件多重显示。

　　A．for　　　　　　B．while　　　　　　C．if　　　　　　D．array

（3）（判断题）在 CSS 文件中定义组件尺寸时，尺寸单位 1px 和物理屏幕上的 1 像素点大小是一致的。（　　）

　　A．正确　　　　　　B．错误

（4）（多选题）在 JS 文件中，为了实现对 HML 文件中定义的页面元素的访问，可以使用的函数有（　　）。

　　A．$element　　　　B．$refs　　　　　C．get　　　　　D．set

第6章 HarmonyOS轻代码开发——JS UI框架设计

学习目标

- 熟悉 JS UI 框架的基本组成、特性和生命周期。
- 掌握 JS UI 框架组件通用特性中的组件属性、样式及事件。
- 掌握页面布局的构建和核心容器组件的使用方法。
- 掌握自定义组件的构建和使用方法。
- 掌握 JS FA 调用内部和外部 PA 的步骤。
- 掌握 JS UI 框架中动画的使用方法。

随着移动端开发技术的不断发展，传统的复杂代码开发（Java、C 语言）方式已经无法满足现今的快速代码开发和迭代的需求，而 JS 作为一种轻量级、解释型、即时编译型的编程语言，在移动应用开发中受到了开发者的青睐，其在微信小程序开发和 uni-app 开发中得到了较多使用。不同于在应用层面上支持 JS 代码，HarmonyOS 在系统层面上支持 JS 开发模式，JS 代码可以在 HarmonyOS 中快速运行。本章将对基于 JS UI 框架的 HarmonyOS 应用开发步骤进行详细介绍。

6.1 JS UI 框架基础

JS UI 框架可以支持前端的快速开发，本节主要介绍 JS UI 框架的意义和结构，带领读者了解其核心工作原理，并对基于 JS UI 框架构建的应用结构和其生命周期进行分析。

6.1.1 JS UI 框架的意义

JS UI 框架是 HarmonyOS 中支持跨设备的高性能 UI 开发框架，支持声明式编程和跨设备多态 UI。JS UI 框架的主要优点如下。

1. 声明式编程更加直观

JS UI 框架采用类 HTML 和 CSS 声明式编程语言作为页面布局和页面样式的开发语言，页面业务逻辑则支持 ECMAScript 规范的 JS 语言。JS UI 框架提供的声明式编程提供了一种声明的方式来定义 UI 配置信息，可以避免开发者编写复杂的 UI 状态来切换代码，开发过程更加直观。

2. 跨设备开发，降低开发成本

从架构上支持 UI 跨设备显示能力，采用 JS UI 框架编写的 HarmonyOS 应用在运行时自动映射到不同设备类型，整个过程对开发者透明，降低了开发者开发多设备适配应用的成本。

3. 使用方便，运行速度快

JS UI 框架包含许多核心的控件，如列表、图片和各类容器组件等，并针对声明式语法进行了渲染流程的优化，大大提升了 JS UI 框架项目的执行速度。

6.1.2　JS UI 框架的结构

JS UI 框架包括应用层（Application Layer）、前端框架层（Framework Layer）、引擎层（Engine Layer）和适配层（Porting Layer），如图 6-1 所示。

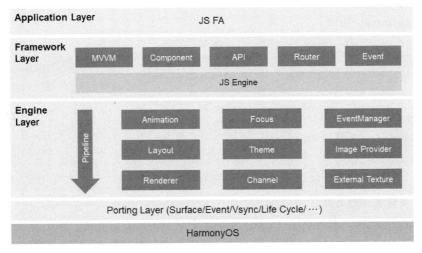

图 6-1　JS UI 框架的结构

1. 应用层

应用层指开发者使用 JS UI 框架开发的 FA 应用，这里的 FA 应用特指 JS FA 应用。用 Java 开发 FA 应用使用的是 Java UI 框架。

2. 前端框架层

前端框架层主要完成前端页面解析，以及提供模型–视图–视图模型（Model-View-ViewModel，MVVM）的开发模式、页面路由机制（Router）和自定义组件等功能，具体功能如图 6-1 所示。

3. 引擎层

引擎层主要提供动画解析（Animation）、布局（Layout）计算、渲染（Renderer）命令构建与绘制（见图形视图显示）、事件管理（EventManager）等功能。其中，布局计算等功能依赖于图 6-1 中未显式提及的文档对象模型树构建（主要用来解析 HML 文件中定义的页面结构）。

4. 适配层

适配层的作用是对平台层的功能进行抽象，提供抽象接口，可以对接到系统平台，如事件（Event）对接、垂直同步（Vertical Synchronization，Vsync）渲染管线对接和系统生命周期（Life Cycle）对接等。

总体来看，应用层包含的就是使用 JS UI 框架开发的用户可视化界面，适配层则直接对接

HarmonyOS 提供的系统级硬件及软件管理接口；中间的前端框架层对应用层中的用户前端页面提供开发模式支撑及路由等服务，而引擎层通过调用适配层的硬件接口函数对前端框架层构建的前端页面进行渲染显示等。

6.1.3 JS FA 基本组成分析

JS UI 框架支持纯 JS 开发，以及 JS 和 Java 混合开发。JS FA 指基于 JS 开发或 JS 和 Java 混合开发的 FA，本小节主要介绍 JS FA 在 HarmonyOS 上运行时需要的基类 AceAbility 的编写、JS FA 主体的加载方法，以及 JS FA 开发目录。

1. 基类 AceAbility 的编写

AceAbility 类是 JS FA 在 HarmonyOS 上运行环境的基类，继承自 Ability。开发者的应用运行入口类应该从该类派生，MainAbility 声明如例 6-1 所示。

例 6-1 MainAbility 声明

```
public class MainAbility extends AceAbility {
    @Override
    public void onStart(Intent intent) {
        super.onStart(intent);
    }
    @Override
    public void onStop() {
        super.onStop();
    }
}
```

2. JS FA 主体的加载方法

JS FA 生命周期和第 4 章中 Page Ability 的生命周期一致，用法也基本相同，应用通过 AceAbility 类中的 setInstanceName 函数接口设置该 Ability 的实例资源，并通过 AceAbility 窗口进行显示以及全局应用生命周期管理。

setInstanceName(String name)的参数 name 指实例名称，实例名称与 config.json 文件中 module.js. name 的值对应。若开发者未修改实例名称，而使用了默认值 default，则无须调用此接口。若开发者修改了实例名，则需在应用 Ability 实例的 onStart 函数中调用此接口，并将参数 name 设置为修改后的实例名称。

3. JS FA 开发目录

JS FA 应用的 JS 模块（entry\src\main\js\module）的典型开发目录结构如图 6-2 所示。由图 6-2 可知，该目录主要由 5 个部分组成，分别是 app.js 文件、pages 目录、common 目录、resources 目录和 i18n 目录。各部分的作用具体介绍如下。

（1）app.js 文件：用于全局 JavaScript 逻辑和应用生命周期管理。

（2）pages 目录：用于存放所有组件页面，每个页面由 HTML、CSS 和 JS 文件组成。

（3）common 目录：用于存放公共资源文件，如媒体资源、应用使用的样式（style.css）和其他功能组件（utils.js）资源，以及用户自定义组件（HTML、CSS 和 JS 文件）资源等都可以放在该目录中，以便于开发者使用和维护。

（4）resources 目录：用于存放资源配置文件，如界面默认主题颜色和多分辨率配置等限定词文件。

（5）i18n 目录：用于配置不同语言场景资源内容，如应用文本词条、图片路径等资源。

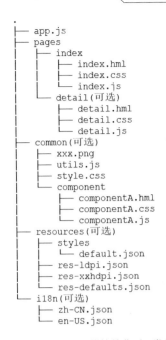

```
.
├── app.js
├── pages
│   ├── index
│   │   ├── index.html
│   │   ├── index.css
│   │   └── index.js
│   └── detail(可选)
│       ├── detail.html
│       ├── detail.css
│       └── detail.js
├── common(可选)
│   ├── xxx.png
│   ├── utils.js
│   ├── style.css
│   └── component
│       ├── componentA.html
│       ├── componentA.css
│       └── componentA.js
├── resources(可选)
│   ├── styles
│   │   └── default.json
│   ├── res-ldpi.json
│   ├── res-xxhdpi.json
│   └── res-defaults.json
└── i18n(可选)
    ├── zh-CN.json
    └── en-US.json
```

图 6-2　JS FA 应用的 JS 模块的典型开发目录结构

目录结构中涉及的二级文件主要包含 3 类：扩展名为.html 的 HTML 模板文件、扩展名为.css 的 CSS 样式文件和扩展名为.js 的 JS 交互文件。其对应的具体介绍如下。

① 扩展名为.html 的 HTML 模板文件。该文件用来描述当前页面布局结构、页面中用到的组件，以及这些组件的层级关系。例如，例 6-2 中的 index.html 文件代码中包含了一个 text 组件，其内容并没有直接给出，而是通过引用 i18n 目录中的限定词文件和 JS 文件中的 title 字符串来共同拼接成"Hello World"文本。其中，$t('strings.hello')是引用 i18n 目录的限定词文件 en_US.json 中 strings 节点中的键为 hello 的值 Hello。

例 6-2　index.html 文件

```
<div class = "container">
  <text class = "title">
    {{ $t('strings.hello') }} {{title}}
  </text>
</div>
```

② 扩展名为.css 的 CSS 样式文件。该文件用于描述页面样式。例如，例 6-3 所示的 index.css 文件代码中定义了 container 和 title 的样式。

例 6-3　index.css 文件

```
.container {
  flex-direction: column;
  justify-content: center;
  align-items: center;
}
.title {
  font-size: 100px;
}
```

③ 扩展名为.js 的 JS 交互文件。该文件用于处理页面和用户的交互，如数据绑定、事件处理等。例如，例 6-4 所示的 index.js 文件代码中为变量 title 赋值了字符串"World"。

例 6-4   index.js 文件

```
export default {
  data: {
    title: '',
  },
  onInit() {
    this.title = this.$t('strings.world');
  },
}
```

应用资源可通过绝对路径或相对路径的方式进行访问，本开发框架中绝对路径以/开头，相对路径以./或../开头。具体访问规则如下。

① 引用代码文件，必须使用相对路径，如../common/utils.js。

② 引用资源文件，推荐使用绝对路径，如/common/xxx.png。

③ 公共代码文件和资源文件推荐放在 common 目录中，通过以上两条规则进行访问。

④ CSS 样式文件中通过 url 函数创建<url>数据类型，如 url(/common/xxx.png)。

6.1.4   JS 应用生命周期和页面生命周期

第 4 章中已经介绍过 Ability 对象的生命周期，Ability 对象从属于应用，应用也有生命周期的概念，且对象的生命周期会受到应用的生命周期的控制。在以 JS UI 框架构建的 HarmonyOS 应用中，应用的生命周期是在 app.js 文件中定义的，而页面生命周期是在页面的.js 交互文件中定义的。在 app.js 和应用所包含的页面 JS 文件中可以定义图 6-3 所示的应用生命周期和页面生命周期回调函数。

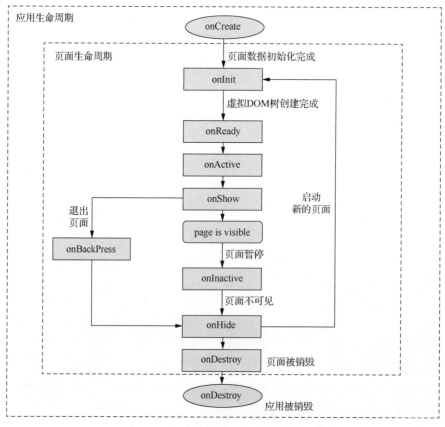

图 6-3   应用生命周期和页面生命周期回调函数

从图 6-3 中可以看出，页面生命周期是包含在应用生命周期内的，应用生命周期从 onCreate 回调函数开始后，会始终处于活跃状态，直到 onDestroy 回调函数才结束，而应用的活跃状态是由它包含的各个前端功能页面与用户交互过程来体现的。

下面首先对应用生命周期中涉及的两个回调函数进行详细描述。

（1）onCreate：当应用创建时触发，一般是用户启动应用时应用开始创建，程序加载到内存中。

（2）onDestroy：当应用退出时触发，应用程序内存被释放，彻底消失。

JS 应用中的页面生命周期和 Page Ability 是基本一致的，但有其独特的地方。页面生命周期从 onInit 回调函数开始，经历 onReady、onActive 和 onShow 回调函数后，页面处于活跃显示状态，从而在屏幕上显示出来，供用户浏览使用；当用户从当前页面路由到新页面时，当前页面会经历 onInactive 和 onHide 回调函数，当前页面处于隐藏状态，而新页面会重复当前页的构建过程来占领屏幕；在应用被销毁前，它会结束当前活跃的页面和所有隐藏页面，此时会触发页面的 onDestroy 回调函数，页面生命周期结束。

下面是对 JS 页面生命周期中特有的回调函数的具体描述。

（1）onInit：页面创建完成时触发，只触发一次，作用类似于 Page Ability 中的 onStart 回调函数；当 OnInit 回调函数结束后，会构建页面结构的虚拟 DOM 树。

（2）onReady：页面数据初始化完成时触发，只触发一次，OnInit 和 onReady 合并起来代表页面创建并完成初始化。

（3）onShow：当页面处于活跃状态并显示时触发，页面进入显示状态；处于该状态的页面可视并能与用户交互，该回调函数是 Page Ability 没有的；当页面处于活跃状态时，如果页面不显示，则无法触发该回调函数。

（4）onHide：当页面处于后台时触发，页面进入隐藏状态；页面程序不显示，无法与用户交互，但并没有结束，该回调函数和 onShow 回调函数是成对出现的。

（5）onBackPress：当用户点击返回按钮时触发，该回调函数会引发页面从显示状态到隐藏状态的转变，触发 onHide 回调函数；用户可以重载该函数来定义对返回事件的响应逻辑，即返回 true 表示页面自己处理返回逻辑，返回 false 表示使用默认的返回逻辑，不返回值会将其当作返回 false 进行处理。

6.2　组件通用特性

组件（Component）是构建页面的核心，每个组件通过对数据和函数的简单封装来实现独立的可视且可交互的功能单元。组件之间相互独立，随取随用，也可以在需求相同的地方对其重复使用。开发者还能通过对组件间进行合理的搭配来设计满足业务需求的新组件，达到减少开发量的效果。

本节介绍所有组件的一些共同特性，包括其通用属性、通用样式和通用事件等。

6.2.1　组件通用属性

组件通用属性包含常规属性和渲染属性。常规属性指的是组件普遍支持的用来设置组件基本标识和外观显示特征的属性。在 HML 文件中定义一个 text 组件属性，如例 6-5 所示。

例 6-5　text 组件属性定义

```
<text id="text1"
style="align-content: center;"
disabled="false"
class="title-text"
focusable="false" >Capture the Beauty in This Moment</text>
```

一些具体的通用属性介绍如下。

（1）id：它是组件的唯一标识，在整个 HML 文件中是唯一的，为字符串类型。

（2）style：它是组件的样式声明，表明组件的外在特征，这里的"align-content: center"表示 text 组件中显示的"Capture the Beauty in This Moment"字符串在 text 组件的有效显示区域中是居中显示的。

（3）disabled：它表明当前组件是否被禁用，在禁用场景下，组件将无法响应用户交互；通常默认情况下为 false，代表组件可以使用。

（4）class：它是组件的样式选择器，为 string 类型，用来选择样式表 CSS 文件中声明的组件样式，名称为 title-text。

（5）focusable：它表明当前组件是否可以获取焦点；当 focusable 设置为 true 时，组件可以响应焦点事件和按键事件；当组件定义时没有设置该属性，却额外设置了按键事件或者点击事件时，JS UI 框架会自动将组件的该属性设置为 true。

渲染属性指的是组件普遍支持的用来设置组件是否渲染的属性。image 组件属性定义如例 6-6 所示。

例 6-6　image 组件属性定义

```
❑    <image src="{{$item}}"
❑    class="image-mode"
❑    focusable="true"
❑    if="true"
❑    show="true"
❑    for="{{imageList}}"></image>
```

例 6-6 中的 image 组件除了具有上面提过的常规属性 class 和 focusable 之外，还有渲染属性 for、if 和 show，这些属性也使用得很频繁。for 为列表渲染，if 和 show 为条件渲染，具体介绍如下。

（1）for：它为数组类型，根据 for 属性设置的数据列表展开当前元素；这里的 for 属性取值为 JS 文件中定义的 imageList 数组，其中包含了多张图片，所以这里会将这些图片进行列表显示。

（2）if：它会根据所设置的布尔值添加或移除当前元素。

（3）show：它会根据所设置的布尔值显示或隐藏当前元素，if 和 show 属性有相同的效果。

6.2.2　组件通用样式

组件通用样式是组件普遍支持的，可以在 HML 文件中通过 style 属性进行声明，或在 CSS 文件中进行定义。这两种方式都可以定义组件外观样式，建议使用第二种方式来增加代码的可读性和重用性。以上文的 text 组件为例，在上文中只定义了 text 组件的通用属性，如 id 等，但在前端设计中，最关键的问题是如何将组件在屏幕中显示出来，这就需要定义它的大小和在容器中的位置。

有两种方式来定义组件大小和位置：一种是定义组件大小和左上外边距；另一种是定义组件的 4 个外边距。两者有相同的效果，建议使用第一种方式，因为这种方式适用于用户对组件的样式已经有了清晰的设定时，符合用户设计习惯。如采用第二种方式，则组件的大小受限于周围元素的位置，条件过于死板。此外，不仔细的样式定义会带来条件的冲突，JS UI 框架已经预先定义好了合理的解决方案来处理冲突问题。下面对这两种定义组件大小和位置的方法进行详细描述。

1．通过定义组件大小和左上外边距固定组件

组件在屏幕中的位置可以通过上文中的 style 属性来定义，如定义一些对齐方式（alignment），但普遍采用的方式还是在 CSS 样式表中对组件位置进行定义。在例 6-5 中将 text 组件对应的 class 属性设置为 title-text 后，在 CSS 文件中定义组件大小和左上外边距的样式的代码如例 6-7 所示。

例 6-7　组件大小和左上外边距的样式定义

```
□    .title-text {
□        color: #1a1a1a;
□        font-size: 50px;
□        margin-top: 100px;
□        margin-left: 30px;
□        width: 600px;
□        height: 120px;
□        border-style: solid;
□        border-color:black;
□        border-width: 2px;
□    }
```

针对该样式，text 组件显示效果如图 6-4 所示。

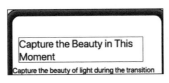

图 6-4　设定大小及左上外边距的 text 组件显示效果

对于 text 组件来说，它在图 6-4 中显示的就是外面的细线条矩形，首先设置 border-style（边界样式）为 solid（实线），接着设置 border-color（边界颜色）为 black（黑色），border-width（边界宽度）为 2px，才能将该矩形绘制出来。

text 组件显示出来后，后续就是定义其大小和在屏幕中的位置。定义大小可以用 width（宽度）和 height（高度）属性来设置。width 属性用于定义组件自身的宽度，默认使用组件自身内容需要的宽度，对 text 组件来说就是其中包含的文本的宽度。height 属性用于定义组件自身的高度，默认使用组件包含的内容需要的高度。

此处定义 width 为 600px（逻辑像素），height 为 120px，即图 6-4 中的文字外的矩形框的大小。为了定位 text 组件的位置，这里采用了 margin 属性，该属性可以用来定义组件的外边距，margin-left 指 text 组件与包含它的容器的左边的距离，而 margin-top 指 text 组件与容器上方的距离。当一个矩形的长宽固定，且它与容器左边和上边的边距也确定时，该组件的位置和大小都是确定的。通过大小及左上外边距固定组件的方法如图 6-5 所示。

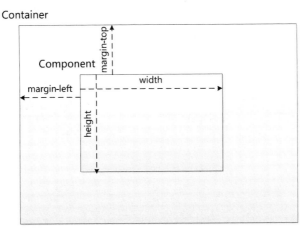

图 6-5　通过大小及左上外边距固定组件的方法

2. 通过定义 4 个外边距固定组件

如果不定义组件长宽来规定组件大小和位置，则可以通过定义 margin 的 4 个方向（margin-left、margin-right、margin-top 和 margin-bottom）的值来固定组件，组件 4 个外边距的样式定义如例 6-8 所示。

例 6-8　组件 4 个外边距的样式定义

```
.title-text {
    color: #1a1a1a;
    font-size: 50px;
    margin-top: 100px;
    margin-bottom: 100px;
    margin-left: 50px;
    margin-right: 50px;
    padding-left: 100px;
    padding-right: 200px;
    border-style: solid;
    border-color:black;
    border-width: 2px;
}
```

针对该样式，text 组件显示效果如图 6-6 所示。

对于 text 组件，图 6-6 固定了 4 个方向上的 margin，因此即使没有定义其宽度和高度，该 text 组件的位置和大小也已经被固定了。此外，除了通过定义组件外边距来固定组件外，还可以通过定义内边框 padding 来固定组件内显示内容的位置。在图 6-6 中，"Capture the Beauty in This Moment" 被挤到文本框中间，并显示为 3 行，其根本原因是定义了内边距 padding。其中，padding-left 指定文本内容与文本框的左边距，此例中设置为 100px，而右边距为 200px，因此文本内容的宽度被固定住

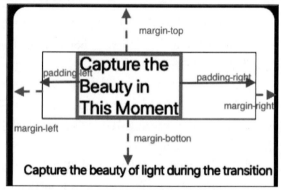

图 6-6　定义 4 个外边距的 text 组件显示效果

了，其宽度只能每行显示两个单词。图 6-6 中的内矩形为文本内容所占的空间。

图 6-7 所示为定义了通用组件的内外边距后，容器、组件及组件内容的位置关系。

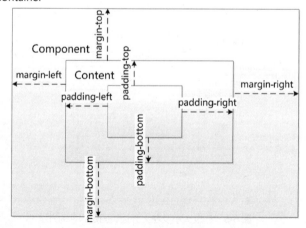

图 6-7　容器、组件及组件内容的位置关系

3．样式定义出现冲突

当定义样式时，经常会出现样式定义出现冲突的情况，在图 6-6 中，很明显 text 组件左右两边的外边距不相等，但在例 6-8 中定义的左右侧外边距均为 50px，所以这里出现了定义和显示结果矛盾的情况。山现该矛盾的原因在于需要满足例 6-8 中定义的 padding 选项内边距的要求，为了满足右侧内边距 padding-right 为 200px 的条件，text 文本框的右外边距 margin-right 必然受到挤压。出现该冲突时，以最后设定的样式规则为准。

6.2.3　组件通用事件——手势和按键操作

移动程序设计与桌面程序设计最大的区别是移动程序可以响应手势操作。同样，组件对手势操作也必须有准确、快速的响应。当屏幕上的手势被传感器检测到后，HarmonyOS 会直接在当前活动应用中以事件形式通知给对应容器。容器中具体以哪个组件对事件进行响应存在一定的规则，通常由手势所在区域内的组件完成。

事件绑定在组件上，当组件达到事件触发条件时，会执行 JS 中对应的事件回调函数，实现页面 UI 视图和页面 JS 逻辑层的交互。对 HarmonyOS 来说，事件主要为手势事件和按键事件。手势事件主要用于智能穿戴等具有触摸屏的设备，按键事件主要用于智慧屏设备。

1．手势事件

手势表示由单个或多个事件识别的语义动作（如点击、拖动和长按），通常手势可以分为瞬时手势和持续手势。瞬时手势只包含一个事件且在该事件发生后立即结束，而持续手势则由多个事件组成，存在完整的生命周期。对应持续手势的生命周期如下：手势开始→手势持续（活动）→手势结束（中断）。JS UI 框架支持的手势事件有触摸（Touch）、点击（Click）和长按（Long press），具体介绍如下。

（1）触摸：触摸手势是一个持续性手势，可以分解为如下事件回调函数。

① touchstart(event)：手指刚触摸屏幕时触发该事件。

② touchmove(event)：手指触摸屏幕后移动时触发该事件。

③ touchcancel(event)：手指触摸屏幕过程中动作被打断时触发该事件，如来电提醒、弹窗等。

④ touchend(event)：手指触摸动作结束，离开屏幕时触发该事件。

以上 4 个事件的关系如图 6-8 所示。

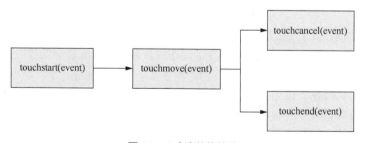

图 6-8　4 个事件的关系

这 4 个事件记录了从触摸手势开始（touchstart）到触摸手势结束（touchend）的全过程。这里的 event 参数为 TouchEvent 类型。TouchEvent 类型的参数有两个数组类型的属性，分别是 touches 和 changedTouches，两者均为触摸事件产生的一些数据的集合。其中，touches 属性包含屏幕触摸点的信息；而 changedTouches 属性包括产生变化的屏幕触摸点的信息。changedTouches 属性记录了变化的触摸点，如手指触摸位置发生变化，某点的触摸事件从有变无等情况。举例来说，当用户手指刚接触屏幕时，touches 数组中有数据，但 changedTouches 数组中无数据，因为此时只有一些刚被构建的触摸点，其状态没有发生变化；当手指发生移动后，触摸点的状态发生了变化，此时 touches 和

changedTouches 数组中都会有数据。

（2）点击（Click）：用户快速轻敲屏幕，为瞬时手势。

（3）长按（Longpress）：用户在相同位置长时间保持与屏幕接触，为持续性手势。

2. 按键事件

按键事件是智慧屏上特有的事件，当用户操作遥控器按键时触发。按键事件也是一个持续性事件，可以分解为以下几个事件回调函数。

（1）key(down)：手指按下按键时触发。

（2）key(up)：手指抬起时触发。

（3）key(hold)：手指按住不放时触发。

参数 down、up 和 hold 的数据类型均为 KeyEvent。当用户按一个遥控器按键时，通常会触发两次 key 事件，即先触发按下事件 key(down)，再触发抬起事件 key(up)。可以通过定义 KeyEvent 类型参数的 action 属性来实现对按下和抬起事件的区分：参数 down 的 action 属性为 0，参数 up 的 action 属性为 1。

hold 参数的 action 属性为 2，表示的场景为用户按下按键且不松开，如用户按住智慧屏遥控器的向上方向键不放来实现持续滚动屏幕。此时，通过 KeyEvent 类的 repeatCount 属性返回次数，控制屏幕向上滚动的距离。此外，遥控器的每个物理按键不同，其实现的功能也不同，这是智慧屏根据 KeyEvent 类的 code 属性来进行识别的，根据 code 属性的不同，处理的方式也不一样。

6.3 构建复杂的交互界面

HarmonyOS 中常用的组件分为四大类，依次为基础组件、容器组件、媒体组件和画布组件。基础组件主要是一些简单的组件，包括 text、image、button 等；容器组件则是装载基础组件的特殊组件，通过容器组件，可以实现对基础组件的有序管理，包括 div、list 和 tab 等；媒体组件主要是对视频进行播放；画布组件负责在屏幕上进行自定义图形绘制。这些组件的有序组合设计，特别是容器组件的合理运用，可以构建出功能完善的用户界面。

6.3.1 布局构建

在设计用户界面前，最主要的就是确定用户界面运行的环境，也就是移动设备可以显示的区域。只有了解可显示区域的大小，才能将组件精准地分布到屏幕上，形成友好的界面风格。在 JS UI 框架中，手机和智慧屏的基准宽度为 720px（px 为逻辑像素，非物理像素），实际显示效果会根据实际屏幕宽度进行缩放。其换算关系如下：组件的 width 设置为 100px 时，在宽度为 720 物理像素的屏幕上会实际显示为 100 物理像素；在宽度为 1440 物理像素的屏幕上会实际显示为 200 物理像素。智能穿戴设备的基准宽度为 454px，换算逻辑同理。

一个页面的基本元素包含标题区域、文本区域、图片区域等，每个基本元素内还可以包含多个子元素，开发者可以根据需求添加按钮、开关、进度条等组件。在构建页面布局时，需要对每个基本元素思考以下几个问题。

（1）该元素的尺寸和排列位置。

（2）是否有重叠的元素。

（3）是否需要设置对齐、内间距或者边界。

（4）是否包含子元素及其排列位置。

（5）是否需要容器组件及其类型。

问题（1）和问题（3）在组件通用属性中已经介绍过了，属于组件个体属性和样式设置，问题（2）、问题（4）和问题（5）考虑的是组件和同级组件的关系，以及组件与父组件之间的关系。这里的父组件往往是容器组件。

将页面中的元素分解之后再对每个基本元素按顺序实现，可以减少多层嵌套造成的视觉混乱和逻辑混乱，提高代码的可读性，方便对页面做后续的调整。典型的页面如图 6-9 所示，下面以该页面为例进行分解。

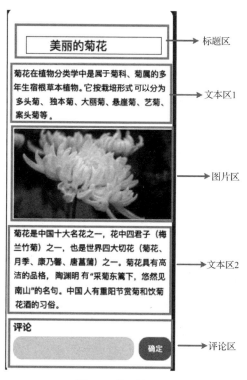

图 6-9　典型的页面

在图 6-9 中，整个页面为一个大的 div 容器组件，其中包含 5 块内容，分别为标题区、文本区 1、图片区、文本区 2 和评论区，这 5 块内容组成一列，共同构建了外层 div 容器的内容。div 组件是最常用的容器组件，用作页面结构的根节点或对内容进行分组。

6.3.2　基础组件和容器组件的关系

容器组件有自己的样式，如大小、边距、排列等属性，来定义自己的外观。当它包含其他容器组件和子组件时，其样式属性也会作用于其包含的组件。容器组件及其子组件的关系如图 6-10 所示。

其中，容器组件包含基础组件，有时候也称容器组件为其包含的基础组件的父组件，而基础组件称为容器组件的子组件，但容器组件和基础组件并不是类的继承关系，只是在空间显示上存在包含关系；此外，同级基础组件的关系是平行的，可以称为兄弟关系。可以把组件这样的包含和平行关系称为组件的层次结构。

容器样式中定义的栏目（如长宽和边距等）均属于容器组件自身的属性。这些属性除了作用到容器外，也作用到它包含的基础组件或容器组件，或者说这些属性约束到其子组件。例如，div 容器组件定义了自己的宽度为 300px，则其中的所有横向排列组件的宽度及其外边距的和加起来不会超过 300px，一旦超过则无法显示。

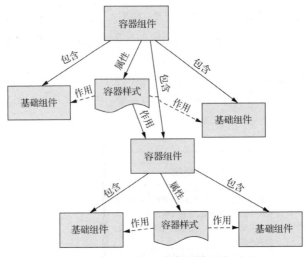

图 6-10　容器组件及其子组件的关系

6.3.3　添加标题区域和文本区域

通常用来实现标题区域和文本区域的是基础组件 text。text 组件用于展示文本，可以设置不同的属性和样式，文本内容需要写在 text 组件的内容区域。在页面中定义标题区域和文本区域的代码如例 6-9 所示。

例 6-9　在页面中定义标题区域和文本区域

```
<!-- index.html -->
<div class="container">
  <text class="title-text">{{headTitle}}</text>
  <text class="paragraph-text">{{paragraphFirst}}</text>
  <text class="paragraph-text">{{paragraphSecond}}</text>
</div>
```

例 6-9 为 index.html 的源代码，其中声明了一个 div 容器组件，以及 3 个 text 组件，这 3 个 text 组件分别为标题、段落 1 和段落 2。这 4 个组件的样式定义在 CSS 文件中，div 容器标题和文本组件的样式定义如例 6-10 所示。

例 6-10　div 容器标题和文本组件的样式定义

```
/* index.css */
.container {
  flex-direction: column;
  margin-top: 20px;
  margin-left: 30px;
}
.title-text {
  color: #1a1a1a;
  font-size: 50px;
  margin-top: 40px;
  margin-bottom: 20px;
}
.paragraph-text {
  color: #000000;
  font-size: 35px;
  line-height: 60px;
}
```

其中，div 容器组件可以定义其中内容的排列方向，flex-direction 属性表示弹性容器的主轴方向：如果取值为 column，则表示容器内组件按垂直方向从上到下排列；如果取值为 row，则容器内组件按水平方向从左到右排列。这里取值为 column，代表 div 容器中的 3 个子组件均为按列从上到下排列。div 组件还设置了与手机屏幕顶部和左边框的间距，其包含的子组件都遵循左边距的设定，进行左对齐。

3 个 text 组件的内容定义如例 6-11 所示，它们都定义在 JS 文件中。

例 6-11　3 个 text 组件的内容定义

```
//index.js
export default {
  data: {
    headTitle: '美丽的菊花',
    paragraphFirst: '菊花在植物分类学中是属于菊科、菊属的多年生宿根草本植物。它按栽培形式可以
                     分为多头菊、独本菊、大丽菊、悬崖菊、艺菊、案头菊等。',
    paragraphSecond:'菊花是中国十大名花之一，花中四君子（梅兰竹菊）之一，也是世界四大切花（菊
                     花、月季、康乃馨、唐菖蒲）之一。菊花具有高洁的品格，陶渊明有"采菊东篱下，
                     悠然见南山"的名句。中国人有重阳节赏菊和饮菊花酒的习俗。',
  },
}
```

其中，data 表示页面的数据模型，类型是对象或者函数，如果类型是函数，则返回值必须是对象。这里的对象为键值对，分别为 headTitle、paragraphFirst 和 paragraphSecond 键及其对应的取值。

6.3.4　添加图片区域

添加图片区域通常采用 image 组件来实现，其使用方法和 text 组件类似。使用 image 组件时一定要指定 src 属性，即图片的来源。图片资源通常放在 js\default\common 目录下，common 目录需开发者自行创建。

向页面中添加图片区域定义、样式及数据的代码如例 6-12 所示。

例 6-12　添加图片区域定义、样式及数据

```
<!-- index.html -->
<image class="img" src="{{middleImage}}"></image>
   /* index.css */
.img {
  margin-top: 30px;
  margin-bottom: 30px;
  height: 385px;
}
// index.js
export default {
  data: {
    middleImage: '/common/ju.bmp',
  },
}
```

image 组件的样式文件中设置了上下外边距，这是要与其上下的两个文本框拉开距离，还设置了图片框的高度，其宽度没有定义时表示直接继承容器组件的宽度。在例 6-10 中可以看到，容器组件的宽度就是屏幕宽度减 20px 后得到的值，因此 image 组件的大小和位置都得到了确定。

image 组件的图片来源是 JS 文件中 data 对象声明的图片文件 middleImage。例 6-12 中指明为 common 目录下的 ju.bmp。当该图片的实际尺寸超过或不足 image 组件定义的图片框大小时，就会对

图片进行裁剪或拉伸，这取决于开发者对 image 组件属性 object-fit 的设定。object-fit 属性为字符串类型，有以下 5 种取值，如表 6-1 所示。

表 6-1　　　　　　　　　　　　　　　**object-fit 属性的 5 种取值**

值	描述
cover	保持宽高比进行缩小或者放大，使得图片两边都大于或等于显示边界，并居中显示
contain	保持宽高比进行缩小或者放大，使得图片完全显示在显示边界内，并居中显示
fill	不保持宽高比进行放大或缩小，使得图片填充满显示边界
none	保持以原有尺寸进行居中显示
scale-down	保持宽高比居中显示，图片缩小或者保持不变

在例 6-12 中，image 组件没有做 object-fit 属性设定，即默认为 none。图 6-11 所示为设置了 object-fit 属性 4 种同取值时 image 组件显示图片的效果。从图中可以看出，在 cover 模式和 fill 模式下，图片都占据了整个 image 组件大小，但显示方式有区别：cover 是等比例放大，而 fill 是直接填充。在 contain 模式和 scale-down 模式下，图片没有占据整个 image 组件，而是居中显示。

（a）cover　　　　　　　　　　　　　　　　　　　（b）contain

（c）fill　　　　　　　　　　　　　　　　　　　（d）scale-down

图 6-11　设置了 object-fit 属性 4 种不同取值时 image 组件显示图片的效果

6.3.5　添加评论区域

评论区域的功能如下：用户输入评论后点击"确定"按钮，评论区域即显示评论内容，"确定"按钮变成"删除"按钮；用户点击"删除"按钮可删除当前评论内容，可以在评论区域重新输入内容，"删除"按钮变成"确定"按钮。评论区域不是一个简单的基础组件，从页面上看，其至少包含 3 个基础组件：text（文本）组件、input（交互）组件和 button（按钮）组件。由于 input 组件和 button 组件是按行排列的，因此它们不能和前面的 image 等组件从属于同一个容器。下面分别介绍评论区域的页面结构、页面样式和页面交互设计。

1. 评论区域页面结构设计

采用的设计方法是对评论区域进行分解设计，如图 6-12 所示。从评论区域的设计可以看出，页面结构的构建除了看其空间上的包含关系外，也要辅助观察组件之间的逻辑关系，如图中的 3 个基础组件都属于评论区域，否则内容为"评论"的 text 组件也可以归结到图 6-9 所示的文本区 2 中。

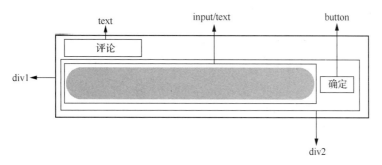

图 6-12　评论区域布局设定

评论区域是一个大的 div 容器，将其命名为 div1，以便将其与子组件 div 进行区分。div1 包含一个 text 组件和另一个 div 组件，该 div 组件被命名为 div2，这两个组件按列排列，而子组件 div2 中包含两个按行排列的子组件，即 input 和 button。

开发者可以使用 input 组件实现输入评论的部分，使用 text 组件实现评论显示的部分，因此评论前后使用的组件是不一样的。可以使用 commentText 的状态标记此时显示的组件（通过 if 属性控制）。在包含文本"确定"和"删除"的 button 组件中关联 click 事件，来实现添加评论和删除评论功能。评论区域页面结构代码如例 6-13 所示。

例 6-13　评论区域页面结构

```
<div class="container">
  <text class="comment-title">评论</text>
  <div if="{{!commentText}}">
    <input class="comment" value="{{inputValue}}" onchange="updateValue()"></input>
    <button class="comment-key" onclick="update" focusable="true">确定</button>
  </div>
  <div if="{{commentText}}">
    <text class="comment-text" focusable="false">{{inputValue}}</text>
    <button class="comment-key" onclick="update" focusable="true">删除</button>
  </div>
</div>
```

例 6-13 中通过配置内层 div 组件的 if 属性，根据 commentText 这个状态变量来决定到底是显示 input（交互）组件还是显示 text 组件。通过这种显示效果的切换，从外观上给用户造成评论已发表的错觉。当图 6-12 中的 div2 左边显示的是 input 组件时，点击后可以获得焦点，从而在屏幕上唤醒虚拟键盘。评论区域运行结果如图 6-13 所示。

图 6-13　评论区域运行结果

这里有两个新的基础组件：按钮 button 和交互式 input。按钮组件的用法和 text 基本类似，但它可以响应 onclick 事件，通常用来作为某些事件的触发条件。此外，按钮也分为不同类型，通过其属性 type 来指定，通常有胶囊按钮、圆形按钮、文本按钮、弧形按钮、下载按钮。默认情况下，该属性展示给用户的按钮为胶囊按钮，可以通过设置 border-radius 属性为按钮添加圆角。

input 组件和 text 组件的最大区别是它能提供更好的交互性，可以支持用户文本输入，其类型可以为单选按钮、复选框、按钮和单行文本交互式；此外，还可以根据交互式的不同作用，设置交互的类型为 email、date、time、number、password 等。类型的设定通过设置其属性 type 来实现。type 默认值为 text，表明单行文本交互式。input 组件的典型响应事件为 onchange，当交互式输入内容发生变化时触发该事件，返回用户当前输入值。

2. 评论区域页面样式设计

评论区域页面样式文件代码如例 6-14 所示。

例 6-14　评论区域页面样式文件

```
   .container {
      margin-top: 24px;
      background-color: #ffffff;
   }
   .comment-title {
      font-size: 40px;
      color: #1a1a1a;
      font-weight: bold;
      margin-top: 40px;
      margin-bottom: 10px;
   }
   .comment {
      width: 550px;
      height: 100px;
      background-color: lightgrey;
   }
   .comment-key {
      width: 150px;
      height: 100px;
      margin-left: 20px;
      font-size: 32px;
      color: #1a1a1a;
      font-weight: bold;
   }
   .comment-key:focus {
      color: #007dff;
   }
   .comment-text {
      width: 550px;
      height: 100px;
      text-align: left;
      line-height: 35px;
      font-size: 30px;
      color: #000000;
      border-bottom-color: #bcbcbc;
      border-bottom-width: 0.5px;
   }
```

例 6-14 中的样式代码对评论区域的容器组件和基础组件进行了一些通用属性的定义，其中有一个较特殊的样式为.comment-key:focus，这是声明了伪类 focus 的联合样式选择器，该选择器选择了 class 为 comment-key 且正好获得焦点的组件。结合例 6-13 中声明的页面结构，可以得知 button 组件的 focusable 属性为 true，也就是该组件可获得焦点。因此，当 button 组件获得焦点时（用户点击时），正好满足样式选择器.comment-key:focus，故 button 的背景色会从 #1a1a1a（灰色）变成#007dff（蓝色），如图 6-13 所示。

从图 6-13 中可以看到，外层 div 容器组件 div1 按列组织标题和第二个容器组件 div2，但 div1 的样式声明.container 并没包含 flex-direction 属性，可以理解为 div1 继承了例 6-10 中最外层 div 的 flex-direction 属性，因此实现了按列排列；但第二个 div 组件 div2 在样式文件中没有定义，如何使其中的 input 和 button（或 text 和 button）按行排列呢？

解决该问题的办法是 HarmonyOS 的默认页面布局逻辑，如图 6-14 所示。当一个 div 组件中有两个组件时，当定义完第一个组件后，如果第二个组件定义的是左边距 margin-left，那么这两个组件是按行排列的；如果第二个组件定义的是上边距 margin-top，则这两个组件是按列排列的。因为在例 6-14 中 button 组件的样式.comment-key 中定义了 margin-left，所以第二个 div 组件 div2 中实现了按行排列。

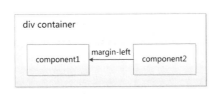
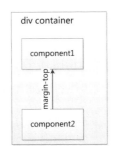

图 6-14　HarmonyOS 的默认页面布局逻辑

3. 评论区域页面交互设计

最后展示的是页面的交互，其最主要的功能就是实现评论的输入和删除功能，评论区域页面交互代码如例 6-15 所示。

例 6-15　评论区域页面交互

```
export default {
  data: {
    inputValue: '',
    commentText: false,
  },
  update() {
    this.commentText = !this.commentText;
  },
  updateValue(e) {
    this.inputValue = e.text;
  },
}
```

评论区域 input 组件的值 inputValue 初始为空，commentText 为 false，input 组件可以响应用户输入。在用户输入文字的同时，会触发 input 组件的 onchange 事件，onchange 事件会启动 updateValue 回调函数，该回调函数会更新 inputValue 的内容为用户输入的值。

当用户点击"确认"按钮后，触发按钮的 onclick 事件，onclick 事件会触发回调函数 update，更新 commentText 状态。commentText 状态变化会使评论区域的 input 组件变成只能显示文字的 text 组件，其显示内容正好来自用户输入的 inputValue，同时"确认"按钮变为"删除"按钮。

6.4 容器组件

6.3 节中介绍了容器组件 div 的用法，通过其对页面布局的组织方式介绍了容器组件的用法和优点。在 HarmonyOS 中还存在一些常用的容器组件，包括 list、tabs、dialog、swiper 和 form 等。

6.4.1 list 组件

要将页面的基本元素组装在一起，需要使用容器组件。在页面布局中常用到 3 种容器组件分别是 div、list 和 tabs。在页面结构相对简单时，可以直接用 div 作为容器，因为 div 作为单纯的布局容器可以支持多种子组件，使用起来更为方便。

当页面结构较为复杂时，使用 div 循环渲染容易出现卡顿，因此推荐使用 list（列表）组件代替 div 组件实现长列表布局，从而实现更加流畅的列表滚动体验。需要注意的是，list 容器仅支持 list-item 和 list-group 作为子组件。

列表组件包含一系列相同宽度的列表项，适合连续、多行呈现同类数据，如图片和文本。假设现在要以列表形式显示 3 张花朵的图片及其名称，首先要在 HML 文件中定义列表的结构，使用 list 组件的页面结构代码如例 6-16 所示。

例 6-16　使用 list 组件的页面结构

```
<list class="list" >
    <list-item class="item" type="listItem" for="{{textList}}">
        <image class="imagesize" src="{{$item.src}}"></image>
        <text class="desc-text">{{$item.value}}</text>
    </list-item>
</list>
```

该结构很简单，只定义了一个容器组件 list 和 list 中包含的组件 list-item（列表项）。从例 6-16 中的代码可以看到，list-item 本身也是一个容器组件，其中包含一个图片组件和一个文本组件。列表组件中的每一行都是一个 list-item，而每个 list-item 中显示的内容类型通常是一致的。list-item 的列表渲染属性 for 定义了 list-item 会被多次展示，展示的次数由 textList 数组中元素的数量来决定；而 list-item 中文本组件和图片组件的数据来自于 textList 中数组元素 $item 的内容。

下面在 CSS 文件中定义列表和列表项的样式，使用 list 组件的页面布局代码如例 6-17 所示。

例 6-17　使用 list 组件的页面布局

```
.list{
    margin-left: 10px;
}
.item{
    margin-top: 50px;
}
.imagesize {
    height: 100px;
    width:100px
}
.desc-text{
    margin-left: 20px;
    fontsize:30px
}
```

从例 6-17 中可知，列表容器的样式只定义了左边距，则列表容器内所有的列表项都与屏幕左边框间隔 10px；列表项的样式则与前一个列表项间距 50px，这样做的目的是给列表项之间留出一定的间距，以便于区分；最后的.imagesize 和.desc-text 样式选择器是对 image 组件和 text 组件样式的设定，规定了它们是并排显示的，并设置了每个组件的大小。

在 JS 文件中定义页面交互，使用 list 组件的页面交互代码如例 6-18 所示。

例 6-18　使用 list 组件的页面交互

```
export default {
    data: {
        textList: [{src:'/common/images/rose.jpeg',value: '玫瑰'},
        {src:'/common/images/sun.jpeg',value: '向日葵'},
        {src:'/common/images/ju.bmp',value: '菊花'}],
    },
}
```

例 6-18 的代码中定义了 textList 数组的内容，该数组包含 3 个元素，而每个元素中又包含两个子元素，一个子元素 src 指明图片的地址，另一个子元素 value 定义图片的名称。3 张图片均放在与项目页面文件同级的 common 目录的 images 子目录中。列表的数据来自于 textList 数组，因此列表会显示 3 行，如图 6-15 所示。

图 6-15　图片数组列表显示

列表组件和列表项组件可以与其他的容器组件一起使用：可以包含其他容器组件 div 等，也可以被其他容器组件所包含。接下来为该列表添加一个标题，其结构 HTML 文件代码如例 6-19 所示。

例 6-19　为列表添加标题的结构 HTML 文件

```
<div class="container">
    <text class="title-text">{{flowercategory}}</text>
    <list class="list" >
        ...
    </list>
</div>
```

在例 6-16 的代码中加上 div 容器组件，并在 list 组件前加上 text 组件，text 组件的内容在 JS 文件中定义，为列表添加标题的页面样式文件代码如例 6-20 所示。

例 6-20　为列表添加标题的页面样式文件

```
.container{
    flex-direction: column;
}
```

127

```
    .title-text{
        fontsize:50px;
        text-align: center;
    }
    ...
```

在例 6-20 中将 div 容器的子组件排列顺序设置为按列排列，并使新增的标题字体增大且居中排列，带标题的花朵列表显示效果如图 6-16 所示。

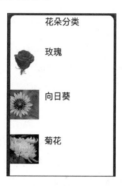

图 6-16　带标题的花朵列表显示效果

6.4.2　tabs 组件

当页面经常需要动态加载时，推荐使用 tabs 组件。tabs 组件有两个基本属性：一个是 index 属性，表示当前激活的是哪个 tab（页签）；另一个是 vertical 属性，默认值为 false，表示页签是水平排列的，否则为垂直排列。

此外，tabs 组件支持 change 事件，在页签切换后触发。tabs 组件仅支持一个 tab-bar 和一个 tab-content。下面用 tabs 组件来改进例 6-16 中用 list 组件显示的花朵分类，使用 tabs 组件的页面结构文件代码如例 6-21 所示。

例 6-21　使用 tabs 组件的页面结构文件

```
<tabs>
    <tab-bar>
        <text class="title">{{flower1}}</text>
        <text class="title">{{flower2}}</text>
        <text class="title">{{flower3}}</text>
    </tab-bar>
    <tab-content>
        <div class="container">
            <image src="{{flower1Image}}"></image>
            <text class="textdesc">{{flower1desc}}</text>
        </div>
        <div class="container">
            <image  src="{{flower2Image}}"></image>
            <text class="textdesc">{{flower2desc}}</text>
        </div>
        <div class="container">
            <image src="{{flower3Image}}"></image>
            <text class="textdesc">{{flower3desc}}</text>
        </div>
    </tab-content>
</tabs>
```

tab-bar 和 tab-content 也是容器组件，也就是说它们可以包含其他子组件，如常用的 div 组件等。从例 6-21 中可以看出，tab-bar 是用来展示页签标题的区域的，子组件排列方式为横向排列。通常 tab-bar 的功能很简单，此例中的 tab-bar 包含 3 个文本组件 text，用来显示 3 种花的名称。

tab-content 是用来展示页签内容的区域的，大小为默认充满页签剩余空间，子组件排列方式为横向排列，tab-content 的结构稍微复杂一些，因为有 3 个页签，所以也有 3 个子组件与页签数量对应。每个页签内容需要显示一张花朵的图片及其对应的介绍，因此每个页签内容的子组件为一个容器组件 div，每个 div 组件包含一个图片组件和一个文本组件。

与例 6-21 中声明的页面结构对应的使用 tabs 组件的页面样式文件代码如例 6-22 所示。

例 6-22 使用 tabs 组件的页面样式文件

```
.container {
    flex-direction: column;
    justify-content: center;
    align-items: center;
}
.title {
    font-size: 50px;
}
.textdesc{
    margin-top: 20px;
    font-size: 40px;
}
```

例 6-22 中的.container 声明了 div 组件的样式：容器中的两个组件按列排列，居中显示。此外，文本组件和图片组件之间保持间距为 20px。

div 组件通常采用弹性布局模式来对其子组件的位置进行调整，采用弹性布局模式的元素可以称为弹性容器（Flex Container），弹性容器和弹性布局如图 6-17 所示。弹性布局对子组件的对齐方式是从主轴（Main Axis）和交叉轴（Cross Axis）开始的。

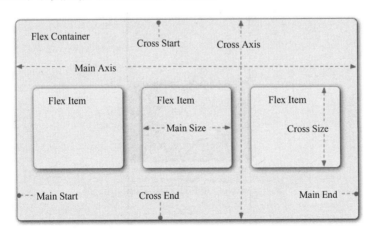

图 6-17 弹性容器和弹性布局

默认情况下，水平轴为主轴，方向为从左至右；垂直轴为交叉轴，方向为从上至下。可以通过改变 flex-direction 的值来改变主轴的方向。主轴的开始位置（与边框的交叉点）叫作主轴起点（Main Start），结束位置叫作主轴终点（Main End）；交叉轴的开始位置叫作交叉轴起点（Cross Start），结束位置叫作交叉轴终点（Cross End）。弹性容器通过声明 justify-content 属性来定义子组件在主轴上的对齐方式，声明 align-items 属性来定义子组件在交叉轴上的对齐方式。这两个属性的取值可以是 start、center 和 end 等，分别代表子组件在主轴上沿起点对齐（左对齐）、沿中心点对齐和沿终点对齐（右对齐），子组件在交叉轴上沿起点对齐（上对齐）、沿中心点对齐和沿终点对齐（下对齐）。

例 6-22 中的.container 声明了 flex-direction 的值为 column，表示主轴方向为从上至下的列方向，因此子组件从上至下按列排列；.container 中也声明了 justify-content 和 align-items 的属性为 center，表示子组件均沿主轴和交叉轴方向居中对齐，意思是子组件在屏幕区域中居中显示。

与例 6-21 中声明的页面结构对应的使用 tabs 组件的页面交互文件代码如例 6-23 所示。

例 6-23　使用 tabs 组件的页面交互文件

```
export default {
    data: {
        flower1:'菊花',
        flower2:'玫瑰',
        flower3:'向日葵',
        flower1Image: '/common/ju.bmp',
        flower2Image: '/common/rose.jpeg',
        Flower3Image: '/common/sun.jpeg',
        flower1desc:'菊花在植物分类学中是属于菊科、菊属的多年生宿根草本植物。它按栽培形式可
                    以分为多头菊、独本菊、大丽菊、悬崖菊、艺菊、案头菊等。',
        flower2desc:'玫瑰是属于蔷薇目、蔷薇科、蔷薇属的落叶灌木，其枝杆多针刺，生有奇数羽状
                    复叶，小叶 5～9 片，椭圆形，有边刺，花瓣呈倒卵形，重瓣至半重瓣。',
        flower3desc:'向日葵是属于桔梗目、菊科、向日葵属的植物，因花序随太阳转动而得名，其为
                    一年生草本植物，高 1～3.5 米，最高可达 9 米。',
    },
}
```

例 6-23 中定义了页签名、图片文件位置和花朵的介绍文字，多标签 tabs 花朵展示结果如图 6-18 所示。

图 6-18　多标签 tabs 花朵展示结果

6.4.3　dialog 组件

无论是在桌面程序中，还是在移动应用中，dialog（弹窗）或对话框组件都是使用得最多的。它们用于在用户输入发生错误时加以提示，或是在代码开发过程中帮助开发者临时查看变量内容，是一种用处极大的组件。

　　HarmonyOS 中的 dialog 组件是容器组件，支持用户自定义弹窗的格式和内容，该容器组件仅支持单个子组件。也就是说，如果需要在 dialog 组件中定义包含多个组件的界面，则可以将这些子组件都放在某个容器组件（如 div）中。当 dialog 组件显示时，用户点击非弹窗区域来取消弹窗时会触发 cancel 事件。此外，dialog 组件有 show 和 close 两个特定函数，分别为显示弹窗功能和关闭弹窗功能。

　　例如，例 6-24 所示为添加 dialog 组件和 onchange 事件后的 tabs 组件的页面结构。该代码段是在 6.4.2 小节中示例代码例 6-21 的基础上新增弹窗功能后得到的。当用户点击某个页签后，触发 tabs 组件的 onchange 事件，在该事件中弹出自定义对话框，显示当前页签的标题。需要说明的是，例 6-24 中只显示了结构代码 HML 文件中变化的部分。

例 6-24　添加 dialog 组件和 onchange 事件后的 tabs 组件的页面结构

```
<tabs onchange="change">
...
    <tab-content>
...
        <div class="container">
            <image  src="{{flower2Image}}"></image>
            <text class="textdesc">{{flower2desc}}</text>
            <dialog id="simpledialog" class="dialog-main" oncancel="cancelDialog">
                <div class="dialog-div">
                    <div class="inner-txt">
                        <text class="txt">是否切换到玫瑰介绍？</text>
                    </div>
                    <div class="inner-btn">
                        <button type="capsule" value="确认" onclick="setSchedule"
                        class="btn-txt"></button>
                        <button type="capsule" value="取消" onclick="cancelSchedule"
                        class="btn-txt"></button>
                    </div>
                </div>
            </dialog>
        </div>
...
    </tab-content>
</tabs>
```

　　dialog 组件定义在 tab-content 容器的第二个组件上，也就是第二个页签的内容中。dialog 组件处于 text 组件下方，这里声明 id 属性是为了后续在页面逻辑中进行调用。默认 dialog 组件是不显示的，除非调用其 show 函数。例 6-24 中 dialog 组件的组成是用户自定义的，包含一个 text 组件和两个 button 组件。由于 dialog 组件只能包含一个子组件，所以例 6-24 中用一个大的 div 容器将这 3 个子组件包含了进去，同时 text 组件和两个 button 组件也用两个小的 div 容器包含，目的是格式化 dialog 组件的布局。

　　当 dialog 组件发生 oncancel 事件时，就会调用 JS 文件中定义的 cancelDialog 回调函数，两个按钮组件也对 onclick 事件定义有相应的回调函数。此外，当 tabs 组件发生页签切换 onchange 事件时，也会触发 change 回调函数。

　　CSS 样式文件中新增的 dialog 组件布局样式代码如例 6-25 所示。

例 6-25　CSS 样式文件中新增的 dialog 组件布局样式

```
.dialog-main {
    width: 500px;
}
```

```
.dialog-div {
    flex-direction: column;
    align-items: center;
}
.inner-txt {
    width: 400px;
    height: 160px;
    flex-direction: column;
    align-items: center;
    justify-content: space-around;
}
.inner-btn {
    width: 400px;
    height: 120px;
    align-items: center;
    justify-content: space-around;
}
```

例 6-25 中只对 dialog 组件的宽度、文本提示信息和两个按钮的大小及排列方式做了部分定义，这样做的好处是可以准确定义 dialog 组件出现时各项可视化子组件的大小和位置。例如，在.dialog-div 中定义了主轴方向按列排列，则 dialog 组件中文本提示信息和按钮会按列上下显示；.inner-btn 中采用了默认的按行排列主轴方向，则两个按钮会按行显示；各组件中都用 align-items 属性定义了文本提示信息水平居中显示等。这样的弹窗布局方便用户查看弹窗消息，而 dialog 组件本身对显示位置并没有很具体的要求，因为弹窗只用于显示一些提示信息，处理后会马上消失。

在 JS 文件中对 dialog 组件新增的页面交互代码如例 6-26 所示。

例 6-26　在 JS 文件中对 dialog 组件新增的页面交互

```
import prompt from '@system.prompt';
export default {
...
    change(e) {
        if (e.index == 1)
        this.$element('simpledialog').show()
    },
    cancelDialog(e) {
        prompt.showToast({
            message: '离开'
        })
    },
    cancelSchedule(e) {
        this.$element('simpledialog').close()
        prompt.showToast({
            message: '确认取消'
        })
    },
    setSchedule(e) {
        this.$element('simpledialog').close()
        prompt.showToast({
            message: '已经确认'
        })
    }
}
```

例 6-26 中增加了 tabs 组件的 onchange 事件的回调函数 change(e)，当发现切换到的页签为第二个页签（index 为 1）时，会根据 id 找到对应的 dialog 组件，调用 show 函数将其显示出来。dialog 组件显示完成后，如果用户点击非弹窗区域，则会在屏幕上显示一个 toast dialog（临时弹窗），显示"离开"的提示信息后会消失，这便是 toast dialog 的特性，即不会长久留存。toast dialog 组件是 HarmonyOS 提供的固定组件之一，调用该弹窗需要引入系统库 prompt。此外，点击 dialog 组件上的"确认"或"取消"按钮时，也会有相应的提示信息。

运行例 6-24 中的代码后，点击"玫瑰"页签，显示效果如图 6-19 所示。

图 6-19　点击"玫瑰"页签后的显示效果

6.4.4　swiper 组件

当需要查看多张图片时，通常会用到 swiper（滑动容器）组件。该组件提供切换子组件显示的功能。swiper 组件默认的属性包括用来显示当前在容器中活动的子组件的索引值的 index 属性和用来确定滑动方向的 vertical 属性，vertical 属性默认值为 false，意味着组件横向滑动。此外，其还包括是否循环滚动的 loop 属性和是否显示导航点指示器的 indicator 属性。

对例 6-21 中使用 tabs 组件来实现花朵分类展示的代码进行修改后，可实现基于 swiper 组件的花朵图片滑动显示功能，其页面结构的 HML 文件代码如例 6-27 所示。

例 6-27　基于 swiper 组件的页面结构的 HML 文件

```
<div class="container">
    <text>花朵分类</text>
    <swiper class="swiper" id="swiper" index="0" indicator="true" loop="true"
    digital="false">
        <div class = "swiperContent" >
            <text class="title">菊花</text>
            <image class="imagesize" src="{{flower1Image}}"></image>
            <text class="textdesc">{{flower1desc}}</text>
        </div>
        <div class = "swiperContent">
```

```
❑                  <text class="title">玫瑰</text>
❑                  <image class="imagesize" src="{{flower2Image}}"></image>
❑                  <text class="textdesc">{{flower2desc}}</text>
❑              </div>
❑          <div class = "swiperContent">
❑                  <text class="title">向日葵</text>
❑                  <image class="imagesize" src="{{flower3Image}}"></image>
❑                  <text class="textdesc">{{flower3desc}}</text>
❑              </div>
❑          </swiper>
❑          <input class="button" type="button" value="swipeTo" onclick="swipeTo"></input>
❑          <input class="button" type="button" value="showNext" onclick= "showNext">
❑          </input>
❑          <input class="button"type="button"value="showPrevious"onclick= "showPrevious">
❑          </input>
❑      </div>
```

为了展示标题和 swiper 组件的部分函数功能，该代码在外层 div 容器组件中加入了一个 text 组件，在 swiper 组件后加了 3 个 input 组件，这 3 个 input 组件类型都是 button。该 swiper 组件支持循环滚动（Loop）并显示导航指示器（Indicator）。swiper 容器组件中包含 3 个 div 容器组件，每个容器组件包含了 3 个子组件，分别是显示花朵名称的 text 组件、显示花朵图片的 image 组件和显示花朵描述的 text 组件，通过设置这些子组件来加载不同的花朵信息，实现 3 种花朵信息的滚动展示。

与例 6-27 中页面结构对应的基于 swiper 组件的页面样式信息 CSS 文件代码如例 6-28 所示。

例 6-28　基于 swiper 组件的页面样式信息 CSS 文件

```
❑   .container {
❑       flex-direction: column;
❑       width: 100%;
❑       height: 100%;
❑       align-items: center;
❑   }
❑   .swiper {
❑       flex-direction: column;
❑       width: 100%;
❑       height: 600px;
❑       border: 1px solid #000000;
❑       indicator-color: #cf2411;
❑       indicator-size: 14px;
❑       indicator-bottom: 20px;
❑       indicator-right: 30px;
❑       margin-top: 20px;
❑   }
❑   .swiperContent {
❑       height: 100%;
❑       flex-direction: column;
❑   }
❑   .title {
❑       margin-left: 140px;
❑   }
❑   .imagesize{
❑       height:400px;
❑   }
❑   .button {
```

```
        width: 70%;
        margin: 10px;
    }
    .textdesc {
        font-size: 20px;
    }
```

例 6-28 中先定义了最外层容器组件 div 对内部子组件按列排列，且子组件都水平居中显示，例中没有对 div 容器的高度和宽度设置具体的像素大小，直接为 100%，意味着使用剩余空间的全部，也就是占据整个屏幕；再对 swiper 组件直接定义了其高度，为 swiper 容器组件内部的组件设置了按列排列，同时设置了导航提示器的样式。例 6-28 中对 swiper 容器组件内部的 text 和 image 等子组件的样式也做了一些设定。

与例 6-27 中页面结构对应的基于 swiper 组件的页面交互代码如例 6-29 所示。

例 6-29　基于 swiper 组件的页面交互

```
    swipeTo() {
        this.$element('swiper').swipeTo({index: 2});
    },
    showNext() {
        this.$element('swiper').showNext();
    },
    showPrevious() {
        this.$element('swiper').showPrevious();
    }
```

例 6-29 中的 3 个函数是在点击页面内的 swiper 组件中的 3 个按钮时触发的，对页面内 id 为 swiper 的 swiper 组件的 3 种功能进行调用：滑动到某个指定页面时，调用 swipeTo 函数；滑动到下一个页面时，调用 showNext 函数；回滚到上一个页面时，调用 showPrevious 函数。在 JS 文件中，对 HML 文件中声明了 id 属性的元素引用$element 函数。

使用例 6-27 中定义的滑动组件 swiper 展示多张图片的效果如图 6-20 所示。在其中用手指滑动，点击导航指示器或点击"showNext"和"showPrevious"按钮都可以实现图片及其内容的滑动显示。

图 6-20　使用滑动组件 swiper 展示多张图片的效果

6.4.5　form 组件

在移动开发中，经常会碰到需要提交信息的场景，如登录页面时需要输入用户名和密码，评论时需要提交评论内容。form（表单）容器组件提供了一种简便的方式来提交输入信息，支持容器内 input 元素的内容提交和重置。

下面编写一个投票的手机应用，统计大家对菊花和玫瑰两种花卉的看法。首先需要设计页面结构文件，基于 form 组件的页面结构文件代码如例 6-30 所示。

例 6-30　基于 form 组件的页面结构文件

```
❏    <form onsubmit='onSubmit' onreset='onReset'>
❏        <label>菊花</label>
❏        <input type='radio' name='radioGroup' value='ju'></input>
❏        <label>玫瑰</label>
❏        <input type='radio' name='radioGroup' value='rose'></input>
❏        <text>你的评价</text>
❏        <input type='text' name='user'></input>
❏        <input type='submit'>提交</input>
❏        <input type='reset'>重置</input>
❏    </form>
```

例 6-30 定义了一个 form 组件，该 form 组件中包含两个单选按钮供用户选择，分别对应"菊花"和"玫瑰"两个页签，选中"菊花"单选按钮后，radioGroup 的取值为 ju，否则为 rose。另外，form 组件还提供了一个 input 组件供用户输入对所选花卉的评价，可以通过 user 名称来访问。form 组件中还有两个按钮，一个是"提交"按钮，另一个是"重置"按钮，点击这两个按钮，分别会触发 form 组件的 onsubmit 和 onreset 函数，以调用 JS 文件中对应的回调函数。例 6-30 定义的 form 组件模拟器前端运行结果如图 6-21 所示。

图 6-21　例 6-30 定义的 form 组件模拟器前端运行结果

与例 6-30 定义的页面结构对应的 JS 文件中的基于 form 组件的页面交互文件代码如例 6-31 所示。

例 6-31　基于 form 组件的页面交互文件

```
❏    export default{
❏        onSubmit(result) {
❏            console.log(result.value.radioGroup) //
❏            console.log(result.value.user) //
❏        },
```

```
☐        onReset() {
☐            console.log('reset all value')
☐        }
☐    }
```

例 6-31 中的 onSubmit 回调函数会输出用户选择的化卉偏好和输入的花卉评价内容；onReset 回调函数会将所有用户输入清空，并输出 "rest all value" 字符串。

用户选中 "菊花" 单选按钮并输入评价 "菊花"，点击 "提交" 按钮后，输出用户选择和评价内容，form 组件控制台输出结果如图 6-22 所示。

```
09-22 10:32:52.991 6126-6834/com.whu.myapplicationform D 03B00/JSApp:  app Log: ju
09-22 10:32:52.991 6126-6834/com.whu.myapplicationform D 03B00/JSApp:  app Log: 菊花
```

图 6-22　form 组件控制台输出结果

用户点击 "重置" 按钮后的应用页面如图 6-23 所示，其会清空原先的选项和输入的内容。

图 6-23　点击 "重置" 按钮后的应用页面

用户点击 "重置" 按钮后的控制台输出结果如图 6-24 所示。

```
09-22 10:49:49.708 6126-6834/com.whu.myapplicationform D 03B00/JSApp:  app Log: reset all value
```

图 6-24　用户点击 "重置" 按钮后的控制台输出结果

6.5　自定义组件

JS UI 框架支持自定义组件，用户可根据业务需求对已有的组件进行扩展，增加自定义的私有属性和事件，将其封装成新的组件，以便在项目中多次调用，提高页面布局代码的可读性和常用功能的重用性。

6.5.1　自定义组件生命周期

自定义组件也是一种 JS 页面，和 6.1.4 小节介绍的 JS 页面的生命周期类似，但也有其特殊性，因为它要被调用它的页面嵌套使用，不能单独存在。HarmonyOS 为自定义组件提供了一系列生命周期回调函数，便于开发者管理自定义组件的内部逻辑。生命周期回调函数主要包括 onInit、onAttached、onDetached、onLayoutReady、onDestroy、onPageShow 和 onPageHide，这里只介绍自定义组件独有的回调函数，具体如下。

（1）onAttached。自定义组件被创建后，加入父组件所在的 Page 组件树时，触发该回调函数。该回调函数触发时，表示组件将被进行显示。该回调函数可用于页面显示前来初始化相关数据，通常用于加载图片资源和设定可视化元素的参数等场景。

（2）onDetached。自定义组件摘除时，触发该回调函数，常用于停止动画或异步逻辑停止执行的场景。

（3）onLayoutReady。自定义组件插入 Page 组件树后，将会对自定义组件进行布局计算，调整其内容元素的尺寸和位置，当布局计算结束后触发该回调函数。

6.5.2　构建自定义组件

自定义组件的构建需要创建单独的 JS 页面，可以将自定义组件与应用主页面放在一个目录中，也可以放在不同目录中。

在已存在的基于 JS UI 框架构建的 HarmonyOS 应用的 src\main\js\pages 目录上单击鼠标右键，选择"New"→"JS Page"命令，新建自定义组件页面，如图 6-25 所示。为自定义组件取名为"comp"，单击"Finish"按钮，完成 JS 页面的创建。

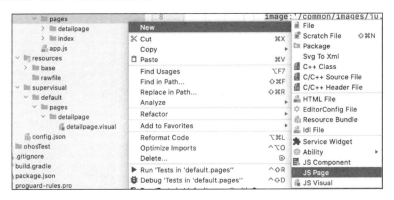

图 6-25　新建自定义组件页面

此时，pages 目录中额外多出了子目录 comp，其中包含自定义组件页面的 comp.hml、comp.css 和 comp.js，新建的自定义组件页面结构如图 6-26 所示。

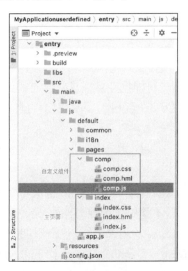

图 6-26　新建的自定义组件页面结构

通常是主页面访问自定义组件，且自定义组件受主页面控制，因此将主页面称为父组件，而将自定义组件称为子组件。为了演示子组件的使用方法，本小节在新建的 comp 页面中实现一个自定义子组件。该子组件功能很简单，只是显示子组件基本信息。自定义子组件 comp 的页面结构 HML 文件代码如例 6-32 所示。

例 6-32　自定义子组件 comp 的页面结构 HML 文件

```
<div class="item">
<text class="title-style">{{title}}</text>
<button class="text-style" onclick="childClicked" focusable="true">点击这里查看
隐藏文本</button>
<div class="userdefine" if="{{showObj}}">
<picker id="picker_text"type="text"value="{{textvalue}}"range="{{rangetext}}"
onchange="textonchange" oncancel="textoncancel" class="pickertext"></picker>
<image id="imageid" src="{{imagesource}}"></image>
</div>
</div>
```

从例 6-32 中可以看到，子组件的定义和普通 JS 页面定义基本一致。子组件中定义了一个 text 组件，该 text 组件的内容 title 其实是从父组件中传递过来的，在 JS 文件中进行声明；button 组件定义了对按钮点击 onclick 事件的处理函数 childClicked，这个函数处理与父组件的交互和控制子组件中隐藏组件的显示；子组件的隐藏组件由 div 容器组件的 if 属性进行控制，而 if 属性的值 showObj 则由父组件来控制；div 容器包含一个 picker（滑动选择器）组件和一个 image 组件。在本例中，体现子组件功能亮点的是 picker 组件和自定义组件的 props 属性及参数传递，下面对这两点展开介绍。

1. picker 组件

picker 组件是移动应用开发中的一种常用组件，主要用于简化用户的输入。用户通过手指滑动，可以很方便地从多条内容中选择自己满意的内容。通过设定其 type 属性可以指定选择器类型，包括普通选择器（type 属性的取值为 text）、日期选择器、时间选择器、时间日期选择器和多列文本选择器。

从例 6-32 中可以看到，可以通过 picker 组件的 range 属性来设置取值范围。range 属性为数组类型；selected 属性用来设置选择器的默认取值，取值需要是 range 属性的索引值，为整型字符串；value 属性用来设定和存储选择器的取值。普通选择器最主要的函数为 onchange 函数，在滑动选择器被手指滑动到新的地方，并点击"确定"按钮时触发该函数；此外，还有 oncancel 函数，在用户点击"取消"按钮时触发该函数。

2. 自定义组件的 props 属性和参数传递

自定义组件可以声明 props 属性，父组件通过设置这些属性向子组件传递参数。在子组件中以正常方式命名的 prop 属性［通常以 camelCase（驼峰）命名法命名］，在外部父组件传递参数时需要使用 kebab-case（短横线分隔命名）形式，即当子组件属性 compProp 在父组件中引用时需要转换为 comp-prop。

props 属性体现在自定义组件 comp 的页面交互 JS 文件中，代码如例 6-33 所示。

例 6-33　自定义组件 comp 的页面交互 JS 文件

```
import prompt from '@system.prompt';
export default {
    props: {
    title: {
        default: 'title',
    },
    showObject: {},
```

```
        },
        data:{
                imagesource:'/common/ju.bmp',
                rangetext:['菊花', "玫瑰", "向日葵"],
                textvalue:'菊花',
        },
        OnInit() {
         return {
            showObj: this.showObject,
         }
        },
     childClicked () {
         this.$emit('eventType1', {text: '收到子组件参数:'+this.textvalue});
         this.showObj = !this.showObj;
        },
        textonchange(e) {
          this.textvalue = e.newValue;
         prompt.showToast({ message:"text:"+e.newValue+",newSelected:"+e.newSelected })
        },
        textoncancel(e) {
            prompt.showToast({ message:"text: textoncancel" })
        },
   }
```

从例 6-33 中可以看到，父组件向子组件传递了两个参数：title 和 showObject。这两个参数都定义在组件的 props 属性中，其在子组件中的默认值分别为 title 和空，父组件在加载子组件时会对这两个参数进行赋值。需要注意，此处属性 showOjbect 为驼峰命名法，在父组件中要改成短横线分隔命名形式。data 中对一些变量进行了初始化，如初始化 picker 组件的数据源 rangetext，这样 picker 滑动组件就可以在 3 个花名之间做选择了。

当用户点击子组件的按钮时，会触发子组件的 childClicked 回调函数，该函数除了更改状态变量 showObj 来显示子组件的隐藏组件外，更重要的是子组件能通过 eventType1 事件向父组件传递数据，如例 6-33 中向父组件传递参数 text 字符串，该字符串的值包含 picker 组件的取值。textonchange 回调函数在隐藏组件 picker 中的内容发生变化时触发，用户点击"确定"按钮后，picker 组件的设定值变为新值。

自定义组件 comp 的 CSS 样式文件代码如例 6-34 所示。

例 6-34　自定义组件 comp 的 CSS 样式文件

```
    .item {
        width: 700px;
        flex-direction: column;
        height: 600px;
        align-items: center;
        margin-top: 100px;
    }
    .text-style {
        width: 60%;
        text-align: center;
        font-weight: 500;
        font-family: Courier;
        font-size: 36px;
    }
```

```
.title-style {
    font-weight: 500;
    font-family: Courier;
    font-size: 50px;
    color: #483d8b;
}
.userdefine{
    flex-direction: column;
    justify-content: center;
    align-items: center;
}
.pickertext{
    background-color: red;
    width: 100;
    height: 60;
    margin-bottom: 10px;
    font-size: 50px;
}
```

在例 6-34 中先定义了自定义组件是大小为宽 700px、高 600px 的矩形，组件内的所有子组件都按列排列且水平居中；又定义了标题字体、按钮字体和样式等；最后定义了隐藏区域内 div 组件和 picker 组件的样式。

6.5.3　调用自定义组件

从图 6-26 中可以看到，示例应用中引用子组件的父组件和子组件在同一个目录中，父组件的 JS 页面处于 index 子目录中。父组件引用子组件的页面结构 HML 文件代码如例 6-35 所示，其中的重点有以下两点。

例 6-35　父组件引用子组件的页面结构 HML 文件

```
<!-- index.html -->
<element name='comp' src='../comp/comp.hml'></element>
<div class="container">
  <text class="text-style">父组件：{{text}}</text>
  <comp title="自定义组件" show-object="{{isShow}}" @event-type1="textClicked">
  </comp>
</div>
```

（1）element 组件。父组件对子组件的引用需要使用关键字 element，它特指自定义组件，可以通过 name 属性指定自定义组件的名称。

（2）src 属性。可以使用 src 来指明自定义组件的位置，由于将自定义组件放在了与父组件同级的目录中，所以先用..来指代上一级目录，再指向子组件目录 comp。

从例 6-35 中可以看到，父组件页面外层就是一个 div 容器，其中包含一个 text 组件显示标题，用来声明此页面为父组件。此外，text 组件中还包括一个在 JS 文件中定义的字符串，该字符串内容其实来自于子组件；紧跟其后的就是自定义组件 comp，例 6-35 中用 comp 关键字代表子组件了，和 element 中声明的子组件名称是一致的；comp 关键字后跟着的 title 和 show-object 是传递给子组件的属性，其中 show-object 为子组件 props 中声明的 showObject 驼峰命名法对应的短横线分割命名法；接着用@event-type1="textClicked"表明，当收到子组件发送的 event-type1 消息时，则触发父组件上定义的 textClicked 事件。

父组件的页面样式 CSS 文件代码如例 6-36 所示。

例 6-36　父组件的页面样式 CSS 文件

```
.container {
    background-color: #f8f8ff;
    flex: 1;
    flex-direction: column;
    align-content: center;
}
.text-style {
    width: 100%;
    text-align: center;
    font-weight: 500;
    font-family: Courier;
    font-size: 36px;
}
```

例 6-36 中定义了父组件页面中的 div 容器组件样式，即所有内部组件按列排列且水平居中，并定义了父组件中标题文本的样式。

父组件的页面交互代码如例 6-37 所示。

例 6-37　父组件的页面交互

```
// index.js
export default {
    data: {
        text: '开始',
        isShow: false,
    },
    textClicked (e) {
        this.text = e.detail.text;
    },
}
```

例 6-37 中定义了 text 变量的初始值为 "开始"，而 isShow 的值为 false。因此，从例 6-35 中看出，父组件传递给子组件的参数就是 title="自定义组件", show-object=false。子组件收到这些参数后，如例 6-33 所示，通过 text 组件显示自定义组件，同时接收到的 showObject 值为 false，因此是看不到子组件的隐藏组件的。

当用户点击子组件的按钮后，如例 6-32 所示，会触发子组件 childClicked 回调函数。定义在例 6-33 中的该回调函数除了将 showObject 变量取反来显示隐藏组件外，还会给父组件传递 event Type1 的消息。父组件收到该消息后，触发 textClicked 函数，textClicked 函数会将从子组件收到的 text 字符串的值赋给自己的 text 变量，这样就改变了父组件的标题显示，自定义组件调用结果如图 6-27 所示。

（a）父组件

（b）子组件

图 6-27　自定义组件调用结果

　　点击"菊花"文字所在的区域，会弹出滑动选择器，当选择"玫瑰"选项并点击"确定"按钮后，滑动选择器取值变为"玫瑰"。再次点击子组件按钮，会把子组件中滑动选择器的取值传递到父组件进行显示，同时子组件中的隐藏组件又被隐藏起来，子组件使用 picker 组件向父组件传值效果如图 6-28 所示。

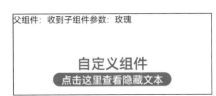

　　　　（a）子组件　　　　　　　　　　　　　　　（b）父组件

图 6-28　子组件使用 picker 组件向父组件传值效果

6.6　JS FA 调用 PA

　　JS UI 框架提供了 JS FA 调用 Java PA 的机制。该机制在 HarmonyOS 内提供了一种通道来传递函数调用、数据返回、事件上报，开发者可根据需要自行实现 FA 和 PA 两端的对应接口以完成对应的功能逻辑。

6.6.1　PA 端 Ability 分类

　　当前 PA 端提供 Ability（外部 Ability）和 Internal Ability（内部 Ability）两种调用方式，开发者可以根据业务场景选择合适的调用方式进行开发，它们的区别如下。

　　（1）Ability：拥有独立的 Ability 生命周期，FA 使用远端进程通信方式拉起并请求 PA 服务，适用于 PA 服务供多 FA 调用或者 PA 服务在后台独立运行的场景。

　　（2）Internal Ability：与 FA 共进程，采用内部函数调用的方式和 FA 进行通信，适用于对服务响应时延要求较高的场景。该方式下 PA 不支持其他 FA 访问调用。

　　这两种调用的差别如下：前者是单机版的，后者是分布式的。它们都实现了 Page Ability 访问 Service Ability，这个原理和工作机制在第 4 章中已经讲解得很透彻了，本节 Service 的应用示例与 4.7 节 Service 的应用示例存在两点差异：本节中客户端是 JS Page，而 4.7 节中是 Java Page；本节内部 Ability 是通过 AceAbility 类来实现的，而 4.7 节中通过 Ability 类实现。客户端与服务端通过 bundleName 和 abilityName 来进行关联。当系统收到客户端调用请求后，会根据客户端在 JS 接口中设置的参数来选择对应的处理方式。服务提供者在 onRemoteRequest 函数中实现 PA 端提供的业务处理逻辑。

　　Ability 和 Internal Ability 是两种不同的 FA 调用 PA 的方式，其主要差别如表 6-2 所示。

表 6-2　　　　　　　　　　　　　　Ability 与 Internal Ability 的差别

差异项	Ability（外部）	Internal Ability（内部）
JS 端（abilityType）	0	1
是否需要在 config.json 文件的 abilities 对象中为 PA 添加声明	需要（有独立的生命周期）	不需要（和 FA 共生命周期）

差异项	Ability（外部）	Internal Ability（内部）
是否需要在 FA 中注册	不需要	需要
继承的类	ohos.aafwk.ability.Ability	ohos.ace.ability.AceInternalAbility
是否允许被其他 FA 访问调用	是	否

仔细分析表 6-2，发现内部 Internal Ability 和外部 Ability 的重大差异有两点：继承的类不同，一个是 Ability，另一个是 AceAbility；内部 Ability 和 FA 属于同一个生命周期，即它们都属于同一个应用，因此必须在客户端注册这个服务才行，否则客户端找不到这个内部 Ability，且由于只是在本 FA 中注册了内部 Ability，因此只能被该 FA 访问，外界根本访问不了该 Ability，而外部 Ability 是通过 config.json 文件声明了的，其他外部应用的 FA 都可以访问它。

下面通过一个 JS 客户端分别调用内部 Ability 和外部 Ability 来实现两个整数相加求和的例子，以展示 JS FA 调用 PA 的工作过程。要实现该功能，首先需要建立客户端 FA。

6.6.2 建立客户端 FA

新建一个基于手机的 JS 项目 JsFACallPA，客户端功能实现在 index 页面中。该页面需要两个按钮，分别用来触发内部 Ability 和外部 Ability，并需要一个 text 组件来显示相加的结果。客户端页面结构文件代码如例 6-38 所示。

例 6-38　客户端页面结构文件

```
<div class="container">
<button class="bottonstyle" onclick="InternalAbilitycall">调用内部 Ability</button>
<button class="bottonstyle" onclick="Abilitycall">调用外部 Ability</button>
    <text class="title">
        {{ result }}
    </text>
</div>
```

客户端页面样式文件代码如例 6-39 所示。

例 6-39　客户端页面样式文件

```
.container {
    flex-direction: column;
    justify-content: center;
    align-items: center;
}
.title {
    font-size: 40px;
    color: #000000;
    opacity: 0.9;
}
.bottonstyle{
width:40%;
margin-bottom: 20px;
}
```

例 6-39 中定义了容器内的按钮和文本要按列排列并居中显示，并定义了按钮的大小和文本字体及大小等样式。

在客户端页面逻辑文件中，最关键的是设置好传递到服务端的数据，请求完服务后再接收服务端处理完成后的结果，客户端核心页面逻辑如例 6-40 所示。

例 6-40　客户端核心页面逻辑

```
async function(){
var actionData = {};
actionData.firstNum = 1234;
actionData.secondNum = 2048;
var action = {};
action.bundleName = 'com.example.jsfacallpa';
action.abilityName = 'com.huawei.hiaceservice.ComputeServiceAbility';
action.messageCode = ACTION_MESSAGE_CODE_PLUS;
action.data = actionData;
action.abilityType = ABILITY_TYPE_EXTERNAL;
action.syncOption = ACTION_SYNC;
var result = await FeatureAbility.callAbility(action);
var ret = JSON.parse(result);
if (ret.code == 0) {
    console.info('plus result is:' + JSON.stringify(ret.abilityResult));
    this.plusResult = JSON.stringify(ret.abilityResult);
} else {
    console.error('plus error code:' + JSON.stringify(ret.code));
    this.plusResult= "出错，错误代码: " + ret.code;
}
                          }
```

　　客户端与服务器进行交互的首要工作是进行客户端的数据准备。首先，该代码中定义了一个结构变量 actionData，设置该 actionData 中包含 1234 和 2048 两个数字，这是需要服务器处理的数据。其次，该代码中定义了结构变量 action，在该 action 中需要指明客户端与服务端内部 Ability 或外部 Ability 的交互参数，包括服务端 Ability 所在的包名和 Ability 名、交互的数据（actionData）、消息码（用来告诉服务器客户端需要什么服务）、同步选项（用来说明服务端是否和客户端保持同步）等。

　　客户端定义好与服务器的交互方式后，就可以调用 FeatureAbility 对象的 callAbility 函数了，如例 6-40 所示。该函数调用服务端的 PA 来执行刚才定义好的 action 操作。FeatureAbility 前的关键字 await 和函数最开始处的 async 关键字都代表客户端执行异步函数、异步等待服务端的返回结果。服务端返回结果后，将返回的结果按照 JSON 格式进行解析，根据解析出来的结果中携带的返回码来判断服务端 PA 调用是否成功，如果成功，则输出结果，否则输出错误代码。

6.6.3　建立内部 Ability 服务端

　　为了体现 PA 与 FA 的差异，这里将服务端 PA 放在另一个包中。在当前项目 JsFACallPA 的 java 目录的 com 包中新建一个包 huawei.hiaceservice，在此包中新建一个 java 类 ComputeInternalAbility，该类为 AceInternalAbility 的子类，内部 Ability 类代码如例 6-41 所示。

例 6-41　内部 Ability 类

```
public class ComputeInternalAbility extends AceInternalAbility {
    private static final String BUNDLE_NAME = "com.huawei.hiaceservice";
    private static final String ABILITY_NAME = "com.huawei.hiaceservice.
    ComputeInternalAbility";
    private static final int SUCCESS = 0;
    private static final int PLUS = 1001;
    private static final Object ERROR = -1;
    private static ComputeInternalAbility instance;
    private AbilityContext abilityContext;
    public ComputeInternalAbility() {
```

```
                    super(BUNDLE_NAME, ABILITY_NAME);
                    HiLog.error(LABEL, "Register!!!!!!!!.");
                }
            public boolean onRemoteRequest(int code, MessageParcel data, MessageParcel reply,
            MessageOption option) {
                switch (code) {
                    case PLUS: {
                        String zsonStr = data.readString();
                        RequestParam param = new RequestParam();
                        try {
                            param = ZSONObject.stringToClass(zsonStr, RequesParam.class);
                        } catch (RuntimeException e) {
                            HiLog.error(LABEL, "convert failed.");
                        }
                        Map<String, Object> zsonResult = new HashMap<String, Object>();
                        zsonResult.put("code", SUCCESS);
                        zsonResult.put("abilityResult", param.getFirstNum() + param.
                            getSecondNum());
                        // SYNC
                        if (option.getFlags() == MessageOption.TF_SYNC) {
                            reply.writeString(ZSONObject.toZSONString(zsonResult));
                        } else {
                            // ASYNC
                            MessageParcel responseData = MessageParcel.obtain();
                            responseData.writeString(ZSONObject.toZSONString
                            (zsonResult));
                            IRemoteObject remoteReply = reply.readRemoteObject();
                            try {
                                remoteReply.sendRequest(0, responseData, MessageParcel.
                            obtain(), new MessageOption());
                            } catch (RemoteException exception) {
                                return false;
                            } finally {
                                responseData.reclaim();
                            }
                        }
                        break;
                    }
                    default: {
                        Map<String, Object> zsonResult = new HashMap<String, Object>();
                        zsonResult.put("abilityError", ERROR);
                        reply.writeString(ZSONObject.toZSONString(zsonResult));
                        return false;
                    }
                }
                return true;
            }
```

    如果内部 Ability 与调用的包名不同，则需要在其构造函数中告诉调用该 Ability 的类其所在的包名和能力名，如例 6-41 所示。对服务端 Ability 来说，不管是内部 Ability 还是外部 Ability，最核心的工作就是处理客户端发过来的请求包，对请求包进行解析，弄清楚客户端的要求，再给予正确的响应。所以该 Ability 最核心的函数就是 onRemoteRequest 回调函数，该回调函数在服务器收到客户端请求后触发。

onRemoteRequest 回调函数有以下 4 个参数。

（1）第一个参数 code 是客户端发过来的请求码，在例 6-40 中客户端发过来的是 ACTION_ MESSAGE_CODE_PLUS，服务端解析后就只有 PLUS 了。

（2）第二个参数 data 是客户端发过来的 JSON 格式的数据包，解析出来就可以得到客户端需要处理的两个整数。处理过程是将该 data 包直接从 JSON 字符串格式转换为类格式，使用到了 ZSONObject 类和 RequestParam 自定义类。RequestParam 类就是专门为了处理包含两个整数类型的客户端 JSON 数据包设计的。

（3）第三个参数 reply 是服务端发送给客户端的 JSON 格式的数据包，包含的是服务端的处理结果，即返回码和两个整数的和。服务端首先需要生成处理结果，onRemoteRequest 中定义了一个名为 zsonResult 的 Map 集合，将返回码和返回值都存储进来。如果客户端希望采用同步模式，则直接将结果 zsonResult 转换为 JSON 格式，并写到 reply 参数中；如果是异步模式，则先将结果转换为 JSON 格式的数据包 responseData，再通过 IRemoteObject 接口将 responseData 结果返回。

（4）第四个参数 option 是客户端希望和服务器交互的方式，如是同步还是异步，或者其他交互参数的设置。

设置好服务端的内部 Ability 服务后，需要在客户端 Page Ability 中注册 Internal Ability 服务，代码如例 6-42 所示，其目的是使客户端能够找到该服务。

例 6-42　在客户端 Page Ability 中注册 Internal Ability 服务

```
public class MainAbility extends AceAbility {
    @Override
    public void onStart(Intent intent) {
        ComputeInternalAbility.register(this);
        super.onStart(intent);
    }
```

在例 6-42 中调用 Ability 的 register 函数对名为 ComputeInternalAbility 的内部 Ability 进行注册，至此，内部 Ability 服务代码全部构建完毕。运行客户端 Ability，点击"调用内部 Ability"按钮，JS FA 调用内部 Ability 的运行结果如图 6-29 所示，已经通过内部 Ability 的调用完成加法运算。

图 6-29　JS FA 调用内部 Ability 的运行结果

6.6.4　建立外部 Ability 服务端

建立外部 Ability 的过程和建立内部 Ability 的过程差别不大，为了方便，本小节中没有新建项目，而是直接将外部 Ability 建立在客户端的同一个项目中。先建立外部 Ability 的 java 类，在当前项目

JsFACallPA 的 java 目录的 com.huawei.hiaceservice 包中新建一个名为 ComputeServiceAbility 的类，该类为 Ability 的子类。外部 Ability 类 ComputeServiceAbility 的定义如例 6-43 所示。

例 6-43　外部 Ability 类 ComputeServiceAbility 的定义

```
public class ComputeServiceAbility extends Ability {
    private MyRemote remote = new MyRemote();
    @Override
    protected IRemoteObject onConnect(Intent intent) {
        super.onConnect(intent);
        return remote.asObject();
    }
    class MyRemote extends RemoteObject implements IRemoteBroker {
        private static final int SUCCESS = 0;
        private static final int ERROR = 1;
        private static final int PLUS = 1001;
        MyRemote() {
            super("MyService_MyRemote");
        }
        @Override
public boolean onRemoteRequest(int code, MessageParcel data, MessageParcel reply,
                            MessageOption option) {
//除了没有异步交互模式之外，这段与客户端交互的代码与内部 Ability 代码相同
        }
```

外部 Ability 服务端代码和内部 Ability 代码基本一致，特别是与客户端的交互这一块的核心代码 onRemoteRequest 函数。因为外部 Ability 与客户端交互时只提供同步交互的方式，所以没有提供异步处理的代码。

外部 Ability 和内部 Ability 的一个主要的差别是处理交互的类为 RemoteObject 的子类，如例 6-43 中的 MyRemote。该类为客户端进程与服务端进程网络连接的通道，而客户端和内部 AceAbility 处于同一个应用，它们之间的连接为函数调用，所以处理交互的为内部 AceAbility。

JS UI 框架下的外部 Ability 通信方式和 Java UI 下的 Ability 通信方式是一致的：当客户端连接到服务端时并与服务端成功连接后，会触发服务端的 onconnect 回调函数，将 MyRemote 对象返回给客户端，作为客户端与服务端交互的通道；接着客户端将请求包发送过来，并触发服务端的 onRemoteRequest 回调函数，在该回调函数中将处理结果返回。

此外，为了让外部 Ability 可以被其他客户端访问到，需要在配置文件 config.json 中声明该 Ability。外部 Ability 类 ComputeService 的配置信息如例 6-44 所示。

例 6-44　外部 Ability 类 ComputeService 的配置信息

```
{
    "name": "com.huawei.hiaceservice.ComputeServiceAbility",
    "icon": "$media:icon",
    "description": "$string:computeserviceability_description",
    "type": "service"
}
```

例 6-44 中的代码用于声明 ComputeServiceAbility 为一个 Service Ability，可以为其他主机上的 FA 或 SA 提供服务。

为了对外部 Ability 与内部 Ability 调用的效果进行区分，本小节修改了客户端 JS Page 中的.js 文件，将客户端传到服务端的两个数据变为 1234 和 2048。运行客户端 Ability，点击"调用外部 Ability"按钮后，JS FA 调用外部 Ability 的运行结果如图 6-30 所示，可以看出到 JS FA 已经通过外部 Ability 的调用完成加法运算。

图 6-30　JS FA 调用外部 Ability 的运行结果

6.7　JS 其他必要功能

JS UI 框架还有一些很重要的其他功能，包括页面路由、日志输出和动画等，下面分别对其进行介绍。

6.7.1　页面路由

一个 JS 项目中往往会有较多页面，而这些页面经常需要相互跳转。例如，用户可以从音乐列表页面中点击歌曲，跳转到该歌曲的详情页。开发者需要通过页面路由将这些页面串联起来，按需实现跳转。

页面路由需要引入 router 对象，由 router 对象根据页面的 uri 属性来找到目标页面，从而实现跳转。以最基础的两个页面之间的跳转为例，本小节先新建一个基于 Empty Page Ability 模板的 JS 项目，并将其命名为 JSPageRouter，该项目默认已经有一个名为 index 的 JS Page，再在该项目的 Project 窗口中，进入 entry\ src\main\js\default 子目录，用鼠标右键单击 pages 文件夹，选择 "New" → "JS Page" 命令，创建一个名为 detail 的详情页。这样 pages 目录中就包含 index 和 detail 两个页面，JSPageRouter 项目实现了这两个页面的相互跳转。

这两个页面结构简单且相同，都只有一个 text 组件和一个 button 组件，text 组件用来标注当前页面，button 组件用来实现两个页面之间的相互跳转。index 页面的页面结构代码如例 6-45 所示。

例 6-45　index 页面的页面结构

```
<!-- index.hml -->
<div class="container">
  <text class="title">这是第一个 JS 页面</text>
  <button type="capsule" value="导航到第二个 JS 页面" class="button" onclick="launch">
  </button>
</div>
```

detail 页面的页面结构和 index 页面的页面结构几乎一样，在此省略。当用户点击 button 组件时，会触发 launch 回调函数。index 页面的页面样式代码如例 6-46 所示。

例 6-46　index 页面的页面样式

```
/* index.css */
.container {
  flex-direction: column;
  justify-content: center;
  align-items: center;
```

```
    }
    .title {
      font-size: 50px;
      margin-bottom: 50px;
    }
```

index 页面的页面样式和 detail 页面的页面样式完全一致。上述代码中表明 text 组件和 button 组件都按列从上至下排列并居中显示，同时设置了 text 组件上文本的字体，为了使 text 组件和 button 组件有一定间隙，特意设置了 text 组件的底边距。

为了使 button 组件的 launch 函数生效，需要在页面的 JS 文件中实现跳转逻辑：调用 router.push 函数将 uri 属性指定的页面添加到路由栈中，即跳转到 uri 属性指定的页面。在调用 router 函数之前，需要导入 system.router 模块。index 页面的页面交互代码如例 6-47 所示。

例 6-47   index 页面的页面交互

```
// index.js
import router from '@system.router';
export default {
  launch() {
    router.push ({
      uri: 'pages/detail/detail',
    });
  },
}
```

从 index 页面跳转到 detail 页面后，需要从 detail 页面返回。此时 index 页面依然处于路由栈中，因此只需从栈顶将 detail 页面弹出即可返回到 index 页面。弹出操作使用 router 对象的 back 函数完成。detail 页面的页面交互代码如例 6-48 所示。

例 6-48   detail 页面的页面交互

```
// detail.js
import router from '@system.router';
export default {
  launch() {
    router.back();
  },
}
```

在远程模拟器中运行 JSPageRouter 项目，JS 页面跳转结果如图 6-31 所示。在 index 页面中点击按钮，跳转到 detail 页面；在 detail 页面中点击按钮，则返回到 index 页面。

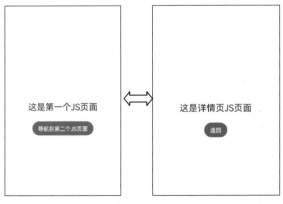

图 6-31　JS 页面跳转结果

6.7.2 日志输出

在开发代码的过程中，经常需要临时输出变量的值来检查代码的正确性。此时使用日志输出函数可以对指定变量的值进行输山，可以调用的函数包括 console.debug、log、info、warn、error(message) 等，分别代表在控制台输出不同类型的信息：调试信息、日志信息、常规信息、警告信息和错误信息。message 参数代表要输出的信息。

一个简单的 JS 项目中 app.js 文件的源代码如例 6-49 所示，其中有两个回调函数 onCreate 和 onDestroy，分别在应用创建时和应用销毁时触发。

例 6-49 app.js 文件的源代码

```
export default {
    onCreate() {
        console.info('AceApplication onCreate');
    },
    onDestroy() {
        console.info('AceApplication onDestroy');
    }
};
```

当使用 DevEco Studio 中自带的预览器 Previewer 查看该 JS 项目的预览信息时，在 DevEco Studio 底部的 PreviewerLog 窗口中可以看到图 6-32 所示的信息。该输出结果表示应用程序已经创建成功了。

图 6-32 PreviewerLog 窗口显示信息

也可以使用远程模拟器来运行该 JS 项目。当程序运行后，切换到 HiLog 窗口，选择当前正在活动的设备、运行的程序和日志级别（此处选择"Debug"选项，还有"Info""Warn""Error"等选项可以选择），搜索处填写 AceApplication，显示图 6-33 所示的信息。

图 6-33 HiLog 窗口显示信息

6.7.3 动画

动画在移动应用开发中已经越来越受到重视，因为它可以有效平滑页面转场过程中生硬的效果和等待的时间，提高页面的友好度。JS UI 框架支持静态动画和连续动画。

1. 静态动画

静态动画的核心是 transform 样式，通过定义组件的 transform 样式，可以实现组件外观的以下 3 种类型变换。

（1）平移（Translate）：沿水平或垂直方向将指定组件移动所需距离。

（2）缩放（Scale）：横向或纵向将指定组件缩小或放大到所需比例。

（3）旋转（Rotate）：将指定组件沿横轴、纵轴或中心点旋转指定的角度。

注意，一次样式设置只能实现一种类型变换。因为动画是在一定时间内的样式变换，而静态动画的样式变换是瞬时发生的，所以严格来说它并不算是动画。

这里新建一个 JSAnimation 项目来实现这 3 种静态样式变换，静态动画页面结构文件源代码如例 6-50 所示。

例 6-50　静态动画页面结构文件源代码

```
<div class="container">
  <text class="translate">hello</text>
  <text class="rotate">hello</text>
  <text class="scale">hello</text>
</div>
```

例 6-50 中包含 3 个 text 组件，分别代表 3 种不同类型的静态动画的执行体。为了进行区分，将其从上至下依次命名为"文本 1""文本 2""文本 3"。静态动画页面样式代码如例 6-51 所示。

例 6-51　静态动画页面样式

```
.container {
    flex-direction: column;
    align-items: center;
}
.translate {
    height: 100px;
    width: 100px;
    font-size: 50px;
    background-color: #008000;
    transform: translate(50px);
}
.rotate {
    height: 100px;
    width: 100px;
    font-size: 50px;
    background-color: #008000;
    margin-bottom: 50px;
    transform-origin: 200px 100px;
    transform: rotateX(45deg);
}
.scale {
    height: 100px;
    width: 100px;
    font-size: 50px;
    background-color: #008000;
transform: scaleX(1.5);
}
```

从例 6-51 中看出，3 个 text 组件的样式.translate、.rotate 和.scale 中都包含了一个 transform 属性，该属性定义了组件如何动起来，它们的运动方式如下。

（1）translate（50px）："文本 1"在水平方向向右移动 50px。

（2）rotateX(45deg)："文本 2"以（200px，100px）为原点，绕 x 轴旋转 45°。

（3）scaleX(1.5)："文本 3"沿水平方向将自己拉伸为原来的 1.5 倍。

为了体现静态动画的效果，JSAnimation 项目首先在例 6-51 中去掉了 transform 属性，运行了程序；再将 transform 属性加上，再次运行了程序。两次运行结果的对比效果如图 6-34 所示，从

图 6-34 中可以看到，3 个 text 组件的外观确实发生了变化，但由于没有变化时间的定义，所以没有产生动画效果。

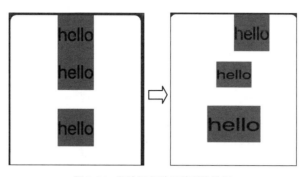

图 6-34　两次运行结果的对比效果

2．连续动画

因为静态动画没有持续时间，所以用户看不到动画效果，真正意义上的动画是指动态动画。静态动画只有开始状态和结束状态，没有中间状态。如果需要设置中间的过渡状态和转换效果，则需要使用连续动画来实现。

连续动画的核心是 animation 样式，它定义了动画的开始状态、结束状态，以及时间和速度的变化曲线。使用 animation 样式可以实现的效果如下。

（1）animation-name：设置动画执行后应用到组件上的背景色、透明度、大小和变换类型。

（2）animation-delay 和 animation-duration：分别设置动画延迟多长时间执行和动画持续多长时间。

（3）animation-timing-function：描述动画执行的速度曲线，使动画更加平滑。

（4）animation-iteration-count：定义动画播放的次数。

（5）animation-fill-mode：指定动画执行结束后是否恢复到初始状态。

要使用 animation 样式，需要在 CSS 文件中定义关键帧 keyframe，在 keyframe 中设置动画的过渡效果，并通过一个样式类型在 HML 文件中调用。这里新建一个 JSDynamicAnimation 的项目来演示连续动画的使用方法。连续动画的页面结构代码如例 6-52 所示。

例 6-52　连续动画的页面结构

```
<div class="item-container">
  <text class="header">animation-name</text>
  <div class="item {{colorParam}}">
    <text class="txt">color</text>
  </div>
  <div class="item {{opacityParam}}">
    <text class="txt">opacity</text>
  </div>
  <button class="button" name="button" value="show" onclick="showAnimation"/>
</div>
```

在例 6-52 的最外层的 div 容器中有一个 text 组件作为标题，另外两个 div 子容器组件中都包含一个 text 组件，这两个 text 组件被用作动画执行的载体。第一个 text 组件的动画效果体现在包含它的 div 组件的 colorParam 参数上，第二个则体现在对应的 div 组件的 opacityParam 参数上。用户点击最后一个 button 组件后会触发 showAnimation 回调函数，在该回调函数中触发动态动画。

连续动画的页面样式文件代码如例 6-53 所示。

例 6-53　连续动画的页面样式文件

```
.item-container {
```

```
        margin-right: 60px;
        margin-left: 60px;
        flex-direction: column;
    }
    .header {
        margin-bottom: 20px;
    }
    .item {
        background-color: #f76160;
    }
    .txt {
        text-align: center;
        width: 200px;
        height: 100px;
    }
    .button {
        width: 200px;
        font-size: 30px;
        background-color: #09ba07;
    }
    .color {
        animation-name: Color;
        animation-duration: 8000ms;
    }
    .opacity {
        animation-name: Opacity;
        animation-duration: 8000ms;
    }
    @keyframes Color {
        from {
          background-color: #f76160;
        }
        to {
          background-color: #09ba07;
        }
    }
    @keyframes Opacity {
        from {
          opacity: 0.9;
        }
        to {
           opacity: 0.1;
        }
    }
```

例 6-53 中定义了两个关键帧：第一个关键帧 Color 定义的是背景色变化，颜色变化的开始颜色和结束颜色都定义了，且定义了持续时长；第二个关键帧 Opacity 定义的是透明度变化，对透明度变化区间和时长做了定义。

连续动画的页面交互代码如例 6-54 所示。

例 6-54　连续动画的页面交互

```
    export default {
      data: {
        colorParam: '',
```

```
    opacityParam: '',
   },
   showAnimation: function () {
    this.colorParam = '';
    this.opacityParam = '';
    this.colorParam = 'color';
    this.opacityParam = 'opacity';
   },
  }
```

图 6-35 所示为 JSDynamicAnimation 项目运行后的连续动画效果。从上述代码中可以看到，初始时 colorParam 和 opacityParam 变量的值为空，因此例 6-52 中的两个 div 子容器的样式为 item，从例 6-53 中的样式文件中获得的背景色为红色，其效果如图 6-35（a）所示；点击"show"按钮后，colorParam 和 opacityParam 分别变为 color 和 opacity，对应例 6-53 中的样式 color 和 opacity。这两个样式分别说明了关键帧名称和动画持续时间，根据关键帧名称找到对应的关键帧，连续动画就开始执行了，最终效果如图 6-35（b）所示。可以看到，连续动画定义的颜色和透明度的变化都得到了体现。

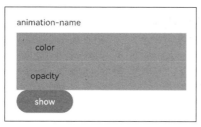

（a）背景颜色的效果　　　　　　　（b）动画效果

图 6-35　JSDynamicAnimation 项目运行后的连续动画效果

6.8　JS 购物车开发

掌握 JS 语法基础后，接下来开发一个购物车应用 JSShopping。该应用几乎涉及所有的基础组件和容器组件的使用，具有很强的示范价值。该应用包含两级页面，分别是主页（"商品展示"功能模块、"购物车"功能模块、"我的"功能模块）和详情页，主页以列表形式显示所有商品信息，当用户想查看某商品详细信息时，可以点击列表项，进入详情页。本节展示了该应用的主要代码，完整代码以附加资源的形式给出。

其两级页面都展示了丰富的 HarmonyOS UI 组件，包括自定义弹窗容器（dialog）、列表（list）、滑动容器（swiper）、页签（tabs）、按钮（button）、图表（chart）、分隔器（divider）、图片（image）、交互（input）、跑马灯（marquee）、菜单（menu）、滑动选择器（picker）、评分条（rating）和搜索框（search）等。

6.8.1　主页布局设计

主页分为上中下 3 个层次，分别是上层工具栏、中间核心内容和底层工具栏，主页布局如图 6-36 所示。中间核心内容随着用户选择底层工具栏中 3 个不同的图标而依次切换为"商品展示""购物车""我的"。变化的只是具体内容，上层工具栏和底层工具栏为 3 个不同功能模块共享，是不会改变的。

1．上层工具栏设计

上层工具栏提供搜索功能，JSShopping 应用专门设计了一个输入区域用于用户输入搜索内容，以搜索想要的商品。上层工具栏结构代码如例 6-55 所示。

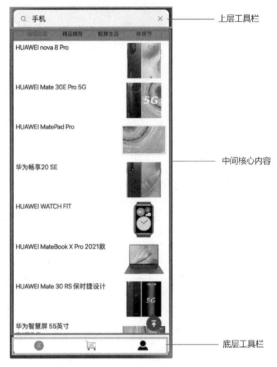

上层工具栏

中间核心内容

底层工具栏

图 6-36　主页布局

例 6-55　上层工具栏结构代码

```
<search hint="{{pageWord.searchKeyWord}}" value="{{pageWord.searchValue}}"
focusable="true" @change="searchproduct" @submit="searchproduct">
</search>
```

search 组件的 hint 属性提供了搜索提示功能，当用户点击到搜索框内时，会显示"寻找宝贝、店铺"的提示信息，当用户在 search 组件中进行文字输入或点击搜索键时，会调用 searchproduct 回调函数，该回调函数提供模糊搜索和精准搜索功能。

2.　底层工具栏设计

主页最下方为底层工具栏，显示了 3 张图片，分别用来代表"商品展示"功能模块、"购物车"功能模块和"我的"功能模块。不同功能模块图标切换时图片会有变化（点击应用主页底层工具栏中的不同图标，功能模块会随之切换，被选中的功能模块图片变为红色），底层工具栏结构代码如例 6-56 所示。

例 6-56　底层工具栏结构代码

```
<div class="container-bottom-div" @click="buy" @click="clickBuy">
    <image src="{{icon.buys}}" class="container-bottom-div-image" @click=
    "clickBuy">
    </image>
    <image src="{{icon.shoppingCarts}}" class="container-bottom-div-image"
    @click= "clickShoppingCart">
    </image>
    <image src="{{icon.mys}}" class="container-bottom-div-image" @click=
    "clickMy">
    </image>
</div>
```

底层工具栏为一个 div 组件，包含 3 个 image 子组件，每个 image 子组件的图片来源都定义在.JS

文件的 icon 变量中，每个 image 子组件也都定义了点击事件的回调函数，通过回调函数来实现页签内容的变化。

3. 中间核心内容架构设计

中间核心内容区域包含三大功能模块，分别是"商品展示""购物车""我的"。下面重点介绍"商品展示"功能模块。

该功能模块展示的是商品信息，主要包括 4 个功能模块，每个功能模块都有标题区和内容区。"商品展示"功能模块的实现需要使用 tabs-content，用户可通过左右滑动或点击不同 tab-bar 来显示不同功能模块的内容区。"商品展示"功能模块的布局样式如图 6-37 所示。

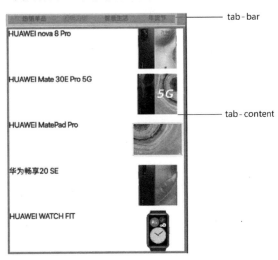

图 6-37　"商品展示"功能模块的布局样式

"商品展示"功能模块的结构代码如例 6-57 所示。

例 6-57　"商品展示"功能模块的结构代码

```
<tabs class="tabs" index="0" vertical="false" onchange="change">
    <tab-bar class="tab-bar" mode="fixed">
        <text class="tab-text" for="{{ item in titleList}}">{{ item }}</text>
    </tab-bar>
    <tab-content class="tabcontent" scrollable="true">
        <div class="item-content" for="{{ item in contentList}}">
            <list class="todo-wraper">
                <list-item for="{{allList}}">
                    <div class="margin-comm" @click="detailPage">
                        <div class="todo-total">
                            <text class="todo-title">{{$item.
                             title}}</text>
                            <text class="todo-content">{{$item.
                             content}}
                            </text>
                            <text class="todo-price">
                                <span>¥</span>
                                <span>{{$item.price}}</span>
                            </text>
                        </div>
                        <div class="width-comm">
                            <image src="{{$item.imgSrc}}"
```

```
                                    class="container-home-image">
                                        </image>
                                    </div>
                                </div>
                            </list-item>
                        </list>
                    </div>
                </tab-content>
            </tabs>
```

例 6-57 中声明了一个 tabs 组件，该组件标签页切换会触发 change 回调函数。tabs 组件包含一个 tab-bar 和一个 tab-content。tab-bar 中包含 4 个 text 组件，分别显示"热销单品""精品推荐""智慧生活""年货节"等功能模块，这些标题字符串定义在 titleList 数组中。tab-content 包含 4 个 div 组件，对应 tab-bar 中的 4 个标题。4 个 div 组件是通过 for 属性进行循环渲染产生的，循环次数由 contentList 数组来决定。

页签的内容由 div 组件中的 list 子组件来提供。list 子组件容器由 allList 数组决定其 list-item 循环渲染的次数。allList 初始时为空，当界面初始化时会对其值进行填充。list-item 包含一个内容丰富的 div 子组件，该 div 子组件定义了列表项的实际内容，点击会触发 detailPage 回调函数，并进入详情页。该 div 子组件包含两个按行排列的 div 子容器，为了便于区分，这里分别将其命名为 div1 和 div2。div1 包含 3 个 text 组件，按列进行显示，显示的是商品的名称、开售时间和价格。其中，显示价格的 text 组件使用了 span 组件来修饰文本的显示，在价格前添加了一个人民币符号。div2 显示的是商品图片。

6.8.2 主页业务逻辑设计

主页的业务逻辑体现在 JS 交互文件中。首先定义了 data 对象，该对象声明了很多变量的初值；接着定义了 4 个核心业务功能，下面对它们进行详细介绍。

1. 主页初始化函数 onInit

该函数定义了两个数组 latestList 和 allList 的初值，示例代码如下。

```
onInit() {
this.latestList = [...this.hotList, ...this.fineProductList, ...this.wisdomList]
this.allList = [...this.hotList, ...this.fineProductList, ...this.wisdomList]
},
```

2. 主页路由函数

当用户在"商品展示"功能模块的 list 组件中的 list-item 上看到心仪的商品后，点击该商品会启动界面路由，进入详情页，这是通过定义在 div 组件上的 onclick 事件的 detailPage 回调函数实现的，示例代码如下。

```
detailPage() {
router.push({
    uri: "pages/shoppingDetailsPage/shoppingDetailsPage"
});
},
```

3. 工具栏图标切换

当用户点击主页底部工具栏中的 3 个图标来选择"商品展示"功能模块、"购物车"功能模块和"我的"功能模块时，会启动不同的 div 容器来显示不同的功能模块，这是主页最核心的业务逻辑，其页面结构主要成分如图 6-38 所示。可以看到，其中定义了 7 个 div 子容器，从第 7 个 div 子容器的 class 样式名可以知道该 div 子容器的作用是显示购物车的底部工具栏，如例 6-56 所示。其他的 div

子容器功能与此类似，各自用来显示"购物车"功能模块的不同部分。前 6 个 div 组件是否显示是通过控制其对应的 show 属性来实现的，而 show 属性受控于 JS 页面中定义的 flag 变量的取值。

```
<div class="container">
    <div class="container" id="target" show="{{flag === oneFlag}}">...</div>
    <div class="container-home-pinned" show="{{flag === oneFlag}}">...</div>
    <div class="container-shopping-title" show="{{flag === threeFlag}}">...</div>
    <div class="container" show="{{flag === threeFlag}}">...</div>
    <div class="container-shopping-bottom" show="{{flag === threeFlag}}">...</div>
    <div class="container" show="{{flag === fourFlag}}">...</div>
    <div class="container-bottom-div" @click="buy" @click="clickBuy">...</div>
</div>
```

图 6-38　主页页面结构主要成分

6.8.3　详情页布局设计

详情页用来展示主页中用户选择的某项商品的详细信息，目前详情页只能展示某个固定商品的详情。详情页也分为三大版块，包括顶部工具栏、中间核心页和底部工具栏，详情页布局如图 6-39 所示。下面重点介绍顶部工具栏和中间核心页的设计方法。

图 6-39　详情页布局

1. 顶部工具栏设计

顶部工具栏包含"返回"按钮、"分享"按钮和"更多"按钮，目前点击"分享"按钮和"更多"按钮都是弹出一个选择菜单且内容一致。详情页顶部工具栏结构代码如例 6-58 所示。

例 6-58　详情页顶部工具栏结构代码

```
❑    <div class="container">
❑        <div class="container-top-div">
```

```
        <div class="container-top-div-center">
            <div class="container-top-div-icon-left">
                <image src="/common/detail/icon-return.png" class="icon-style"
                @click="backPage"></image>
            </div>
            <div>
                <image src="/common/detail/icon-share.png" class="icon-style
                container-margin-right-comm1" @click="onTextClick"></image>
                <menu id="apiMenu" @selected="onMenuSelected">
                  <option value="Item-1">{{pageInfo.scoring}}</option>
                  <option value="Item-2">{{pageInfo.sharing}}</option>
                  <option value="Item-3">{{pageInfo.views}}</option>
                  <option value="Item-4">{{pageInfo.exit}}</option>
                </menu>
                <image src="/common/detail/icon-more.png" class="icon-style
                container-margin-right-comm" @click="onTextClick">
                </image>
            </div>
        </div>
    </div>
    ...
</div>
```

由上述代码可知，第 3 层 div 容器中先定义了一个包含 image 组件的 div 子容器，该 image 作为返回按钮，点击事件触发 backPage 回调函数，返回主页；接着定义第二个 div 子容器，其中包含了两个 image 组件和一个 menu（菜单）组件。两个 image 组件分别显示"分享"和"更多"功能，点击这两张图片，都会触发 onTextClick 回调函数，该回调函数会显示 menu 组件，id 为 apiMenu 的 menu 组件有 4 个选项，都采用 option 属性来定义，分别是"评分""分享""浏览量""退出"，选择不同选项会触发菜单的 onselected 事件对应的 onMenuSelected 回调函数，执行不同的功能。顶部工具栏结构代码的运行结果如图 6-40 所示。

图 6-40　顶部工具栏结构代码的运行结果

当用户选择图 6-40 中的"评分"选项后，会弹出图 6-41 所示的评分弹窗。

图 6-41　评分弹窗

该评分弹窗的结构代码如例 6-59 所示。弹窗中的第二层 div 容器中包含了几个常用的 text 组件和 input 组件，显示的是与商品评分有关的信息。除常用组件外，该 div 容器还包含一个比较特殊的组件——rating（评分）组件。rating 组件的 numstars 属性代表几星评分，rating 属性用于获取用户星级，onChange 事件会在用户评分动作发生时触发，该事件会触发 ratingChange 回调函数。

例 6-59　顶部工具栏评分弹窗的结构代码

```
<dialog id="ratingDialog" class="dialog-main" @cancel="cancelrRatingDialog">
    <div class="dialog-div">
        <div class="dialog-div-rating">
            <text class="font-size-comm1 font-weight-comm">{{pageInfo.softwareScore}}
            </text>
            <div>
                <rating numstars="5" rating="{{ratingNum}}" @change=
                "ratingChange">
                </rating>
            </div>
            <text class="font-size-comm1 font-weight-comm">{{pageInfo.
             ratingReason}}
            </text>
            <input type="text" placeholder="{{pageInfo.ratingPlaceholder}}"
             value="{{ratingReason}}" @change="ratingReasonChange"></input>
            <div class="dialog-divs-divider-div">
                <text class="font-size-comm1 color-comm" @click
                 ="confirmRatingInfo">
{{pageInfo.confirm}}</text>
                <divider vertical="true" class="dialog-divider"></divider>
                <text class="font-size-comm1 color-comm"
                 @click="cancelrRatingDialog">{{pageInfo.cancel}}</text>
            </div>
        </div>
    </div>
</dialog>
```

2.　中间核心页设计

中间核心页包含商品的详细信息，可以将中间核心页分解为 5 个功能模块，依次为"swiper 商品展示""商品简易介绍""跑马灯促销""物流信息""商品详情"，如图 6-42 所示。这里只对"swiper商品展示"功能模块和"跑马灯促销"功能模块进行分析和讲解。

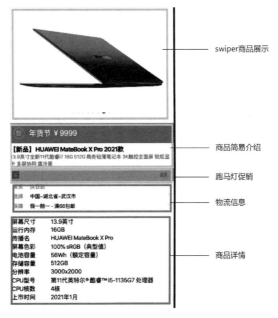

图 6-42　中间核心页布局

（1）"swiper 商品展示"功能模块。该功能模块以滑动形式展示商品不同角度的视图，因此需要使用 swiper 组件，swiper 商品展示结构代码如例 6-60 所示。该代码中的外层 div 容器包含一个 swiper 子容器，该 swiper 子容器定义了 ID、索引、是否自播放、播放间隔和是否循环等。swiper 子容器中包含若干个 div 子容器，具体数量取决于 swiperList 数组的大小，每个 div 子容器中是一个 image 组件，该组件加载的图片在与页面目录同级的 common 目录中。

例 6-60　swiper 商品展示结构代码

```
□    <div>
□    <swiper class="swiper" id="swiper" index="0" autoplay="true" interval="3000"
□    indicator="true" loop="true" digital="false">
□        <div class="swiperContent" for="{{ item in swiperList }}">
□            <image src="/common/computer/computer{{item}}.png">
□            </image>
□        </div>
□    </swiper>
□    </div>
```

（2）"跑马灯促销"功能模块。该功能模块以跑马灯形式在屏幕上滚动播出促销信息，跑马灯组件 marquee 是一种特殊的快速实现动画效果的组件，跑马灯促销页面结构代码如例 6-61 所示。该代码中的 div 容器包含一个 image 组件和一个 marquee 组件，marquee 组件用来循环播放内容，在 pageInfo.marqueeCustomData 中进行定义，代码中还设置了 scrollamount（滚动的次数）和是否循环播放等属性，还有对 direction（滚动方向）的定义。

例 6-61　跑马灯促销页面结构代码

```
□    <div class="content-marquee-div">
□        <image src="/common/computer/icon-buy.png" class="content-marquee-div-image">
□        </image>
□        <marquee id="customMarquee" class="customMarquee"
□         scrollamount="{{scrollAmount}}"  loop="{{loop}}"
□        direction="{{marqueeDir}}">{{pageInfo.marqueeCustomData}}
□                </marquee>
□    </div>
```

6.8.4　详情页业务逻辑设计

要设计详情页业务逻辑，首先也是对 data 对象中定义的变量进行初始化，之后的处理逻辑主要为分享菜单、软件评分和物流信息这 3 个功能模块。

1. 分享菜单

在页面顶部工具栏中点击"分享"或"更多"按钮后，会弹出选择菜单，选择菜单功能模块业务逻辑代码如例 6-62 所示。onTextClick 是点击按钮后的回调函数，使用了 menu 组件的 show 函数。show 函数可以用坐标作为参数，定义了菜单弹出的位置。而 onMenuSelected 是选择不同选项后的回调函数，如果选择"评分"选项，则弹出例 6-59 中定义的评分弹窗；如果选择"浏览量"选项，则路由到浏览量展示页面；如果选择"退出"选项，则输出提示信息后，经历 setTimeout 函数定义的 2s 后，应用终止。

例 6-62　选择菜单功能模块业务逻辑代码

```
□    onMenuSelected(e) {
□        if (e.value === 'Item-1') {
□            this.$element('ratingDialog').show();
□        }else if (e.value === 'Item-3') {
□            router.push({"pages/viewsChart/viewsChart"});
```

```
        } else if (e.value === 'Item-4') {
            prompt.showToast({message: '程序退出中......'});
            setTimeout(function () {
                app.terminate();
            }, 2000);
        }
    },
    onTextClick() {
        this.$element("apiMenu").show({x: 720,y: 38});
    },
```

2. 软件评分

当用户在顶部工具栏中点击"评分"按钮后，应用会弹出例 6-59 中定义的评分弹窗 ratingDialog，在该例中，"软件评分"功能模块业务逻辑代码如例 6-63 所示。当用户完成评分后，或用户在 input 组件中输入评论文字后，都会触发相应回调函数，这些回调函数在 toastDialog 中显示评分或评价理由。

例 6-63　软件评分功能模块业务逻辑代码

```
    cancelrRatingDialog() {
        this.$element('ratingDialog').close();
        prompt.showToast({message: '取消......'});
    },
    confirmRatingInfo() {
        this.$element('ratingDialog').close();
        prompt.showToast({
            message: '评分: ' + this.ratingNum + '    评论理由: ' + this.ratingReason});
    },
    ratingChange(e) {
        this.ratingNum = e.rating;
        prompt.showToast({message: e.rating});
    },
    ratingReasonChange(e) {
        this.ratingReason = e.text;
        prompt.showToast({message: JSON.stringify(e.text)});
    },
```

3. 物流信息

当用户在详情页中点击配送日期或送货地址后，会弹出 picker 组件，该组件会将用户选择的内容记录下来，示例代码如下。

```
    changeDate(e) {this.newDate = e.year + '-' + (e.month + this.oneFlag) + '-' + e.day;},
    cancelDate() {prompt.showToast({message: '取消'});},
    changeCity(e) {
        this.selectCityList = e.newValue;
        this.selectCityString = e.newValue.join('-');
    },
```

本章小结

本章主要介绍基于 JS UI 框架的前端开发过程。首先介绍了 JS UI 框架的构成和 JS 项目的生命周期；接着对 JS UI 框架中的核心概念——组件进行了详细描述，包括组件的通用特性、样式、交互、核心组件容器等；在深入介绍组件功能的基础上，进行了进阶内容（如自定义组件和 JS FA 调用 PA 等）的介绍；最后对 JS UI 框架中的其他功能进行了讲解，并通过一个 JS 购物车开发项目验证了上述功能。

通过对本章的学习，读者应能够理解 JS UI 框架工作的基本原理，能熟练掌握基础组件和容器组件的用法，并能够利用它们来设计开发功能复杂的用户界面。

课后习题

（1）（多选题）JS UI 框架包括的层次有（　　）。

    A. 应用层　　　　　　B. 前端框架层　　　　C. 引擎层　　　　　　D. 平台适配层

（2）（多选题）在构建页面布局时，针对每个组件，应思考的问题有（　　）。

    A. 组件的尺寸和排列位置　　　　　　　B. 是否需要设置对齐、内间距或者边界

    C. 是否包含子元素及其排列位置　　　　D. 是否需要容器组件及其类型

（3）（判断题）tabs 组件和 dialog 组件属于容器组件，text 组件和 image 组件属于基础组件。（　　）

    A. 正确　　　　　　　B. 错误

（4）（多选题）自定义组件的优点有（　　）。

    A. 提高页面布局代码的可读性　　　　　B. 提高常用功能的重用性

    C. 提高代码的稳定性　　　　　　　　　D. 提升代码的执行速度

（5）（多选题）HarmonyOS 动画分为（　　）。

    A. 静态动画　　　　　B. 动态动画　　　　　C. 连续动画　　　　　D. 离散动画

（6）（多选题）JS FA 调用 PA 时，PA 分为 Internal Ability 和 Ability 两种，它们的主要差别是（　　）。

    A. 是否需要修改 config.json 文件　　　　B. 是否需要在 FA 中注册

    C. 是否能被其他应用的 FA 访问　　　　D. 是否能完成计算功能

07 第7章 HarmonyOS数据持久化

学习目标

- 了解数据持久化的定义及其在移动设备上的实现方式。
- 掌握 Data Ability 的创建和使用方法。
- 掌握使用 Data Ability 访问文件、关系数据库和对象关系数据库的方法。
- 掌握用户偏好文件、分布式数据库、分布式文件的访问方法。

任何一个移动应用程序，不管其外观界面如何漂亮，核心都是为数据服务。显示数据、与数据进行交互是应用程序的核心功能。例如，微信聊天程序处理的是社交数据，淘宝处理的是商品数据。那么，应用中的数据从哪里来呢？通常情况下，数据是用户自己产生的，如聊天时产生聊天数据、网上购物过程中产生交易数据等。

第 6 章的例子中已经出现过很多不同类型的数据。例如，在 6.3 节中，用户可以在输入框中输入对花朵图片的评论并发表出来。在这里，用户发表的评论就是文本数据。这些数据是瞬时的，只存在于内存中。严格来说，它们其实是 input 对象的 text 属性值。当程序关闭时，input 对象会从内存中释放，评论数据也就丢失了。本章介绍如何实现数据持久化。

7.1 数据持久化的定义

所谓数据持久化，就是将内存中记录的瞬时数据保存到存储设备中，以便数据即使在设备关机的情况下也不会丢失。下次设备启动后，存储设备中的数据依然可以恢复。持久化技术提供了一种让数据从瞬时状态转换到持久状态的机制。

持久化技术被广泛应用于各种移动操作系统中。HarmonyOS 提供了 4 种用于简单实现数据持久化功能的方式，即文件存储、传统数据库存储、对象关系数据库存储和分布式数据库存储。虽然底层数据存储的方式各不相同，但 HarmonyOS 提供了一种统一的方法来对这些数据进行访问，即 Data Ability。

7.2 Data Ability

在第 4 章中曾介绍过 HarmonyOS 应用程序的能力可以分为 Page Ability

（页面能力）、Service Ability（服务能力）和 Data Ability（数据能力）。Data Ability 其实就是对数据的持久化存储。使用 Data 模板的 Ability（以下简称 Data）有助于应用管理其自身和其他应用存储数据的访问，并提供与其他应用共享数据的方法。Data 既可用于同设备不同应用的数据共享，又支持跨设备不同应用的数据共享。

数据的存储形式多样，可以是数据库，也可以是磁盘中的文件。Data 对外提供统一的数据访问接口，包括数据的增、删、改、查，以及打开文件等操作，使用者不用关心数据底层存储的细节，只需要使用这些接口就可以实现对数据的访问。这些接口的具体实现由开发者提供。

7.2.1　统一资源标识符

Data 的提供方和使用方都通过统一资源标识符（Uniform Resource Identifier，URI）来标识一个具体的数据，如数据库中的某个表或磁盘中的某个文件。HarmonyOS 的 URI 仍基于 URI 通用标准，其标准格式如图 7-1 所示。

图 7-1　统一资源标识符的标准格式

统一资源标识符的标准格式中各元素的具体介绍如下。

（1）scheme：协议方案名，固定为 dataability，代表 Data Ability 所使用的协议类型。

（2）authority：设备 ID，如果为跨设备场景则为目标设备的 ID，如果为本地设备场景则不需要填写。

（3）path：资源路径，代表特定资源的位置信息。

（4）query：查询参数。

（5）fragment：用于指示要访问的子资源。

下面是两个示例，分别代表跨场景设备和本地设备的数据源。

① 跨设备场景：dataability://device_id/com.domainname.dataability.persondata/person/10。

② 本地设备场景：dataability:///com.domainname.dataability.persondata/person/10。

想在 Android 操作系统和 iOS 中实现数据的跨设备访问，难度很高。但从这两个示例的对比可以发现，HarmonyOS 对分布式应用很友好，只需要在本地设备格式的基础上多加一个设备 ID 即可。

7.2.2　创建 Data Ability

使用 Data 模板创建的 Ability 本质上仍然是 Ability，因此开发者除了需要为应用创建 Data Ability 来提供数据服务外，还需要为应用创建 Page 或 Service，利用 Page 或 Service 去访问 Data。也就是说，一个访问数据库的应用应该包含两部分：Data 提供方和 Data 使用方。

Data 为结构化数据和文件提供了不同接口，以供用户使用，因此开发者需要先确定使用何种类型的数据。本小节主要介绍创建 Data 的基本步骤和需要使用的接口。

Data 提供方可以自定义数据的增、删、改、查，以及文件打开等功能，并对外提供这些接口。

下面先创建一个数据持久化示例项目 dataAccessmodel，基于 Java UI 框架且在手机上运行；再创建一个 Data Ability 的子类 UserDataAbility，该 Ability 用于接收其他 Ability 发送的数据请求，从而实现数据访问。

在 Project 窗口中显示的当前项目的主目录（entry\src\main\java\com.whu.dataaccess）上单击鼠标

右键，选择"New"→"Ability"→"Empty Data Ability"命令，如图 7-2 所示，设置 Data Name 为 UserDataAbility，完成该 Data Ability 的创建。

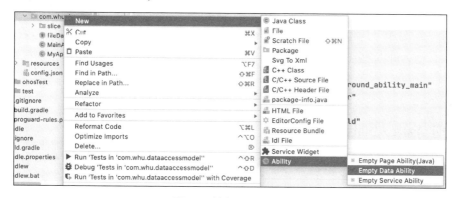

图 7-2 创建 Data Ability

创建完成后，可以看到 UserDataAbility 类的定义，如例 7-1 所示，这些代码均为系统自动生成的。Data Ability 也有和 Page Ability 一样的生命周期回调函数，如 onStart 等，此例中对其进行没有展示。

例 7-1 UserDataAbility 类的定义

```java
public class UserDataAbility extends Ability {
    ...
    @Override
    public ResultSet query(Uri uri, String[] columns, DataAbilityPredicates
                           predicates) {
        return null;
    }
    @Override
    public int insert(Uri uri, ValuesBucket value) {
        HiLog.info(LABEL_LOG, "UserDataAbility insert");
        return 999;
    }
    @Override
    public int delete(Uri uri, DataAbilityPredicates predicates) {
        return 0;
    }
    @Override
    public int update(Uri uri, ValuesBucket value, DataAbilityPredicates predicates) {
        return 0;
    }
    @Override
    public FileDescriptor openFile(Uri uri, String mode) {
        return null;
    }
    @Override
    public String[] getFileTypes(Uri uri, String mimeTypeFilter) {
        return new String[0];
    }
    @Override
    public PacMap call(String method, String arg, PacMap extras) {
        return null;
    }
    @Override
```

```
          public String getType(Uri uri) {
               return null;
          }
     }
```

例 7-1 中前面的 4 个函数 query、insert、delete 和 update 分别对应数据的查、增、删、改操作，而后面两个函数 openFile 和 getFileTypes 毫无疑问对应文件系统访问操作。开发者可以根据实际需求实现对应的接口函数，实现对数据库或文件的操作。不管是数据库操作还是文件操作，可以看到它们都有一个参数 uri，这个参数用来指明数据库或文件的地址。

7.2.3　注册 Data Ability

和 Service Ability 类似，开发者必须在配置文件中注册 Data Ability。配置文件中 Data Ability 的配置信息会在创建该 Ability 时由系统自动创建。

打开 dataAccessmodel 项目的 config.json 文件，可以看到刚才创建的 UserDataAbility 的配置信息，如例 7-2 所示。

例 7-2　UserDataAbility 的配置信息

```
     {
         "permissions": [
          "com.whu.dataaccessmodel.DataAbilityShellProvider.PROVIDER"
         ],
         "name": "com.whu.dataaccessmodel.UserDataAbility",
         "icon": "$media:icon",
         "description": "$string:userdataability_description",
         "type": "data",
         "uri": "dataability://com.whu.dataaccessmodel.UserDataAbility"
     }
```

从以上配置信息中可以看到，permissions 属性表明访问该 Ability 需要的权限，因为数据一般是敏感信息，所以需要数据访问者具备一定的权限。另外，该 Ability 的类型为 data，说明它是 Data Ability，而 uri 参数指明了该 Data 的地址。

7.2.4　访问 Data Ability 的准备

开发者可以通过 DataAbilityHelper 类来访问当前应用数据或其他应用提供的共享数据。DataAbilityHelper 作为客户端，与提供方的 Data 进行通信。Data 接收到请求后，进行相应的处理，并返回结果。DataAbilityHelper 提供了一系列与 Data Ability 对应的函数，这两个类是配合使用的。

1. 声明使用权限

如果待访问的 Data 声明了访问需要权限，则访问此 Data 需要在配置文件中声明需要使用权限，示例代码如例 7-3 所示。该代码声明了 3 个权限，第一个权限是数据库访问权限，后两个权限是文件读写权限。

例 7-3　声明访问 Data 所需的权限

```
"reqPermissions": [
     {
          "name": "com.example.myapplication5.DataAbility.DATA"
     },
     // 访问文件需要添加读写权限
     {
          "name": "ohos.permission.READ_USER_STORAGE"
```

```
        },
        {
            "name": "ohos.permission.WRITE_USER_STORAGE"
        }
    ]
```

2. 创建 DataAbilityHelper

DataAbilityHelper 为开发者提供了 creator 函数来创建 DataAbilityHelper 实例。该函数为静态函数，有多个重载函数。最常见的静态函数是通过传入一个 context 对象来创建 DataAbilityHelper 对象。在下述代码中，this 代表当前上下文。

```
DataAbilityHelper helper = DataAbilityHelper.creator(this);
```

7.3　文件存储

通常情况下，很多配置信息和资源文件等需要存储在文件系统中，对这些内容进行的访问叫作文件访问或文件存储。对手机而言，其文件系统指的是手机 ROM 空间。

7.3.1　创建数据提供端

开发者需要在 Data 中重写 FileDescriptor openFile(Uri uri, String mode) 函数来操作文件：uri 为客户端传入的请求目标路径；mode 为开发者对文件的操作选项，选项包含 r（读）、w（写）、rw（读写）等。

开发者可通过 MessageParcel 类的静态函数 dupFileDescriptor 复制目标文件流的文件描述符，并将其返回，供远端应用访问文件。openFile 函数的一般实现如例 7-4 所示。

例 7-4　openFile 函数的一般实现

```
@Override
public FileDescriptor openFile(Uri uri, String mode) {
        File file = new File(getFilesDir(), uri.getDecodedQuery());
        if (mode == null || !"rw".equals(mode)) {
            file.setReadOnly();
        }
        FileDescriptor fd = null;
        try (FileInputStream fileIs = new FileInputStream(file)) {
            fd = fileIs.getFD();
            return MessageParcel.dupFileDescriptor(fd);
        } catch (IOException e) {
            HiLog.info(LABEL_LOG, "failed to getFD");
        }
        // 绑定文件描述符
        return fd;
    }
```

例 7-4 中的代码的主要功能是根据参数 uri 指定的文件路径和 mode 指明的文件读写方式来获取文件描述符。获取文件描述符后就可以对文件进行读写操作了，本例中要访问的文件的位置就在当前应用程序内。

7.3.2　创建数据访问端

假设当前应用的资源目录 resources 的子目录 rawfile 下有一个文本文件 userdataability.txt，现在客户端需要通过 Data Ability 来访问该文件的内容，其服务端已在 7.3.1 小节实现了，现在实现客户端。文件存储数据访问端界面定义如例 7-5 所示。

例 7-5　文件存储数据访问端界面定义

```xml
<?xml version="1.0" encoding="utf-8"?>
<DirectionalLayout
    xmlns:ohos="http://schemas.huawei.com/res/ohos"
    ohos:height="match_parent"
    ohos:width="match_parent"
    ohos:alignment="center"
    ohos:orientation="vertical">
    <text
        ohos:id="$+id:text_helloworld"
        ohos:height="match_content"
        ohos:width="match_content"
        ohos:background_element="$graphic:background_ability_main"
        ohos:layout_alignment="horizontal_center"
        ohos:multiple_lines="true"
        ohos:text="$string:mainability_HelloWorld"
        ohos:text_size="30vp"
        />
    <button
        ohos:id="$+id:text_button"
        ohos:height="match_content"
        ohos:width="match_content"
        ohos:top_margin="30px"
        ohos:background_element="$graphic:background_button"
        ohos:layout_alignment="horizontal_center"
        ohos:text="打开文件"
        ohos:text_size="30vp"
        />
</DirectionalLayout>
```

可以看到，客户端只有一个 text 组件和一个 button 组件，button 组件是用来触发文件读取操作的，读取的文件内容在 text 组件中进行显示。完成 XML 文件中的界面布局定义后，在 MainAbilitySlice 中承载该布局。MainAbilitySlice 的核心功能代码如例 7-6 所示，其主要作用是读取并显示文件内容。

例 7-6　MainAbilitySlice 的核心功能代码

```java
private void readTextFile() {
        try {
                FileDescriptor fileDescriptor = databaseHelper.OpenFile(Uri.parse
("dataability:///com.whu.dataaccessmodel.UserDataAbility/document?
userdataability.txt"), "r");
                if (fileDescriptor == null) {
                        new ToastDialog(this).setText("No such file").show();
                        return;
                }
                showText(fileDescriptor);
        } catch (DataAbilityRemoteException | FileNotFoundException exception) {
                HiLog.error(LABEL_LOG, "%{public}s", "readTextFile: dataAbility
                        RemoteException|fileNotFoundException");
        }
    }
private void showText(FileDescriptor fileDescriptor) {
```

```
        try (FileInputStream fileInputStream = new FileInputStream(fileDescriptor);
            BufferedReader bufferedReader = new BufferedReader(new
InputStreamReader(fileInputStream))) {
            String line;
            StringBuilder stringBuilder = new StringBuilder();
            while ((line = bufferedReader.readLine()) != null) {
                stringBuilder.append(line);
            }
            Text txt1=(Text)findComponentById(ResourceTable.Id_text_helloworld);
            txt1.setText(stringBuilder.toString());
        } catch (IOException ioException) {
            HiLog.error(LABEL_LOG, "%{public}s", "showText: ioException");
        }
    }
```

上述代码中的 databaseHelper 变量为 DataAbilityHelper 类的对象，其 openFile 函数接收的参数为文件 uri 参数中的地址，该地址前半部分 dataability:///com.whu.dataaccessmodel. UserDataAbility 其实和 Data Ability 在 config.json 文件中声明的几乎一样，只是当中多了一条斜线。其后半部分表明要访问这个 Ability 中的文档类型文件，名称为 userdataability.txt。这个打开文件的过程，就是调用数据提供端 Data Ability 提供的 openFile 函数对指定 URI 地址的文件返回文件描述符。

Data Ability 成功返回描述符后，可根据描述符建立文件输入流对象 FileinputStream，通过该 Data Ability 对象对文件进行读取，读取的内容最后显示在客户端 text 组件中，如图 7-3 所示。

This content is from userdataability

打开文件

图 7-3　通过 Data Ability 对象读取文件的结果

7.3.3　直接读取文件

通过建立数据提供端和数据访问端来访问文件，可以和访问数据库一样，提供相同的访问方式，这是使用 Data Ability 的优点之一。其缺点则是对于一般的文件访问来说，这样的操作方式略显复杂。常见的文件操作方法——直接读取文件，代码如例 7-7 所示。

例 7-7　直接读取文件

```
    private void writeToDisk() {
        String rawFilePath = "entry/resources/rawfile/userdataability.txt";
        String externalFilePath = getFilesDir() + "/userdataability.txt";
        File file = new File(externalFilePath);
        if (file.exists()) {
            return;
        }
        RawFileEntry rawFileEntry=getResourceManager().getRawFileEntry
```

```
   (rawFilePath);
          HiLog.info(LABEL_LOG, "%{public}s", externalFilePath);
       try (FileOutputStream outputStream = new FileOutputStream(new
           File(externalFilePath))) {
           Resource resource = rawFileEntry.openRawFile();
           // cache length
           byte[] cache = new byte[1024];
           int len = resource.read(cache);
           while (len != -1) {
               outputStream.write(cache, 0, len);
               len = resource.read(cache);
           }
       } catch (IOException exception) {
           HiLog.error(LABEL_LOG, "%{public}s", "writeToDisk: IOException");
       }
   }
```

在例 7-7 中，原始文件在该项目的资源目录 entry/resources/rawfile/中，需要读取该文件来写入目标文件。目标文件名和原始文件名相同，但位于当前应用所在的沙盒目录中。沙盒是一种文件保护机制，可以保护应用的数据不被其他未授权应用破坏。沙盒目录是应用安装 HarmonyOS 后所在的路径，每个应用都有自己独一无二的沙盒目录。如果沙盒目录中的目标文件存在，则返回。如果不存在，则通过 getResourceManager 函数获取资源管理对象，并通过该对象的 openRawFile 函数来打开原始文件进行读取，读取到的内容通过文件输出流对象 outputStream 写入目标文件。

7.4 关系数据库操作

关系数据库（Relational Database，RDB）是一种基于关系模型来管理数据的数据库。HarmonyOS 关系数据库基于 SQLite 组件提供了一套完整的对本地数据库进行管理的机制，对外提供了一系列数据的增、删、改、查等接口，也可以直接运行用户输入的 SQL 语句来满足复杂的场景需要。HarmonyOS 提供的关系数据库操作组件功能完善，查询效率非常高。

7.4.1 关键术语

关系数据库诞生得很早，直到如今还一直在数据库市场处于支配地位，如桌面系统主流的 Oracle、SQL Server 等。在嵌入式领域，特别是移动终端，使用较多的轻量级数据库为 SQLite，这是一个遵守 ACID 的开源关系数据库管理系统。关系数据库的特点是通常以行和列的形式存储及访问数据。

对关系数据库进行操作时，通常通过 SQL 实现。SQL 是一种规范的定义了数据库各种操作方式的特定语言，其核心是谓词。谓词是数据库中用来代表数据实体的性质、特征或者数据实体之间关系的词项，主要用来定义数据库的操作条件。使用谓词对数据库进行的操作通常包括增、删、改、查和排序等，使用最多的是查询操作。数据库查询操作产生的是结果集，利用结果集可以实现对数据的灵活访问，从而更方便地获取想要的数据。

7.4.2 工作原理

HarmonyOS 关系数据库对外提供通用的操作接口，底层使用 SQLite 作为持久化存储引擎，支持 SQLite 具有的所有数据库特性（即原子性、一致性、隔离性和持久性），包括但不限于事务、索引、视图、触发器、外键、参数化查询和预编译 SQL 语句。HarmonyOS 中的 SQLite 访问机制如图 7-4 所示。

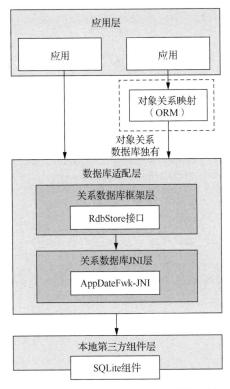

图 7-4　HarmonyOS 中的 SQLite 访问机制

从图 7-4 中可以看出，应用访问 SQLite 关系数据库的整个流程涉及 HarmonyOS 中的 3 个对象。

（1）应用层：该层主要是访问数据库的应用，包括 Data Ability。

（2）数据库适配层：该层包括关系数据库框架层和关系数据库 JNI（Java Native Interface，Java 本地接口）层，关系数据库框架层对应用层提供数据库访问接口，关系数据库 JNI 层提供从 Java 语言转化为底层 C 语言的接口，以和本地第三方组件层中 C 语言提供的数据库访问函数对接。

（3）本地第三方组件层：该层主要是一个开源的 C 语言第三方 SQLite 组件层，该层可以直接访问数据库。

从应用层可以看出，HarmonyOS 应用访问 SQLite 关系数据库有两种方式：一种是直接访问，直接调用关系数据库框架层提供的关系数据库接口；另一种是通过对象关系映射（Object Relationship Mapping，ORM）数据库访问接口访问数据库，底层操作还是一样，但在应用层访问时可以像访问对象一样访问数据库实体（7.5 节会详细介绍），操作非常方便。

7.4.3　创建数据库

关系数据库是在 SQLite 基础上实现的本地数据操作机制，提供给用户无须编写原生 SQL 语句就能进行数据增、删、改、查的方法，同时支持原生 SQL 语句操作。关系数据库的主要操作包括创建数据库、打开数据库、建立数据表、数据表的增删改查、对查询数据进行遍历或特定处理等。总而言之，关系数据库的主要操作是针对数据库的库、表和结果集的。

关系数据库提供了数据库创建方式，以及对应的删除接口。数据库操作的常规步骤如下。

（1）获取数据库上下文环境。创建数据库时要先确定数据库所在的上下文环境，也就是数据库存储路径。在 HarmonyOS 中通过代码获取到的上下文环境分为应用程序上下文环境和 Ability 上下文环境：如果是应用程序上下文环境，则使用 getApplicationContext 函数；如果是 Ability 上下文环境，则使用 getContext 函数。

（2）创建数据库辅助操作对象。获取到上下文环境后，可以调用 DatabaseHelper(Context context) 函数创建该对象，可以对数据库进行辅助操作。

（3）对数据库进行配置。创建数据库前，必须使用 StoreConfig.builder 函数对数据库进行配置操作，包括设置数据库名、存储模式、日志模式、同步模式、是否为只读，以及对数据库加密。

（4）创建、打开或删除数据库。配置完成后，就可以使用数据库辅助类 DatabaseHelper 来对数据库进行操作了。可以调用 DatabaseHelper 对象的 getRdbStore 函数来创建数据库，调用 deleteRdbStore 函数来删除数据库。getRdbStore 函数返回的是 RdbStore 对象，这就是数据库对象，后续可以用它对数据库中的表进行操作。

（5）初始化数据库。当创建完数据库后，数据库其实是空的，必须使用 RdbOpenCallback 类来对表格数据进行初始化。该类有一个 onCreate 回调函数，在数据库创建时会被触发，开发者可以在该函数中初始化表结构，并添加一些应用使用到的初始化数据。

下面在 7.2.2 小节创建的 dataAccessmodel 项目中加入关系数据库访问功能。假设需要创建一个手机通信录的数据库，名为 Contacts.db。在数据库中创建一个联系人表 Contact，表中有联系人 id（主键）、姓名、电话、公司和头像等。

为了对数据库进行操作，首先要在 Data Ability 的类 UserDataAbility 中加入数据库对象 store，示例代码如下。

```
    private RdbStore store;
```

接着在数据提供端的 Data Ability 中创建数据库，代码如例 7-8 所示。该段代码处于 Data Ability 的 onStart 回调函数中。

例 7-8　创建数据库

```
    Context context = getContext();
    DatabaseHelper helper = new DatabaseHelper(context);
    StoreConfig config = StoreConfig.newDefaultConfig("Contacts.db");
    RdbOpenCallback callback = new RdbOpenCallback() {
        @Override
        public void onCreate(RdbStore store) {
            store.executeSql("CREATE TABLE IF NOT EXISTS Contact(id INTEGER PRIMARY KEY
                            AUTOINCREMENT, name TEXT NOT NULL, telephone TEXT NOT NULL,
                            company TEXT, portrait BLOB)");
        }
        @Override
        public void onUpgrade(RdbStore store, int oldVersion, int newVersion) {
        }
    };
    store = helper.getRdbStore(config, 1, callback, null);
```

上述代码就是典型的数据库建库代码步骤，最后一行代码表示按照 config 设置的数据库配置来创建联系人数据库 Contacts.db，创建成功时会触发 callback 对象（属于 RdbOpenCallback 类）的 onCreate 回调函数。在该回调函数中使用 RdbStore 对象的 executeSql 函数来执行 SQL 语句，进行数据库初始化，如果联系人表不存在，则向数据库中创建联系人表 Contact。

Contact 表中有 5 个字段，分别是 id 字段，这是表格主键，唯一且自增长；name 字段和 telephone 字段均为字符串且非空；company 字段也为字符串；portrait 字段为二进制块类型。

7.4.4 数据插入

数据库及表格建立好后，可以对表格进行增、删、改、查操作。这些操作是基于上一小节创建好的 RdbStore 类型的关系数据库对象 store 的相应函数来实现的。

还是以手机通信录项目 dataAccessmodel 为例。在 7.4.3 小节中已经建立了 Contacts.db 数据库和 Contact 联系人表，现在 Contact 表中还是空的，本小节向表中插入第一位联系人的数据，数据插入的流程如下。

1. 数据服务端插入接口实现

在数据提供端 Data Ability 中向数据库插入数据，代码如例 7-9 所示。

例 7-9 向数据库插入数据

```
public int insert(Uri uri, ValuesBucket value) {
        String path = uri.getLastPath();
        if (!"Contact".equals(path)) {
        HiLog.info(LABEL_LOG, "%{public}s", "DataAbility insert path is not
matched");
            return -1;
        }
        int index = (int) rdbStore.insert(path, value);
        return index;
    }
```

关系数据库提供了插入数据的接口，通过 ValuesBucket 输入要存储的数据，通过返回值判断是否插入成功，插入成功时返回最新插入数据所在的行号，插入失败时返回-1。

insert 操作的第一个参数为待添加数据的表名，第二个参数为以 ValuesBucket 存储的待插入的数据。在该段代码的开头，通过对客户端传过来要操作的表的名称进行分析，判断是否为要操作的联系人表。

2. 数据访问端接口调用

ValuesBucket 对象的初始化在数据请求端实现，关系数据库插入接口调用代码如例 7-10 所示。

例 7-10 关系数据库插入接口调用

```
ValuesBucket person1= new ValuesBucket();
person1.putInteger("id", 1);
person1.putString("name", "张三");
person1.putString("telephone","1234" );
person1.putString("company", "华为");
try {
databaseHelper.insert(Uri.parse("dataability:///com.whu.dataaccessmodel.UserData
                Ability /Contact"), person1);
txt1.setText("插入成功");
} catch (DataAbilityRemoteException | IllegalStateException exception) {
                HiLog.error(LABEL_LOG, "%{public}s", "insert: dataRemote
                    exception|illegalStateException");
}
```

ValuesBucket 类提供了一系列 put 函数，如 putString(String columnName, String values)、putDouble(String columnName, double value)，它们都用于向 ValuesBucket 中添加数据。这里联系人头像的图片数据暂时不插入，该字段为空。DataAbilityHelper 类的 insert 函数会直接调用 Data Ability 数据提供端的数据 insert 接口，其中要指明操作数据的 URI 地址和要插入的内容。例 7-10 运行后，通过 Data Ability 实现数据库插入的结果如图 7-5 所示。

图 7-5　通过 Data Ability 实现数据库插入的结果

7.4.5　数据查询

通过调用上述代码可以完成多位联系人的建立，完成联系人数据库的初始化。用户后续可以按照条件查询联系人数据库，返回当前联系人信息表中符合条件的联系人，具体操作步骤如下。

（1）构造用于查询的 SQL 语句，设置查询条件。

（2）指定查询返回的数据列。

（3）调用查询接口查询数据。

（4）调用结果集接口，遍历返回结果。

下面查询姓名为"张三"的联系人，具体过程如下。

1. 数据服务端 query 接口实现

在 Data Ability 数据服务端实现数据库查询接口，代码如例 7-11 所示。

例 7-11　实现数据库查询接口

```
@Override
public ResultSet query(Uri uri, String[] columns, DataAbilityPredicates predicates) {
    String path = uri.getLastPath();
    if (!"Contact".equals(path)) {
        HiLog.info(LABEL_LOG, "%{public}s", "DataAbility insert path is not
                    matched");
        return null;
    }
RdbPredicates rdbPredicates = DataAbilityUtils.createRdbPredicates(predicates,
path);
ResultSet resultSet = store.query(rdbPredicates, columns);
    return resultSet;
}
```

该接口首先直接做了一个类型转换，将数据请求端传过来的 DataAbilityPredicates 格式的查询谓词 predicates 转换为 RdbPredicates 格式的查询谓词 rdbPredicates，并根据结果集返回字段 columns 参数要求，调用数据库对象 store 的 query 函数对联系人表 Contact 执行查询操作，将查询结果集 resultSet 返回给数据请求端。

2. 数据请求端接口调用

查询需要生成查询条件，而查询条件通常是以 SQL 语句形式存在的。关系数据库提供了以下两种生成 SQL 语句来实现数据查询的方式。

（1）直接调用 RdbStore 对象的查询函数 query。使用该接口，会将包含查询条件的谓词对象 RdbPredicates 自动拼接成完整的 SQL 语句进行查询操作，无须用户传入原始的 SQL 语句。

（2）调用 RdbStore 对象的查询函数 querySql 来执行原生的 SQL 语句进行查询操作。

本小节采用直接调用 RdbStore 对象的查询函数 query 的方法来进行数据查询，并基于 RdbPredicates 谓词对象来生成查询条件的方式，谓词对象设置的查询条件是"name 字段等于张三"。数据库查询接口调用的代码如例 7-12 所示。

例 7-12　数据库查询接口调用

```
String[] columns = new String[] {"id", "name", "telephone", "company"};
DataAbilityPredicates predicates = new DataAbilityPredicates();
predicates.equalTo("name","张三");
try {
        ResultSet resultSet=databaseHelper.query(Uri.parse("dataability:///com.
    whu.dataaccessmodel. UserDataAbility /Contact"), columns, predicates);
    if (!resultSet.goToFirstRow()) {
            HiLog.info(LABEL_LOG, "%{public}s", "query:No result found");
            return;
    }
```

设置好谓词对象后,还需要设置查询结果返回的字段 columns,例 7-12 中返回 id、name、telephone 和 company 这 4 个字段的结果,最后需要指明访问的数据所在地址的 URI。参数设置完成后,调用 DataAbilityHelper 对象的 query 函数执行查询操作,实际上是访问数据提供端的 query 接口,将数据库地址、数据集返回字段和查询谓词传递过去,数据提供端 query 接口执行后将返回结果赋值给 resultSet 对象。

如果返回的结果有多条,例如,通信录中有多位联系人的姓名为“张三”,则可以使用 resultSet 对象的 goToNextRow 函数来对结果集中的记录进行遍历,直到该函数的返回值为 false 为止,此时代表数据集已经遍历完毕。运行例 7-13 中的代码,对查询结果进行遍历,会在 text 组件中按行显示所有姓名为“张三”的联系人,如图 7-6 所示。

例 7-13　对查询结果进行遍历

```
txt1.setText("");
int nameIndex = resultSet.getColumnIndexForName("name");
int ageIndex = resultSet.getColumnIndexForName("telephone");
int userIndex = resultSet.getColumnIndexForName("company");
do {
        String name = resultSet.getString(nameIndex);
        String tel = resultSet.getString(ageIndex);
        String comp = resultSet.getString(userIndex);
        txt1.append(name + "   " + tel + "   " + comp + System.lineSeparator());
    } while (resultSet.goToNextRow());
} catch (DataAbilityRemoteException | IllegalStateException exception) {
            HiLog.error(LABEL_LOG, "%{public}s", "query: dataRemote exception|
                    illegal StateException");
}
```

如果不需要输出所有字段,则可以使用 getColumnIndexForName 函数来在结果集的 resultSet 对象中指定感兴趣的字段,上述代码中就使用了该函数。

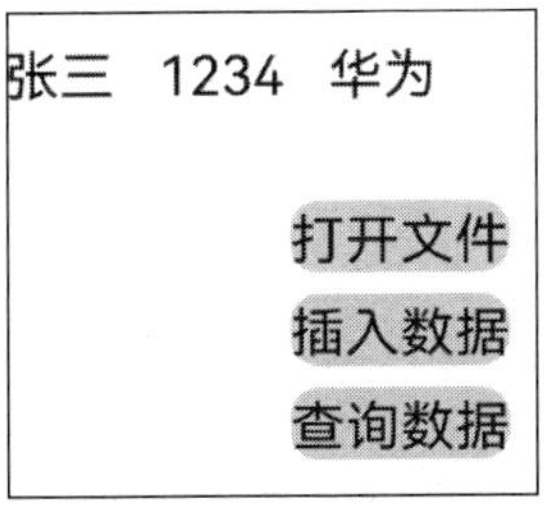

图 7-6　在 text 组件中按行显示所有姓名为“张三”的联系人

7.5　对象关系映射数据库操作

HarmonyOS 对象关系映射（Object Relational Mapping，ORM）数据库是一种基于 SQLite 的数据库框架，屏蔽了底层 SQLite 数据库的 SQL 操作，针对实体和关系提供了增、删、改、查等一系列的面向对象接口。应用开发者不必再去编写复杂的 SQL 语句，而只需要以操作对象的形式来操作数据库，提升效率的同时也能聚焦于业务开发。

7.5.1　核心工作组件

对象关系映射数据库通过将实例对象映射到关系上，实现操作实例对象的语法来操作关系数据库。它是在 SQLite 数据库的基础上提供的一个抽象层，主要包含以下 3 个主要组件。

（1）数据库：被开发者用@Database 注解，并继承了 OrmDatabase 的类，对应关系数据库。

（2）实体对象：被开发者用@Entity 注解，并继承了 OrmObject 的类，对应关系数据库中的表。

（3）对象数据操作接口：包括数据库操作的入口 OrmContext 类和谓词接口（OrmPredicate）类等。

7.5.2　工作原理

对象关系映射数据库操作是基于关系数据库操作接口完成的，实际上是在关系数据库操作的基础上又实现了对象关系映射等特性。因此，对象关系映射数据库和关系数据库一样，都使用 SQLite 作为持久化引擎，底层使用的是同一套数据库连接池和数据库连接机制。对象关系映射数据库和关系数据库的差别可以查看图 7-4。

使用对象关系映射数据库的开发者需要先配置实体模型与关系映射文件。应用数据管理框架提供的类生成工具会解析这些文件，生成数据库帮助类 DatabaseHelper，这样应用数据管理框架就能在运行时根据开发者的配置创建好数据库，并在存储过程中自动完成对象关系映射。对象关系映射数据库运行机制如图 7-7 所示。开发者通过对象数据操作接口，如 OrmContext 接口和谓词接口等，就可以进行数据库持久化操作。

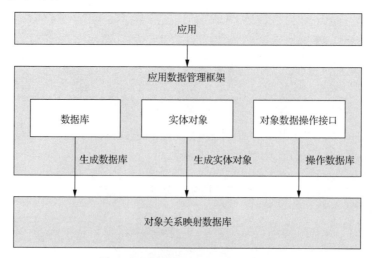

图 7-7　对象关系映射数据库运行机制

对象数据操作接口提供了一组基于对象映射的数据操作接口，实现了基于 SQL 的关系模型数据到对象的映射，让用户不需要再和复杂的 SQL 语句打交道，只需简单地操作实体对象的属性和函数。对象数据操作接口支持对象的增、删、改、查操作，同时支持事务操作等。

7.5.3 创建数据库

对象关系映射数据库的本质还是操作关系数据库，因此创建数据库的过程和 6.4.3 小节类似，但它是通过对象映射机制来操作数据库的，因此多了额外的数据库和数据表等类的定义，其具体步骤如下。

1. 声明数据库类

数据库类 CallerDB 的定义如例 7-14 所示。

例 7-14 数据库类 CallerDB 的定义

```
@Database(entities = {CallItem.class}, version = 1)
public abstract class CallerDB extends OrmDatabase {
}
```

该代码中定义了通过@Database 注解并继承了 OrmDatabase 的抽象类 CallerDB 为对应的数据库类，该类定义在单独的文件 CallerDB.java 中。数据库包含 CallItem 联系人表，版本号为 1。

2. 构造数据表类

创建数据库实体类 CallItem 并配置对应的属性（如对应表的主键、外键等），其定义如例 7-15 所示。注意，数据表必须与其所在的数据库在同一个模块中。

例 7-15 数据表类 CallItem 定义

```
@Entity(tableName = "Contact")
public class CallItem extends OrmObject {
    @PrimaryKey(autoGenerate = true)
    private Integer id;
    private String name;
    private String company;
    private String telephone;
    private Blob portrait;

    public CallItem(){}
    public CallItem(String name, String company, String phoneNumber){
        this.name = name;
        this.company= company;
        this.phoneNumber = phoneNumber;
    }
    public String getName() {
        return name;
    }
    public void setName(String name) {
        this.name = name;
    }
    …
    public String getcompany() {
        return sex;
    }
    public void setcompany(String sex) {
        this.sex = sex;
    }
    public String toString(){
        return this.name+" "+this.phoneNumber+" "+this.company;
    }
}
```

例 7-15 中定义了通过@Entity 注解并继承了 OrmObject 的抽象类 CallItem 为对应的数据表类，该类定义在单独的 CallItem.java 文件中，对应的实际数据表名为 Contact。Contact 表的字段同 6.4 节，该表的字段在例 7-15 中都成为 CallItem 类的属性。CallItem 类的属性都定义了对应的 getter 函数和 setter 函数，也通过@PrimaryKey 将 id 字段设置为自增的主键，可以通过@Index 来定义数据库表的索引。

3. 引入依赖库

因为在前两步中引入了对应的@Database 和@Entity 等注解来声明对应的数据库类和实体类，所以需要有对应的依赖库来处理这些注解，通常将这些依赖库称为注解处理器。如果使用注解处理器的模块为 com.huawei.ohos.hap，即当前为一般应用中的 HAP 模块，则需要在模块的 build.gradle 文件的 ohos 节点中添加配置，示例代码如下。

```
compileOptions{
    annotationEnabled true
}
```

如果是要构建能够进行数据库访问的 HarmonyOS 库，即要生成 HAR 包，则需要在模块的 build.gradle 文件的 dependencies 节点中配置注解处理器，具体步骤如下。

在 HUAWEI SDK 的 Sdk/java/x.x.x.xx/build-tools/lib/目录中查找 orm_annotations_java.jar、orm_annotations_processor_java.jar、javapoet_java.jar 这 3 个 JAR 包，其中 x.x.x.xx 为 HarmonyOS SDK 版本号，并将目录中的这 3 个 JAR 包导入进来，示例代码如下。

```
dependencies {
    compile files("orm_annotations_java.jar 的路径", "orm_annotations_
                    processor_java.jar 的路径", "javapoet_java.jar 的路径")
    annotationProcessor files("orm_annotations_java.jar 的路径", "orm_annotations_
                    processor_java.jar 的路径", "javapoet_java.jar 的路径")
}
```

例如，在笔者的计算机上，orm_annotations_java.jar 的路径为/Users/ios_club-25/Library/Huawei/sdk/java/2.1.1.21/build-tools/lib/orm_annotations_java.jar。

4. 创建并打开数据库

通常使用数据库帮助类 DatabaseHelper 获取对象数据操作接口 OrmContext 来实现创建数据库的操作，在本小节中是通过调用 getOrmContext 函数来实现的。该函数是一个多态函数，可以通过设置不同的参数来实现以不同方式创建数据库。

可以通过 OrmContext 接口创建一个别名为 Contacts、数据库文件名为 Contacts.db 的数据库，对应的数据库类是在例 7-14 中定义的 CallerDB 类，通过对象关系映射来创建数据库的代码如例 7-16 所示。如果数据库已经存在，则执行以下代码不会重复创建。使用 context.getDatabaseDir 函数可以获取创建的数据库文件所在的目录。

例 7-16　通过对象关系映射来创建数据库

```
DatabaseHelper helper = new DatabaseHelper(this);
context = helper.getOrmContext("Contacts", "Contacts.db", CallerDB.class);
```

DatabaseHelper 的 context 入参类型为 ohos.app.Context，代表整个应用的上下文环境。该代码中用 this 来获取，this 指代当前的 AbilitySlice。注意，不要使用 AbilitySlice.getContext 函数来获取 context，否则会因为找不到类而报错。

数据库创建的代码是放在 Data Ability 类的 onStart 回调函数中执行的，为了在后续操作中都可以使用到对象数据操作接口 context 对象，可以在 UserDataAbility 类中声明私有变量，示例代码如下。

```
private static OrmContext context = null;
```

7.5.4　数据插入

同样是实现联系人的插入操作，对象关系映射数据库的操作主要基于对象数据操作接口 OrmContext。本小节依然以通信录项目 DataAccessmodel 为例，实现对 Contact 表的数据插入，主要过程依然是先在 Data Ability 中实现数据插入接口，再在客户端发起调用。

1. 实现数据提供端 insert 接口

在数据提供端 UserDataAbility 中通过对象关系映射插入数据表，代码如例 7-17 所示。

例 7-17　通过对象关系映射来插入数据表

```
public int insert(Uri uri, ValuesBucket value) {
    HiLog.info(LABEL_LOG, "Caller 数据库开始插入");
    if (context == null) {
        HiLog.error(LABEL_LOG, "Caller 插入失败,数据库连接未成功");
        return -1;
    }
    String path = uri.getLastPath();
    if (!"Contact".equals(path)) {
        HiLog.info(LABEL_LOG, "%{public}s", "DataAbilityDataAbility插入路径错误");
        return -1;
    }
    CallItem callItem = new CallItem();
    callItem.setName(value.getString("name"));
    callItem.setPhoneNumber(value.getString("phoneNumber"));
    callItem.setcompany(value.getString("company"));

    boolean isSuccessed = true;
    isSuccessed = context.insert(callItem);
    if (!isSuccessed) {
        HiLog.error(LABEL_LOG, "插入失败");
        return -1;
    }
    isSuccessed = context.flush();
    if (!isSuccessed) {
        HiLog.error(LABEL_LOG, "持久化失败");
        return -1;
    }
}
```

例 7-17 首先通过客户端传递过来的 value 参数设置了 callItem 对象的内容，再将其作为 OrmContext 类型的 context 对象的 insert 函数的参数，实现了数据库表 Contact 的插入操作。通过插入对象 callItem，实现了对实体表的操作，这就是对象关系映射数据库的特色。在代码的开头处，判断了对象数据库操作接口是否为空和 uri 指定的数据表名是否匹配的问题。

在例 7-17 中执行完 context.insert 操作后，插入的数据只是写入了内存，并没有真正写入 SQLite 数据库。此时可以调用 flush 操作，将结果写入数据库。

2. 数据请求端插入接口调用

准备好数据提供端插入接口后，就可以从数据请求端发起调用了，调用接口来插入数据表的代码如例 7-18 所示。

例 7-18　调用接口来插入数据表

```
ValuesBucket person1= new ValuesBucket();
```

```
❏    person1.putInteger("id", 1);
❏    person1.putString("name", "李四");
❏    person1.putString("telephone","5678" );
❏    person1.putString("company", "武大");
❏    try {
❏    intresult=databaseHelper.insert(Uri.parse("dataability:///com.whu.
❏    dataaccessmodel. UserDataAbility/Contact"), person1);
❏    if (result>0)
❏        txt1.setText("对象插入成功");
❏        } catch (DataAbilityRemoteException | IllegalStateException exception) {
❏        HiLog.error(LABEL_LOG, "%{public}s", "insert: dataRemote exception|
❏        illegalStateException");
❏    }
```

例 7-18 中的代码和例 7-10 关系数据库插入接口调用的代码是一样的，因为对数据请求端来说，不论是关系数据库，还是对象关系映射数据库，都是先准备好要插入的数据，再通过 DataAbilityHelper 类型对象来调用服务端的插入接口，这两个过程没有差别。从这个对比可以看出 Data Ability 的优点，它对外提供了抽象、统一的数据访问接口，开发者的工作是通过不同方式实现这些接口。调用接口插入数据表的运行结果如图 7-8 所示。

图 7-8　调用接口插入数据表的运行结果

7.5.5　数据查询

基于对象关系模型的数据库查询功能的实现过程和关系数据库模型的查询功能的实现过程也是基本上一致的。本小节依然是以对联系人进行查询为例，当插入联系人后，用户希望查询姓名为"李四"的联系人。主要实现过程依然是先在 Data Ability 中实现数据查询接口，再在客户端发起调用。

1. 数据提供端 query 接口实现

在数据提供端 UserDataAbility 中执行例 7-19 所示的代码，通过对象关系映射来查询数据表。

例 7-19　通过对象关系映射来查询数据表

```
❏    public ResultSet query(Uri uri, String[] columns, DataAbilityPredicates predicates) {
❏        HiLog.info(LABEL_LOG, "Caller 数据库开始查询");
❏        if(context == null){
❏            HiLog.error(LABEL_LOG,"Caller 数据库连接未成功");
❏            return null;
❏        }
❏        String path = uri.getLastPath();
❏        if (!"Contact".equals(path)) {
❏            HiLog.info(LABEL_LOG, "%{public}s", "DataAbility 查询路径错误");
❏            return null;
❏        }
```

```
        OrmPredicates ormPredicates = DataAbilityUtils.createOrmPredicates(predicates,
        CallItem.class);
        ResultSet resultSet = context.query(ormPredicates,columns);
        if (resultSet == null){
             HiLog.info(LABEL_LOG,"查询结果集为空");
        }
        return resultSet;
    }
```

例 7-19 通过 DataAbilityUtils 的 createOrmPredicates 函数来创建对象关系映射数据库查询谓词 ormPredicates。该函数接收客户端发送过来的查询谓词，并以 CallItem 为查询单位。OrmContext 对象的 query 函数除了以对象谓词为参数外，columns 参数还指定了返回对象中包含的属性，其实就是实体表返回的字段。

2. 数据请求端调用 query 接口

对象关系映射数据库的数据查询请求端的代码和关系数据库的数据查询请求端的代码（例 7-12 和例 7-13）完全一致，这里不再赘述。

用户点击"查询数据"按钮后，对象关系数据库的查询结果如图 7-9 所示。

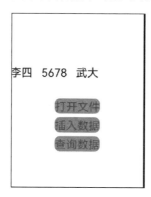

图 7-9　对象关系数据库的查询结果

7.6　用户偏好文件操作

用户偏好文件存储适用于对键值对结构的数据进行存取和持久化操作，键是不重复的关键字，值是数据值。用户偏好文件本质上是基于 DOM 访问方式来提供对数据的访问，区别于关系数据库，不保证遵循 ACID 特性，不采用关系模型来组织数据，数据之间无关系，扩展性好。

用户偏好文件主要用于保存应用的一些常用配置，并不适合存储大量数据和频繁改变数据的场景。应用运行时，用户偏好文件所有数据将会被加载在内存中，使得访问速度更快，存取效率更高。如果对数据进行持久化，则数据最终会存储到 XML 文件中，降低了读写效率。所以开发者在开发过程中应减少数据存储频率，即减少对文件系统的写入次数。

7.6.1　工作原理

HarmonyOS 提供偏好数据存储的操作类，应用通过这些操作类完成偏好文件的访问操作。借助 DatabaseHelper 接口，应用可以将指定文件的内容加载到 Preferences 实例中。每个文件最多有一个 Preferences 实例，系统会通过静态容器将该实例存储在内存中，直到应用主动从内存中移除该实例或者删除该文件为止。

获取到文件对应的 Preferences 实例后，应用可以借助 Preferences 接口，从 Preferences 实例中读取数据或者将数据写入 Preferences 实例，通过 flush 或者 flushSync 将 Preferences 实例持久化。用户偏好文件的读写原理如图 7-10 所示。

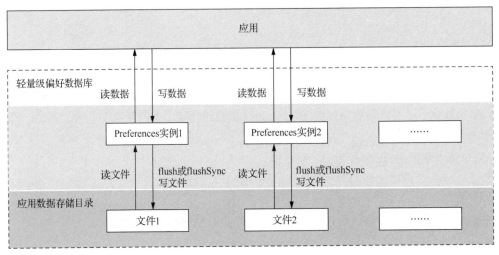

图 7-10　用户偏好文件的读写原理

7.6.2　数据读写

JS UI 框架现在支持完全的用户偏好文件读写。本小节新建一个项目 Preference，它的功能就是将用户选好的背景色存入用户偏好文件。每次应用启动时，会加载上次最后写入的偏好文件的背景色，如果没有任何背景色存在，则加载白色背景。

该项目的默认 JS 页面 index 的页面结构代码如例 7-20 所示。

例 7-20　index 的页面结构

```
<div class="container" style="backgroundColor:{{appliedColor}}">
<div class="list-container" >
    <list class="list">
        <list-item type="listItem" for="{{colorsList}}" class="list-item"
        onclick="selectColor({{$item.backgroundcolor}})">
        <text style="color:{{$item.textColor}}">{{$item.colorName}}</text>
        </list-item>
    </list>
</div>
<div class="btn-container">
    <text class="btn" onclick="applyBackgroundColor">Apply Background Color</text>
</div>
    <div class="btn-container">
        <text class="btn" onclick="clearPreferences">Clear Preferences</text>
    </div>
</div>
```

例 7-20 中最外层的 div 容器包含 3 个 div 子容器，后两个 div 子容器均包含一个 button 组件。一个 button 的点击触发的回调函数是存储背景色，另一个 button 的点击触发的回调函数的是清除背景色。第一个 div 容器内包含一个 list 容器，list 容器中的每个 list-item 只包含一个 text 组件，text 的内容是显示当前 item 所代表的 colorName，text 的颜色样式也是由 item 的 textColor 来决定的。点击 item 会触发回调函数 selectColor，其参数是由 item 的 backgroundColor 来指定的，有多少个 list-item 是由

colorsList 来决定的。

此外，整个外层 div 容器的 backgroundColor 属性是由 JS 文件中的 appliedColor 对象来决定的，该对象的值是本示例要讲解的重点，它体现了用户的背景偏好颜色的设定。

index 页面样式代码如例 7-21 所示。

例 7-21　index 页面样式

```
.container {
    align-content: center;
    align-items: center;
    flex-direction: column;
}
.list-container {
    height: 40%;
}
.list {
    margin-top: 30px;
}
.list-item {
    align-items: center;
    margin-top: 10px;
    margin-bottom: 10px;
    margin-left: 30px;
    margin-right: 30px;
    padding: 20px;
    flex-direction: column;
    background-color: #ffffff;
    border-radius: 10px;
    border: 1px solid;
    border-color: black;
}
.btn {
    font-size: 30px;
    color: white;
    font-size: 30px;
    text-align: center;
}
.btn-container {
    background-color: #1976D2;
    margin-top: 20px;
    height: 120px;
    width: 80%;
    padding-top: 20px;
    padding-bottom: 20px;
    justify-content: center;
}
```

例 7-21 中的样式代码定义了 3 个 div 子容器按列居中排列。第一个包含 list 容器的 div 容器占总体高度的 40%，每个 list-item 定义了外边距、背景色以及边框的线条等，这样后两个 div 容器的大小和内外边距信息也就被定义了。

index 页面的 JS 交互文件的交互逻辑如下。

1. 进行数据初始化

将 data 对象中的颜色属性 selectedColor、appliedColor 和 lastSelectedColor 初始化为白色。

selectedColor 为用户点击 list-item 中的 text 组件时选中的背景色，appliedColor 为应用到整个页面最外层 div 的背景色，lastSelectedColor 为从用户偏好文件中读取出来的上一次存储的偏好颜色。

PATH 为偏好文件所在的路径，注意这里的写法，data/data 代表用户应用的数据存储路径，ohos.samples.preferences 代表应用的包名，app_preference.xml 可以随便设置，这是用户偏好文件的名称。

colorsList 数组包含 5 个元素，每个元素包含颜色名、背景色和文本色 3 个子属性，依次为红色、绿色、蓝色、粉色和橙色。index 页面数据定义如例 7-22 所示。

例 7-22　index 页面数据定义

```
export default {
    data: {
        selectedColor: "#ffffff",
        appliedColor: "#ffffff",
        lastSelectedColor:"#ffffff",
      PATH:'/data/data/ohos.samples.preferences/app_preference.xml',
        colorsList: [
                {
                    colorName: "Red",
                    backgroundcolor: "#ff6666",
                    textColor: "#ff0000"
                },
                {

                    colorName: "Green",
                    backgroundcolor: "#c1ff80",
                    textColor: "#336600"
                },
                {
                    colorName: "Blue",
                    backgroundcolor: "#9999ff",
                    textColor: "#1a1aff"
                },
                {

                    colorName: "Pink",
                    backgroundcolor: "#ff99ff",
                    textColor: "#e600e6"
                },
                {

                    colorName: "Orange",
                    backgroundcolor: "#ffcc80",
                    textColor: "#ff9900"
                }
        ]
    },
```

2. 初始化应用背景色

onInit 函数是在程序启动时执行的回调函数，是 JS 页面的生命周期回调函数。为了能够在 JS 文件中对用户偏好文件进行读写，需要在 JS 文件头部引入 storage 模块依赖，示例代码如下。

```
import data_storage from '@ohos.data.storage';
```

此时就可以使用 data_storage 对象的 getStorageSync 函数来获取要操作的 Preference 实例，用于进行偏好文件的同步数据存储操作。onInit 回调函数代码如例 7-23 所示，偏好文件由该函数的参数 path 进行指定。获取到 Preference 实例 store 后，可以使用该对象的 getSync(key, defValue)函数来同步读取偏好文件中 key 为'app_background_color'对应的值。如果 key 对应的值为空，则返回 defValue 的默认值 default。对于键值对格式的 XML 文件来说，key 不能为空，defValue 的值类型可以为数值、字符串或布尔值。

例 7-23　onInit 回调函数

```
onInit() {
        var that = this;
        let store = data_storage.getStorageSync(that.PATH);
        that.lastSelectedColor = store.getSync('app_background_color','default');
        if (that.lastSelectedColor!='default') {
            that.appliedColor = that.lastSelectedColor;
            console.info("Main : onInit : backgroundColor updated to stored
                            color" + that.lastSelectedColor);
        }
        else
        {
            that.appliedColor = "#ffffff";
            console.info("Main : onInit : no backgroundColor")
        }
},
```

偏好文件的访问有同步和异步两种方式，都有对应的函数支持，同步的特点是发出读写命令后，要等待读写命令返回结果才继续执行，适用于文件较小的访问场景；而异步是不等待结果，直接执行下一条代码，适用于文件较大、耗时较长的使用场景。

例 7-23 中的 onInit 回调函数的工作逻辑如下：当页面加载时，直接读取偏好文件 app_preference.xml 中 key 为'app_background_color'的值，该值为上一次用户存储的偏好背景色。如果该值非空，则将屏幕背景色（最外层 div 容器的背景色）设置为该偏好背景色；如果该值为空，则加载默认背景色——白色。控制台也会为加载对应背景色输出提示信息。

3. 响应 list-item 用户点击事件

通过定义 selectColor 回调函数，当用户点击对应的背景色 list-item 时，会将 item 对应的 backgroundColor 作为参数传递进来，将该背景色赋值给 JS 全局变量 selectedColor，表示用户选中该颜色，再将选中颜色 selectedColor 赋值给 appliedColor，表示应用要使用该背景色。selectColor 回调函数如例 7-24 所示。

例 7-24　selectColor 回调函数

```
selectColor: function (e) {
        var that = this;
        that.selectedColor = e;
        that.appliedColor = that.selectedColor;
},
```

4. 存储背景色

当用户点击 Apply Background Color 对应的 text 组件时，会触发 applyBackgroundColor 回调函数，其代码如例 7-25 所示。该回调函数是将应用使用的背景色存储到用户偏好文件中。对偏好文件的写入是通过 putSync(key,value)函数来实现的，作用是将 value 参数的值同步写到 key 对应的值中，该例中的 key 为'app_background_color'. 写入之前要获取 store 对象。调用 putSync 函数写入数据时只是将数据临时存储在内存中，因为偏好文件的工作特性就是将所有数据都加载到内存中来实现高效的访问。因此，为了真正将数据写入文件系统，必须调用 flush 函数。

例 7-25　applyBackgroundColor 回调函数

```
applyBackgroundColor: function() {
    var that=this;
    let store = data_storage.getStorageSync(that.PATH);
```

```
❑            if (that.appliedColor!='#ffffff')
❑            {
❑                    store.putSync('app_background_color',that.appliedColor);
❑                    store.flushSync();
❑                    let storedata = store.getSync('app_background_color','default');
❑                    console.log('output1'+storedata);
❑            }
❑        },
```

为了验证写入是否成功，该代码中在最后通过调用 getSync 函数读取写入的'app_background_color'
键值，并将其显示在控制台上。

5. 清除背景色

对偏好文件键值进行删除的函数为 deleteSync，如果将要删除的 key 作为参数，则可以删除对应
的键值。删除之前也需要获取 Preference 对象。为了彻底从文件中删除，也需要调用 flushSync 函数。
clearPreferences 函数如例 7-26 所示。

例 7-26　clearPreferences 函数

```
❑    clearPreferences: function() {
❑        var that = this;
❑        let store = data_storage.getStorageSync(that.PATH);
❑        store.deleteSync('app_background_color');
❑        store.flushSync();
❑        let data = store.getSync('app_background_color','default');
❑        console.log('output1'+data);
❑         }
❑    };
```

为了验证删除是否成功，使用 console 将键'app_background_color'对应的键值输出到控制台中。
Preference 项目初始运行结果如图 7-11 所示。

```
09-23 09:28:50.974 18542-19271/ohos.samples.preferences I 03B00/JSApp:  app Log: Main : onInit : no backgroundColor
```

图 7-11　Preference 项目初始运行结果

开始运行时，用户偏好文件为空，也没有存储任何背景色，因此应用加载时 onInit 函数只加载白
色作为背景色，控制态输出也是 no backgroundColor。当用户点击包含 LightGrey 字眼的 text 组件时，
显示效果如图 7-12 所示，可以看到外层 div 已经应用了浅灰色背景。

图 7-12 用户点击包含 LightGrey 字眼的 text 组件时的显示效果

接着点击包含 apply_background_color 的 text 组件, 将用户选择的偏好背景色成功写入偏好文件, 可以得到图 7-13 所示的输出结果。

```
06-02 12:07:56.156 4967-10148/ohos.samples.preferences D 03B00/JSApp:  app Log: stored backgroundcolor#cccccc
```

图 7-13 偏好背景色成功写入偏好文件的输出结果

此时, 用户可以点击模拟器中的 "口" 按钮, 将当前正在运行的程序转入后台, 并通过鼠标指针上滑将该程序结束, 再在模拟器中找到该程序, 再次点击运行, 此时可以看到系统自动加载上一次存储的红色, 显示效果如图 7-12 所示, 控制台的输出结果如图 7-14 所示。

```
12:09:36.641 7165-21208/ohos.samples.preferences I 03B00/JSApp:  app Log: Main : onInit : backgroundColor updated to stored color#cccccc
```

图 7-14 应用加载偏好文件中的存储的偏好背景色的输出结果

用户可以点击包含 Clear Preference 字眼的 text 组件, 将已经存储的偏好背景色删除, 可以得到图 7-15 所示的输出结果。因为 'app_background_color' 键值已经删除, 所以读取该 'app_background_color' 键值为空, 返回默认值 default。

```
09-23 09:57:04.110 18570-21275/ohos.samples.preferences D 03B00/JSApp:  app Log: cleared backgroundcolordefault
```

图7-15 删除偏好背景色的输出结果

7.7 分布式数据服务

分布式数据服务 (Distributed Data Service, DDS) 为应用程序提供不同设备中数据库数据同步的能力。通过调用分布式数据接口, 应用程序将数据保存到分布式数据库中。通过结合账号、应用和数据库三元组, 分布式数据服务对属于不同应用的数据进行隔离, 保证不同应用之间的数据不能通过分布式数据服务互相访问。在通过可信认证的设备间, 分布式数据服务支持应用数据相互同步, 为用户提供了在多种终端设备上最终一致的数据访问体验。

7.7.1　关键术语

在分布式数据库领域，存在 KV 数据模型、分布式数据库事务性、分布式数据库一致性、分布式数据库同步等关键术语，这些关键术语的含义如下。

1. KV 数据模型

KV 数据模型是键值对数据模型的简称，它是一种 NoSQL 类型数据库，其数据以键值对的形式进行组织、索引和存储。7.6 节中的用户偏好文件也是以键值对形式存储的。

KV 数据模型适合不涉及过多数据关系和业务关系的数据存储，比 SQL 数据库存储拥有更好的读写性能，因其在分布式场景中降低了数据库版本兼容问题的复杂度，以及在数据同步过程中冲突解决的复杂度而被广泛使用。分布式数据库也是基于 KV 数据模型的，对外提供 KV 类型的访问接口。

2. 分布式数据库事务性

分布式数据库事务支持本地事务（和传统数据库事务的概念一致）和同步事务。同步事务是指在设备之间同步数据时，以本地事务为单位进行同步，一次本地事务的修改要么都同步成功，要么都同步失败。

3. 分布式数据库一致性

在分布式场景中一般会涉及多个设备，组网内设备之间看到的数据是否一致称为分布式数据库的一致性。分布式数据库一致性可以分为强一致性、弱一致性和最终一致性。

（1）强一致性：某一设备成功增、删、改数据后，组网内设备对该数据的读取操作都将得到更新后的值。

（2）弱一致性：某一设备成功增、删、改数据后，组网内设备可能能够读取到本次更新数据，也可能读取不到，不能保证在多长时间后每个设备的数据都一定是一致的。

（3）最终一致性：某一设备成功增、删、改数据后，组网内设备可能读取不到本次更新数据，但在某个时间窗口之后组网内设备的数据能够达到一致状态。

强一致性对分布式数据的管理要求非常高，在服务器的分布式场景中可能会遇到。因为移动终端设备具有不常在线及无中心的特性，所以移动设备的分布式数据服务不支持强一致性，只支持最终一致性。

4. 分布式数据库同步

底层通信组件完成设备发现和认证后，会通知上层应用程序（包括分布式数据服务）设备上线。收到设备上线的消息后，分布式数据服务可以在两个设备之间建立加密的数据传输通道，利用该通道在两个设备之间进行数据同步。

5. 单版本分布式数据库

单版本是指数据在本地是以单个 KV 条目为单位的方式来保存的，对每个键最多只保存一个条目项，当数据在本地被用户修改时，不管它是否已经被同步出去，均直接在这个条目上进行修改。同步也以此为基础，按照它在本地被写入或更改的顺序将当前最新一次修改逐条同步至远端设备。

6. 设备协同分布式数据库

设备协同分布式数据库建立在单版本分布式数据库之上，在应用程序存入的 KV 数据中的键前面拼接了本设备的 DeviceID 标识符，这样能保证每个设备产生的数据严格隔离，底层按照设备的维度管理这些数据，设备协同分布式数据库支持以设备的维度查询分布式数据，但是不支持修改远端设备同步过来的数据。

7. 数据库 Schema 化管理与谓词查询

单版本数据库支持在创建和打开数据库时指定 Schema，数据库根据 Schema 定义感知 KV 记录的键值格式，以实现对键值结构的检查，并基于键值中的字段实现索引建立和谓词查询。

7.7.2　核心组件

分布式数据服务支撑 HarmonyOS 上应用程序数据库数据分布式管理，支持数据在相同账号的多端设备之间相互同步，为用户在多端设备上提供一致的用户体验。分布式数据服务包含 5 部分，分别是服务接口、服务组件、存储组件、同步组件和通信适配层，具体介绍如下。

1. 服务接口

分布式数据服务提供专门的数据库创建、数据访问、数据订阅等接口给应用程序调用，接口支持 KV 数据模型，支持常用的数据类型，同时确保接口的兼容性、易用性和可发布性。

2. 服务组件

服务组件负责服务内元数据管理、权限管理、加密管理、备份和恢复管理，以及多用户管理等，同时负责初始化底层分布式数据库的存储组件、同步组件和通信适配层。

3. 存储组件

存储组件负责数据的访问、数据的缩减、事务处理、快照、数据库加密，以及数据合并和冲突解决等。

4. 同步组件

同步组件连接了存储组件与通信适配层，其目标是保持在线设备间的数据库数据的一致性，包括将本地产生的未同步数据同步给其他设备，接收来自其他设备发送过来的数据，并合并到本地设备中。

5. 通信适配层

通信适配层负责调用底层公共通信层的接口完成通信管道的创建、连接，接收设备上下线消息，维护已连接和断开设备列表的元数据，同时将设备上下线信息发送给上层同步组件。同步组件维护连接的设备列表，同步数据时根据该列表调用通信适配层的接口，将数据封装并发送给连接的设备。

7.7.3　工作原理

应用程序通过调用分布式数据服务接口实现分布式数据库创建、访问、订阅功能，服务接口通过操作服务组件提供的能力，将数据存储至存储组件中，存储组件调用同步组件实现数据同步，同步组件使用通信适配层将数据同步至远端设备中，远端设备通过同步组件接收数据，并更新至本端存储组件中，通过服务接口提供给应用程序使用，分布式数据库接口框架如图 7-16 所示。

分布式数据库不同于本地数据库，使用过程中要注意以下几点。

（1）权限申请：应用程序如需使用分布式数据服务的完整功能，则需要申请 ohos.permission. DISTRIBUTED_DATASYNC 权限。

（2）仅支持 KV 数据模型：分布式数据服务的数据模型仅支持 KV 数据模型，不支持外键、触发器等关系数据库中的功能。

（3）使用场景不同：分布式数据库与本地数据库的使用场景不同，因此开发者应识别需要在设备间进行同步的数据，并将这些数据保存到分布式数据库中。

（4）不允许阻塞操作：分布式数据库事件回调函数中不允许进行阻塞操作，诸如修改 UI 组件等此类复杂操作，建议使用线程管理方式处理。

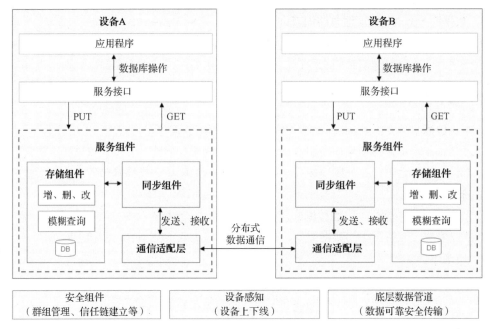

图 7-16　分布式数据库接口框架

7.7.4　分布式数据访问

分布式数据库兼有数据库特性和 KV 键值文件访问特性，其对数据的读写与键值文件访问方法类似，而对数据的查询和数据库谓词操作一致。当然，其也有独特的地方，即对数据的同步。

本小节以一个分布式通信录为例，展示分布式数据库的访问过程。该示例演示了如何将数据写入手机 A 的分布式数据库，并通过数据同步，使得手机 B 也可以共享手机 A 上的联系人信息。整个设计过程如下。

1. 分布式数据库开发

分布式数据库开发一般包含以下步骤。

（1）在 config.json 中添加 permission 权限，该权限添加在 abilities 同一目录层级，示例代码如下。

```
"reqPermissions": [
    {
        "name": "ohos.permission.DISTRIBUTED_DATASYNC"
    }
]
```

应用启动时，需要弹出授权弹窗，请求用户进行授权。在分布式通信录的 MainAbility.java 文件的 onStart 回调函数中写入例 7-27 所示的代码，请求权限授予函数。

例 7-27　请求权限授予函数

```
private void requestPermission() {
        if (verifySelfPermission(DISTRIBUTED_DATASYNC) != IBundleManager.
PERMISSION_GRANTED) {
            if (canRequestPermission(DISTRIBUTED_DATASYNC)) {
                requestPermissionsFromUser(
                new String[]{DISTRIBUTED_DATASYNC},PERMISSION_CODE);
            }
        }
}
```

requestPermission 函数在通信录应用启动时被执行，在屏幕上弹出授权弹窗。当用户同意后，会授权给应用访问网内其他设备的权限。

（2）根据配置构造分布式数据库管理类实例。构建数据库管理实例包含以下两个步骤，代码如例 7-28 所示。

① 根据应用上下文环境创建分布式数据库管理配置对象（KvManagerConfig），如例 7-28 中调用 new 操作，this 为上下文环境。

② 创建分布式数据库管理器实例，如例 7-28 中的 createKvManager 函数，该函数以上一步创建的分布式数据库管理配置对象为参数。

例 7-28　构建数据库管理实例

```
private KvManager createManager() {
        KvManager manager = null;
        try {
            KvManagerConfig config = new KvManagerConfig(this);
            manager = KvManagerFactory.getInstance().createKvManager(config);
        }
        catch (KvStoreException exception) {
            HiLog.info(LABEL_LOG, LOG_FORMAT,TAG, "some exception happen");
        }
        return manager;
}
```

例 7-28 中的 KvManagerConfig 为分布式数据库管理器配置类，可以配置分布式数据库运行的环境。KvManagerFactory 为分布式数据库管理器工厂，由工厂类创建管理器实例。

（3）获取（创建）单版本分布式数据库，代码如例 7-29 所示。

例 7-29　获取（创建）单版本分布式数据库

```
private SingleKvStore createDb(KvManager kvManager) {
        SingleKvStore kvStore = null;
        try {
            Options options = new Options();          options.setCreateIfMissing(true).
            setEncrypt(false).setKvStoreType(KvStoreType.SINGLE_VERSION);
            kvStore = kvManager.getKvStore(options, "contact_db");
        } catch (KvStoreException exception) {
            HiLog.info(LABEL_LOG, LOG_FORMAT,TAG, "some exception happen");
        }
        return kvStore;
}
```

例 7-29 中的 createDb 函数首先声明了分布式数据库的配置信息 options，该 options 中使用了 3 个函数，定义了执行获取分布式数据库函数 getKvStore 时的 3 个函数，分别如下。

① setCreateIfMissing(true)：获取数据库，参数 true 表示如果数据库不存在则创建新的数据库。

② setEncrypt(false)：数据库是否加密，参数 false 表示不加密。

③ setKvStoreType(KvStoreType.SINGLE_VERSION)：获取数据库的类型，KvStoreType.SINGLE_VERSION 表示单版本分布式数据库。

下面调用分布式数据库管理器的 getKvStore 函数，其中的第二个参数要指定分布式数据库的名称。分布式数据库默认开启组网设备间自动同步功能，如果应用对性能比较敏感，则建议设置关闭自动同步功能 setAutoSync(false)，当需要进行信息同步时，再主动调用 Sync 同步函数进行同步。

（4）订阅分布式数据库变化。实现该功能须定义实现 KvStoreObserver 接口的类，代码如例 7-30 所示。

例 7-30 定义实现 KvStoreObserver 接口的类

```
private class KvStoreObserverClient implements KvStoreObserver {
    @Override public void onChange(ChangeNotification notification) {
        getUITaskDispatcher().asyncDispatch(new Runnable() {
        @Override public void run() {
            HiLog.info(LABEL_LOG, LOG_FORMAT,TAG, "come to auto sync");
            queryContact();
            showTip("同步成功");
            }
        });
    }
}
```

例 7-30 中的 KvStoreObserverClient 类实现了 KvStoreObserver 观察者接口，一旦分布式数据库发生数据变化，就会触发该类的 onChange 回调函数。在该回调函数中会开启一个新的进程，该进程为一个 UI 相关进程，会对前台界面中表的内容进行刷新。因为键值数据库的访问是在后台，无法更新前台 UI，所以需要开启新的进程进行界面重绘。界面重绘代码在 queryContact 函数中，该函数除了界面上的操作外，还需要执行例 7-31 中的函数来订阅远端分布式数据库。

例 7-31 订阅远端分布式数据库

```
private void subscribeDb(SingleKvStore singleKvStore) {
    KvStoreObserver kvStoreObserverClient = new KvStoreObserverClient();
    singleKvStore.subscribe(SubscribeType.SUBSCRIBE_TYPE_REMOTE,
                            kvStoreObserverClient);
}
```

例 7-31 中的 subscribeDb 函数实现了观察者 kvStoreObserverClient 对分布式数据库 singleKvStore 中的远端数据发生变化时的订阅。

（5）将数据写入单版本分布式数据库，如例 7-32 所示。

例 7-32 将数据写入单版本分布式数据库

```
private void writeData(String key, String value) {
    if (key == null || key.isEmpty() || value == null || value.isEmpty()) {
        return;
    }
    singleKvStore.putString(key, value);
    HiLog.info(LABEL_LOG, LOG_FORMAT,TAG, "writeContact key= " + key + "
            writeContact value= " + value);
}
```

例 7-32 中的 writeData 函数通过调用 putString(key, value)函数实现了对分布式数据库的写入，key 和 value 参数是要写入的键和对应的键值。putString 写入方法和用户偏好文件的写入类似（见例 7-25），因为都是键值文件读写模式。这里写入的是字符串信息。可以通过多次调用该函数实现对联系人信息的初始化，此例中主要是通过调用该函数写入联系人的电话号码和姓名。

（6）单版本分布式数据库查询。

分布式数据库查询很简单，可直接使用 getEntries(key)函数来根据 key 找到对应的键值。当该函数的参数 key 为空字符串时，表示查找出分布式数据库中所有的键值对并返回；如果参数非空，则返回所有具备 key 前缀的键值对。

Entry 是分布式数据库中独有的类，它专门用来处理键值对数据。getEntries 返回的是分布式数据库中键值对的列表，下面进行分布式数据库查询，代码如例 7-33 所示，其中的 entryList 数据库键值对中存储的是联系人的电话号码和姓名。这里的电话号码是唯一的，姓名不唯一。通过对键值对列表 entryList 的遍历，将键 entry.getKey 和值 entry.getValue 分别存入联系人数组 contactArray。

例 7-33　分布式数据库查询

```
private void queryContact() {
    List<Entry> entryList = singleKvStore.getEntries("");
    HiLog.info(LABEL_LOG, LOG_FORMAT,TAG,"entryList size" + entryList.size());
    contactArray.clear();
    try {
        for (Entry entry : entryList) {
            contactArray.add(newContacter(entry.getValue().getString(),entry
            getKey()));
        }
    } catch (KvStoreException exception) {
        HiLog.info(LABEL_LOG, LOG_FORMAT,TAG,"the value must be String");
    }
    contactAdapter.notifyDataChanged();
}
```

在例 7-33 中 queryContact 函数的最后，当联系人数据内容全部添加完毕后，可以调用 contactAdapter 来通知 list 组件进行联系人数据的刷新工作。contactAdapter 为 BaseItemProvider 的子类，专门负责为 list 组件填充数据。数据刷新后，联系人分布式数据库中的所有联系人的信息就可以在列表上进行显示了。

（7）同步数据到其他设备。当在本机上新插入联系人信息后，本机上的分布式数据库内容已经变更，需要将该内容同步到一同组网的其他手机中。分布式数据同步代码如例 7-34 所示。

例 7-34　分布式数据同步

```
private void syncContact() {
    List<DeviceInfo>deviceInfoList=kvManager.getConnectedDevicesInfo
    (DeviceFilterStrategy.NO_FILTER);
    List<String> deviceIdList = new ArrayList<>();
    for (DeviceInfo deviceInfo : deviceInfoList) {
        deviceIdList.add(deviceInfo.getId());
    }
    HiLog.info(LABEL_LOG,LOG_FORMAT,TAG,"devicesize="+deviceIdList.
    size());
    if (deviceIdList.size() == 0) {
        showTip("组网失败");
        return;
    }
    singleKvStore.registerSyncCallback(new SyncCallback() {
        @Override
        public void syncCompleted(Map<String, Integer> map) {
            getUITaskDispatcher().asyncDispatch(new Runnable() {
                @Override
                public void run() {
                    HiLog.info(LABEL_LOG, LOG_FORMAT,TAG, "sync success");
                    queryContact();
                    showTip("同步成功");
                }
            });
            singleKvStore.unRegisterSyncCallback();
        }
```

```
            });
        singleKvStore.sync(deviceIdList, SyncMode.PUSH_PULL);
    }
```

例 7-34 中的 syncContact 函数首先调用了分布式数据库管理器类 kvManager 的类函数 getConnectedDevicesInfo，以获取当前网络中除了自己外的所有联网设备列表，列表信息存放在 deviceInfoList 中，然后通过遍历该变量，将所有设备的 id 放在 deviceIdList 中，这是为了给后续数据同步做准备。

在数据同步操作之前，syncContact 函数还调用 singleKvStore 的函数 registerSyncCallback 注册了同步完成后的回调函数 syncCompleted。该函数中执行的代码和分布式数据库观察者中的代码（见例 7-30）是一致的。观察者会进行数据被动刷新，即观察到联系人信息有变化后，采取刷新联系人列表操作。同步完成回调函数 syncCompleted 会在拉取到远端的数据后，主动去刷新本地联系人列表。联系人信息同步完成后，将回调函数取消注册。

回调函数中对主界面联系人的刷新操作是在另一个线程中异步执行的，虽然刷新代码放在同步函数 Sync 之前，但并不会马上执行。同步函数 Sync 有两个参数：第一个参数是所有设备的列表信息，数据库同步到所有设备中；第二个参数是同步模式，例 7-34 中是 PUSH_PULL，意味着除了把本机联系人信息推出去外，也把远端修改后的联系人信息拉取回来。

（8）关闭并删除数据库。如果组网设备间不再需要同步数据且本地也不再访问，则可以执行关闭并删除数据库的操作。关闭并删除数据库的代码如例 7-35 所示。

例 7-35 关闭并删除数据库

```
@Override protected void onStop() {
        super.onStop();
        kvManager.closeKvStore(singleKvStore);
        kvManager.deleteKvStore(STORE_ID);
    }
```

例 7-35 中调用了分布式数据管理器的类函数 closeKvStore，参数为分布式数据库实例即可关闭数据库，类函数 deleteKvStore 后加上数据库名即可删除数据库。

2. 分布式通信录运行展示

（1）分布式通信录的前端主要是一个联系人信息的列表，因此需要用到 List 组件，以及定义对应的数据提供者。示例代码中设计了两个类 Contacter 和 ContactProvider，分别是联系人信息（包括手机号码和姓名）和联系人信息提供者。相关代码在这里就不展开了，感兴趣的读者请观看随书附赠的慕课视频。在前端交互代码 MainAbilitySlice 中，对联系人信息提供了增、删、改、查功能，其具体实现都是通过分布式数据库的相关读写函数实现的。分布式数据库权限申请如图 7-17 所示，其中启动了 HarmonyOS 独有的分布式模拟器，目前可以支持同时启动两台手机、一台手机和一台平板电脑，以及一台手机和一台智慧屏。

（2）启动分布式模拟器后，首先进入的是对多设备协同权限的申请界面，点击"始终允许"按钮，进入图 7-18 所示的输入联系人信息界面。点击"添加"按钮，弹出一个定制对话框，该对话框中会提示输入联系人的姓名和手机号码。

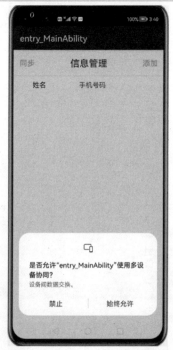

图 7-17 分布式数据库权限申请

图 7-18 输入联系人信息界面

（3）输入联系人信息后，联系人信息会出现在列表中，说明 P40:18888（手机 A）上数据库写入成功，如图 7-19 所示。

图 7-19 手机 A 上数据库写入成功

（4）点击图 7-19 中左上角的"同步"按钮，弹出"同步成功"弹窗。截至目前，只是在手机 A 上执行了该程序，该手机后面的 18888 为端口号。现在启动 P40:18889（手机 B）。手机 B 上是没有通信录的，手机 B 与手机 A 处于同一个网络。

现在在 P40:18889 上运行该通信录程序，运行结果如图 7-20 所示。

图 7-20　运行结果

（5）可以看到手机 B 上是没有通信录的，即本地数据库为空。此时在手机 B 上点击"同步"按钮，在手机 B 上同步数据库，如图 7-21 所示。

图 7-21　在手机 B 上同步数据库

（6）弹出"同步成功"提示框后，就可以在手机 B 上显示同步后的通信录信息了。同样，在手机 B 上添加的联系人信息可以同步到手机 A 上。

7.8　分布式文件服务

分布式文件服务能够为用户设备中的应用程序提供多设备之间的文件共享能力，支持相同账号下同一应用文件的跨设备访问，应用程序可以在不感知文件所在的存储设备的情况下实现多设备间文件的无缝获取。

分布式文件是指依赖于分布式文件系统，分散存储在多个用户设备上的文件，应用间的分布式文件目录互相隔离，不同应用的文件不能互相访问。分布式文件依赖元数据信息，文件元数据是用于描述文件特征的数据，包含文件名、文件大小、创建时间、访问时间和修改时间等信息。

7.8.1 工作原理

分布式文件服务采用了无中心节点的设计，每个设备通过目录树进行管理。当应用需要访问分布式文件时，根据 Cache 订阅发布，按需缓存文件所在的存储设备，并对缓存的分布式文件服务发起文件访问请求。分布式文件服务的工作原理如图 7-22 所示。

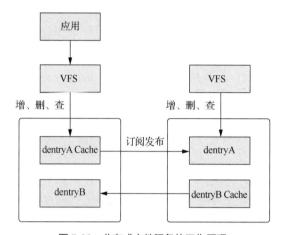

图 7-22　分布式文件服务的工作原理

图 7-22 中的 VFS 代表 Virtual File System，即虚拟文件系统，作用就是采用标准的 UNIX 操作系统调用位于不同物理介质上的不同文件系统，即为各类文件系统提供一个统一的操作界面和应用编程接口。dentryB 为手机 B 上的存储设备，dentryA Cache 为手机 A 上存储设备的缓存。图 7-22 中两台设备互相订阅对方的存储设备信息，当需要跨设备访问文件时，实际上是对缓存的远程设备文件信息发出增、删和查操作。

分布式文件读写要注意以下问题。

（1）多个设备需要登录相同华为账号，并打开多个设备的蓝牙，或将多个设备接入同一无线局域网，才能实现文件的分布式共享。

（2）当多台设备对同一文件并发写操作时，会出现数据冲突，后写会覆盖先写，应用需要主动保证时序控制并发流程。

7.8.2 分布式文件读写

分布式文件读写操作兼容 POSIX 文件操作接口，应用使用 Context.getDistributedDir 接口获取目录后，可以直接使用 libc 或 JDK 访问分布式文件。本小节以一个分布式图片访问项目 DistributedPictures 为例，该例实现了从手机 A 向分布式文件夹写入图片文件，在手机 B 上显示该图片的操作，主要步骤如下。

（1）获取分布式文件夹路径，示例代码如下。

```
private void initDistributedFile() {
        distributedFile = this.getDistributedDir().getPath() + "/ju.bmp";
        HiLog.info(LABEL_LOG, "%{public}s", "distributedFile :" + distributedFile);
}
```

该代码中的 this 指代当前上下文环境 context，getDistributedDir 函数用于获取分布式文件夹，getPath 函数用于返回其字符串路径，加上"/ju.bmp"形成分布式文件的路径。

（2）获取设备权限，应用程序如需使用分布式文件服务完整功能，则需要在 config.json 文件中申请权限，示例代码如下。

```
"reqPermissions": [
    {
        "name": "ohos.permission.DISTRIBUTED_DATASYNC"
    }
]
```

项目启动时，需要弹出授权弹窗，请求用户进行授权。在项目的默认 Ability-MainAbility.java 文件的 onStart 回调函数中写入例 7-27 所示的代码。分布式数据库和分布式文件系统都涉及分布式数据访问，因此其权限申请代码是一致的。

（3）分布式文件写入，示例代码如例 7-36 所示。

例 7-36　分布式文件写入

```
private void writeToDistributedDir(String targetFilePath) {
    RawFileEntry rawFileEntry = getResourceManager().getRawFileEntry
    ("entry/resources/rawfile/ju.bmp");
    try (FileOutputStream output = new FileOutputStream(new File(targetFilePath))) {
        Resource resource = rawFileEntry.openRawFile();
        byte[] cache = new byte[CACHE_SIZE];
        int len = resource.read(cache);
        while (len != -1) {
            output.write(cache, 0, len);
            len = resource.read(cache);
        }
    } catch (IOException e) {
        HiLog.info(LABEL_LOG, "%{public}s", "writeToDisk IOException ");
    }
}
```

例 7-36 中的 writeToDistributedDir 函数用于在分布式文件夹中写入图片文件，targetFilePath 是分布式文件夹内文件的名称，本地文件是 rawfile 目录中的 ju.bmp 文件。通过 FileOutputStream 文件输出流对象 output 来写入分布式文件，通过 Resource 类型对象 resource 来读取本地文件。cache 是一个全局字符缓冲器，通过循环来完成文件读写。这就是典型的普通文件存储方式。

（4）分布式文件读取，示例代码如例 7-37 所示。

例 7-37　分布式文件读取

```
private void readToDistributedDir() {
    try {
        File file = new File(distributedFile);
        if (!file.exists()) {
            showTip(this, "No pictures exists in the distributedDir");
            remoteImage.setPixelMap(null);
            return;
        }
        ImageSource.SourceOptions srcOpts = new ImageSource.SourceOptions();
        ImageSource imageSource = ImageSource.create(distributedFile,
        srcOpts);
        ImageSource.DecodingOptions decodingOpts = new ImageSource.
        DecodingOptions();
        decodingOpts.desiredSize = new Size(0, 0);
```

```
                        decodingOpts.desiredRegion = new Rect(0, 0, 0, 0);
                        decodingOpts.desiredPixelFormat = PixelFormat.ARGB_8888;
                        PixelMap pixelMap = imageSource.createPixelmap(decodingOpts);
                        remoteImage.setPixelMap(pixelMap);
                } catch (SourceDataMalformedException e) {
                        HiLog.error(LABEL_LOG,"%{public}s","readToDistributedDir
                                        SourceDataMalformedException ");
                }
        }
```

例 7-37 中的 readToDistributedDir 函数用于将分布式文件夹中的 ju.bmp 文件读取出来，并加载到 image 组件中。该函数首先通过 new File(distributedFile)实现了分布式文件的载入，将该文件作为 ImageSource 类的构造函数的参数，以构造一个图片源对象 imageSource，接着设置一些图片解码参数，最后调用 image 组件函数 setPixelMap 来加载图片。

例 7-37 是将分布式图片的内容读取到 image 组件中，因为读取的是图片，所以没有进行一行行的数据读写。如果读取的是文本文件，则可以调用 libc 中的 FileReader 和 FileWriter 进行读写。

（5）分布式文件删除，示例代码如例 7-38 所示。

例 7-38 分布式文件删除

```
        private void deleteDistributedDir() {
                DistFile file = new DistFile(distributedFile);
                if (file.exists() && file.isFile()) {
                        boolean result = file.delete();
                        showTip(this, "delete :" + (result ? "success" : "fail"));
                        remoteImage.setPixelMap(null);
                } else {
                        showTip(this, "No pictures exists in the distributedDir");
                }
        }
```

例 7-38 中的 deleteDistributedDir 函数实现了分布式文件的删除功能，其核心代码先根据分布式文件路径构造分布式文件对象，再调用 delete 函数，这样即可删除文件。

同样是启动分布式模拟器，启动两个手机，申请分布式文件访问权限的运行结果如图 7-23 所示。

图 7-23 申请分布式文件访问权限的运行结果

该项目开始时也是请求分布式协同，点击"始终允许"按钮，在后续界面中点击"Share Local Picture To Distributed Dir"按钮，可以将 rawfile 目录中的 ju.bmp 文件复制到分布式目录中。手机 A 上的文件写入分布式目录的运行结果如图 7-24 所示。

图 7-24　手机 A 上的文件写入分布式目录的运行结果

点击"Refresh"按钮，将分布式目录中的图片加载到 Remote Picture 代表的 image 组件中，如图 7-25 所示。图 7-23 和图 7-24 均是在手机 A 的 P40:18888 模拟器上截取的。

图 7-25　手机 A 读取分布式文件

分布式目录中已经有 ju.jpg 文件了，因此启动手机 B，点击"Refresh"按钮后，会出现图 7-26 所示的结果。可以看到，手机 B 已经读取到分布式文件目录中的 ju.bmp 文件。

图 7-26　手机 B 已经读取到分布式文件目录中的 ju.bmp 文件

本章小结

　　本章介绍了 HarmonyOS 支持的几种数据持久化方法，如关系数据库、对象关系映射数据库、用户偏好文件各自的特点及其使用方式。同时，为了减小不同数据持久化方法底层实现的差异性给客户端数据访问所带来的障碍，Data Ability 还提供了统一的对外数据增、删、改、查接口。最后，本章通过相关内容的讲解证明了分布式数据服务和分布式文件服务可以有效地提升 HarmonyOS 支持多设备互访的能力。

　　通过对本章的学习，读者能够理解数据持久化的概念，掌握包括关系数据库在内的几种主要的 HarmonyOS 数据持久化方法，熟悉多设备环境下的数据访问方法。

课后习题

　　（1）（判断题）数据持久化是指将数据存放在设备上，下次应用启动时还能够读取到这些数据。（　　）

　　　　A．正确　　　　　　　B．错误

　　（2）（判断题）Data Ability 也是 Ability 的一种，它没有用户界面，能够对外界提供统一的数据访问服务。（　　）

　　　　A．正确　　　　　　　B．错误

　　（3）（判断题）对象关系映射数据库操作依然是基于关系数据库操作接口来完成数据访问操作的，只不过是在关系数据库操作的基础上实现了对象关系映射等特性，开发者可以像访问对象一样访问数据库实体。（　　）

　　　　A．正确　　　　　　　B．错误

　　（4）（多选题）HarmonyOS 支持的主流数据持久化方法包括（　　）。

　　　　A．文件　　　　　　　　　　　　　B．关系数据库

　　　　C．对象关系映射数据库　　　　　　D．用户偏好文件

（5）（判断题）分布式数据库服务中采用的数据库为键值对数据库，它和用户偏好文件采用相同的组织方式。（　　　）

　　　　A. 正确　　　　　　B. 错误

（6）（判断题）如果分布式文件服务中的节点要获取网络中其他节点的数据，则可以对网络中节点的数据进行订阅。（　　　）

　　　　A. 正确　　　　　　B. 错误

08 第8章 HarmonyOS流转架构剖析

学习目标

- 了解 HarmonyOS 流转架构分类及关键流程。
- 掌握跨端迁移功能的开发步骤和方法。
- 掌握多端协同功能的开发步骤和方法。

物联网时代的核心是能够互联互通的智能设备，而使用目前的智能设备还远不能实现这一预期目标。虽然现在用户拥有的设备越来越多，每台设备能在适合的场景下提供良好的体验（如手表可以提供及时的信息查看体验，电视可以带来沉浸式的观影体验），但是这些设备大部分受使用场景的限制。例如，在电视上通过遥控器来输入文本对习惯用智能手机输入文本的用户来说是非常糟糕的体验。每种设备都只针对某些特定场景，在该场景外使用该设备的体验感会降低，而且设备之间缺乏有效和便捷的沟通，这使得单台设备容易形成"设备孤岛"，降低了其使用频率和效率。

这一切的根本原因是设备之间缺乏有效的互联方式，从而造成设备能力的浪费。基于 HarmonyOS 独有的微内核架构，智能设备之间通过"碰一碰"功能就能实现互联。HarmonyOS 强大的分布式软总线技术和分布式任务调度技术则支持任务在多台设备间流转，共享多台设备算力。当多台设备通过分布式操作系统能够相互感知，进而整合成一个"超级终端"时，设备之间才可以取长补短、协同工作，为用户提供更加自然、流畅的分布式体验。

本章主要介绍 HarmonyOS 流转架构的组成和关键流程，并用具体示例展示了跨端迁移和多端协同这两种流转方式的具体开发过程。

8.1 流转的核心概念

流转在 HarmonyOS 中泛指涉及多端的分布式操作。如果一台设备具备流转能力，则其可打破设备界限，实现多设备联动，使应用程序可分可合，如邮件跨设备编辑、多设备协同健身、多屏游戏等分布式业务都依靠设备的流转能力来实现。流转为开发者提供了更广的使用场景和更新的产品视角，强化了产品优势，实现了体验升级。HarmonyOS 中应用的流转触发方式和技术方案如下。

1. 流转的触发方式

用户触发流转有两种方式：系统推荐流转和用户手动流转。

（1）系统推荐流转。用户使用应用程序时，如果所处环境中存在体验感更优的可选设备，则系统自动为用户推荐该设备，用户可确认是否启动流转。例如，当用户在手机上玩赛车游戏时，HarmonyOS 检测到网络环境中有一个智慧屏。智慧屏显然具备更好的显示效果，因此系统会弹出推荐气泡弹窗，让用户选择是否将屏幕流转到大屏上，如图 8-1（a）所示。用户选择后，赛车游戏的显示就流转到智慧屏上。这样用户就可以在玩游戏时盯着智慧屏来查看比赛情况，而通过手机上的虚拟按键来操纵赛车，如图 8-1（b）和图 8-1（c）所示。

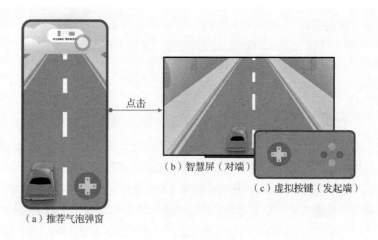

（a）推荐气泡弹窗　　（b）智慧屏（对端）　　（c）虚拟按键（发起端）

图 8-1　系统推荐流转

（2）用户手动流转。用户可以手动选择合适的设备进行流转。仍以上例说明，当用户在玩赛车游戏时，发现网络中有智慧屏，用户会主动点击游戏上方的流转按钮，如图 8-2（a）所示。点击按钮后，会弹出系统提供的流转面板，如图 8-2（b）所示。面板中会展示出用户应用程序的信息及可流转的设备，引导用户进行后续的流转操作。用户点击设备即可实现流转，如图 8-2（c）和图 8-2（d）所示。

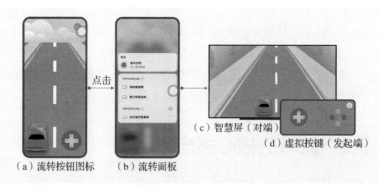

（a）流转按钮图标　　（b）流转面板　　（c）智慧屏（对端）　　（d）虚拟按键（发起端）

图 8-2　用户手动流转

2. 流转的技术方案

不论是系统推荐流转，还是用户手动流转，流转的触发方式看起来都非常智能、便捷和新颖。从用户体验上看，流转的技术方案分为两类，分别是跨端迁移和多端协同。

（1）跨端迁移。跨端迁移指在 A 端运行的 FA 迁移到 B 端上，完成迁移后，B 端的 FA 继续完成任务，而 A 端应用退出。在用户使用设备的过程中，当使用情境发生变化时（如从室内走到户外或者周围有更合适的设备等时），之前使用的设备可能已经不适合继续完成当前的任务，此时用户可以选择新的设备来继续完成当前的任务。常见的跨端迁移场景如下。

① 视频聊天时从手机迁移到智慧屏，视频聊天体验更佳，手机上的视频应用退出。

② 使用手机上的阅读应用浏览文章，迁移到平板电脑上继续查看，手机上的阅读应用退出。

（2）多端协同。多端协同指多台终端上的不同 FA/PA 同时或者交替运行以实现完整的业务，或者多台终端上的相同 FA/PA 同时运行，实现完整的业务。多台设备作为一个整体为用户提供比单一设备更加高效、沉浸的体验。常见的多端协同场景如下。

① 平板电脑上的应用 A 做答题板，因为平板电脑具备更好的输入能力；智慧屏上的应用 A 做直播，为用户提供全新的网课体验。

② 用户通过智慧屏上的应用 A 拍照后，可调用手机上的应用 A 进行人像美颜，因为手机具备更强大的图像处理能力；最终将美颜后的照片保存在智慧屏的应用 A 上进行放大查看。

HarmonyOS 能给用户提供如此便捷的流转方式和如此流畅的流转体验，这都得益于其强大的流转架构，下面将围绕流转架构展开介绍。

8.2　流转架构

HarmonyOS 为程序在设备间流转提供了一组接口库，可让用户编写分布式应用程序，从而更轻松、快捷地完成流转。HarmonyOS 流转架构有以下优势。

（1）统一流转管理 UI，支持设备发现、选择及任务管理。

（2）支持远程服务调用等能力，可轻松设计业务。

（3）支持多个应用同时进行流转。

（4）支持不同形态的设备，如手机、平板电脑、TV、手表等。

这些优势是 Andorid 操作系统和 iOS 不具备的，它们会帮助 HarmonyOS 在多种场景中为用户展示多设备协同工作的便捷性，也证明了流转架构是 HarmonyOS 的基础。

8.2.1　核心组件

HarmonyOS 流转架构如图 8-3 所示。其中，分布式软总线是流转架构的核心，主要用来支持不同设备上应用间消息的传递；分布式安全认证是消息安全传递的保障；流转任务管理服务和分布式任务调度则负责应用在不同设备上的启动和运行状态管理等。

流转架构各模块的功能如下。

（1）流转任务管理服务：在流转发起端，接受用户应用程序注册，提供流转入口、状态显示、退出流转等管理能力。

（2）分布式任务调度：提供远程服务启动、远程服务连接、远程迁移等能力，并通过不同能力组合，支撑用户应用程序完成跨端迁移或多端协同的业务体验。

（3）分布式安全认证：提供端到端的加密通道，为用户应用程序提供安全的跨端传输机制，保证"正确的人，通过正确的设备，正确地使用数据"。

（4）分布式软总线：使用基于手机、平板电脑、智能穿戴、智慧屏等分布式设备的统一通信基座，为设备之间的互联互通提供统一的分布式通信能力。

这四大功能模块互相配合，共同实现一个完整的流转过程。

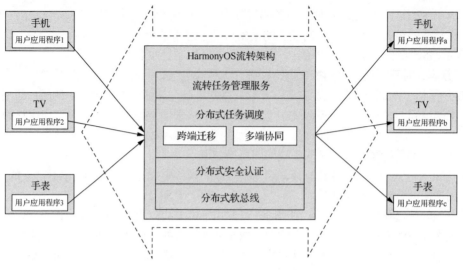

图 8-3　HarmonyOS 流转架构

8.2.2　关键流程

8.1 节已经介绍过 HarmonyOS 中的流转技术方案分为跨端迁移和多端协同，下面对这两种流转方案的关键流程进行分析。

1. 跨端迁移流程

下面以设备 A 的应用和设备 B 的应用进行跨端迁移为例，其流程如图 8-4 所示，具体步骤介绍如下。

（1）流转准备。设备 A 上的应用向流转任务管理服务注册一个流转回调函数。由流转任务管理服务来决定何时向用户推荐流转设备，或该流转由用户手动触发。用户完成设备选择后回调函数通知应用开始流转，将用户选择的设备 B 的设备信息提供给应用。

（2）流转完成。设备 A 上的应用通过调用分布式调度任务，如 continueAbility 等，向设备 B 上的应用发起跨端迁移，流转中将流转状态更新上报到流转任务管理服务。

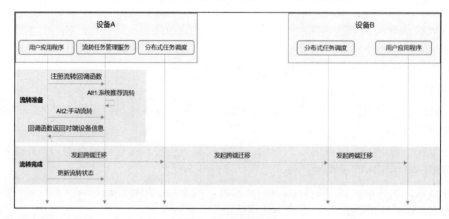

图 8-4　跨端迁移流程

2. 多端协同流程

下面以设备 A 的应用和设备 B 的应用进行多端协同为例，其流程如图 8-5 所示，具体步骤介绍如下。

（1）流转准备。整个过程和跨端迁移流程中的对应步骤完全一样。

（2）流转进行。设备 A 上的应用通过调用分布式调度任务（如 startAbility、connectAbility 等），向设备 B 上的应用发起多端协同，流转中将流转状态更新上报到流转任务管理服务。

（3）流转结束。用户通过设备 A 的流转任务管理界面结束流转。用户点击结束任务后，流转任务管理服务回调函数通知应用取消流转。设备 A 上的应用通过调用分布式调度任务（如 stopAbility、disconnectAbility 等），终止和设备 B 的多端协同。流转结束后将流转状态更新上报到流转任务管理服务，并向流转任务管理服务注销流转回调函数。

图 8-5　多端协同流程

8.3　跨端迁移功能开发

本节主要介绍跨端迁移功能的开发过程。要实现跨端迁移功能，首先要实现的是跨端 Ability 拉起，例如，应用 A 从设备 A 上将网络中的设备 B 上的应用 B 唤醒。跨端 Ability 拉起是跨端迁移的前提，这里的 Ability 包括 Page Ability、Service Ability 和 Data Ability，本节讨论的主要是 Page Ability 拉起。

8.3.1　跨端拉起 FA

在 6.6 节中已经介绍过 JS FA 调用 Java PA 的示例，该示例的设计和实现均在单机上，且调用的是无界面的 Service Ability。本小节介绍的示例是实现一个 JS FA 跨端调用另一个 JS FA。跨端拉起 FA 分为两种场景，分别是无返回值 FA 拉起和带返回值 FA 拉起。

1. 无返回值 FA 拉起

下面首先介绍如何拉起一个无返回值的 FA，无返回值源 FA 的部分交互文件代码如例 8-1 所示。

例 8-1　无返回值源 FA 的部分交互文件

```
    data:
    {
      title:'HarmonyOS'
    },
export default {
  start: async function() {
```

```
        let actionData = {
            uri: 'www.huawei.com'
        };
        let target = {
          bundleName: "com.whu.myapplicationjstransferb",
          abilityName: "com.whu.myapplicationjstransferb.MainAbility",
          data: actionData
        };
        let result = await FeatureAbility.startAbility(target);
        if (result.code == 0) {
          console.log('start success');
        } else {
          console.log('cannot start browing service, reason: ' + result.data);
        }
      }
    }
    startjsFA()
    {
        this.start();
    }
```

下面在页面结构文件中制作一个简单的界面，其结构文件代码如例 8-2 所示。

例 8-2　无返回值源 FA 结构文件

```
    <div class="container">
        <text class="title" onclick="startjsFA">
              {{ $t('strings.hello') }} {{ title }}
        </text>
    </div>
```

从例 8-2 中可以看到，该 FA 中有一个 text 组件用于显示信息，点击该 text 组件后，会调用 startjsFA 回调函数。在例 8-1 中可以看到该回调会调用异步函数 start，在 start 函数中再去调用 FeatureAbility.startAbility 来启动目标 FA。FA 的信息在 target 参数中，target 参数为 RequestParams 类型，该结构包含以下 7 项主要属性。

（1）bundleName：要启动的包名。

（2）abilityName：要启动的 Ability 名。

（3）action：在不指定包名及 Ability 名的情况下，可以通过传入的 action 属性中包含的 Operation 结构的相关属性值来启动应用。

（4）deviceType：默认值为 0，表示从本地及远端设备中选择要启动的 FA；值为 1 时，表示只能从本地设备启动 FA；在有多个 FA 满足条件的情况下，将显示弹框，列出所有 FA 供用户选择。

（5）data：指定要传递给对方的参数，所有在 data 中设置的字段均可以在对端 FA 中直接通过 this 关键字取得。例如，如果在 data 中定义属性 uri，设置该值为"foo.com"，则对端 FA 中可以通过 this.uri 取得该值。

（6）flag：拉起 FA 时的配置开关，如是否设置免安装模式等。

（7）url：拉起 FA 时，指定打开的页面的 URL，默认直接打开首页。

例 8-1 中的代码设置了目标 FA 的 bundleName、abilityName 和传递到目标 FA 的参数 actionData 后，异步调用 startAbility 函数来启动目标 FA，startAbility 函数的返回值为 JSON 字符串：如果调用成功，则 JSON 字符串中的 code 值为 0，data 为 null；如果调用失败，则 code 值非 0，返回的 data 中包含错误信息。

例 8-1 中的代码运行结果如图 8-6 和图 8-7 所示。图 8-6 所示为控制台输出的拉起活动开始信息，

图 8-7 所示为模拟器输出的拉起成功的界面。当在图 8-7 左图所示界面中点击"您好 HarmonyOS"文本时，会触发拉起目标设备 FA 活动。

```
09-27 10:11:26.734 4275-9509/com.whu.myapplicationjstranfera D 03B00/JSApp:   app Log: start success
```

图 8-6　控制台输出的拉起活动开始信息

图 8-7　模拟器输出的拉起成功的界面

无返回值目标 FA 交互文件的代码如例 8-3 所示。

例 8-3　无返回值目标 FA 交互文件

```
export default {
    data: {
        title:'HarmonyOS' ,
        contact: "contact information",
        location: "location information"
    },
    onInit()
    {
        console.log(this.contact);
    }
}
```

例 8-3 中只有一个 onInit 回调函数，该回调函数会在 FA 被创建时触发，并在控制台输出 contact 的值。其页面结构文件代码如例 8-4 所示，该页面结构和发起端 FA 的页面结构是一致的。

例 8-4　无返回值目标 FA 页面结构文件

```
<div class="container">
    <text class="title">
        {{ $t('strings.hello') }} {{ title }}
    </text>
</div>
```

目标 FA 运行时会有两种状态，具体状态取决于设置的目标 FA 是 standard 模式还是 singleton 模式，这两种模式的具体介绍如下。

（1）standard 模式。打开 config.json 文件，找到目标 FA 类型声明字段，将该 Ability 的 launchType 属性设置为"standard"，standard 模式目标 FA 的声明如例 8-5 所示。

例 8-5　standard 模式目标 FA 的声明

```
        "name": "com.whu.myapplicationjstransferb.MainAbility",
```

211

```
❑              "icon": "$media:icon",
❑              "description": "$string:mainability_description",
❑              "label": "$string:entry_MainAbility",
❑              "type": "page",
❑              "launchType": "standard"
```

这样每次被源 FA 拉起后，目标 FA 都会触发 onInit 回调函数，控制台输出运行结果如图 8-8 所示。

```
09-27 10:15:51.670 4309-24368/com.whu.myapplicationjstransferb D 03B00/JSApp:  app Log: contact information
```

图 8-8　控制台输出运行结果

当点击界面中的"回退"按钮 ◁ 后，因为目标 FA 为 standard 模式，意味着它可以反复创建新实例，如 3.4.5 小节所述，所以目标 FA 会被从堆栈中弹出且析构。当从源 FA 再次拉起目标 FA 时，目标 FA 又会创建新的实例，onInit 回调函数会被重新触发，结果在控制台又会输出 onInit 回调函数重复运行结果，如图 8-9 所示。可以看到图 8-9 和图 8-8 的输出是一致的，只是输出时间不同，表示目标 FA 被重新构建了一次。

```
09-27 11:31:33.081 24126-6211/com.whu.myapplicationjstransferb D 03B00/JSApp:  app Log: contact information
```

图 8-9　onInit 回调函数重复运行结果

（2）singleton 模式。打开 config.json 文件，找到目标 FA 类型声明字段，将该 Ability 的 launchType 属性设置为"singleton"，singleton 模式目标 FA 的声明如例 8-6 所示。

例 8-6　singleton 模式目标 FA 的声明

```
❑              "name": "com.whu.myapplicationjstransferb.MainAbility",
❑              "icon": "$media:icon",
❑              "description": "$string:mainability_description",
❑              "label": "$string:entry_MainAbility",
❑              "type": "page",
❑              "launchType": "singleton"
```

同时修改例 8-3 中的交互代码，加入新回调函数 onNewRequest，修改后的代码如下所示。

```
❑        onNewRequest()
❑        {
❑            console.log(this.location)
❑        }
```

当该模式下的目标 FA 被源 FA 第一次拉起时，目标 FA 也会触发 onInit 回调函数，输出单例模式 onInit 回调函数运行结果，如图 8-10 所示。

```
09-27 11:32:25.623 24126-10378/com.whu.myapplicationjstransferb D 03B00/JSApp:  app Log: contact information
```

图 8-10　单例模式 onInit 回调函数运行结果

当点击界面中的"回退"按钮 ◁ 后，目标 FA 为 singleton 模式，意味着它只有一个实例，因此该 FA 对象依然保留在内存堆栈中。此时，无论该 FA 被拉起多少次，都不会创建新实例。处于 singleton 模式下的 FA，当收到拉起请求后，只会触发 onNewRequest 回调函数。因此，当从源 FA 再次拉起目标 FA 时，在控制台会输出 singleton 模式的 onNewRequest 回调函数运行结果，如图 8-11 所示。

```
09-27 11:32:09.535 24126-6211/com.whu.myapplicationjstransferb D 03B00/JSApp:  app Log: location information
```

图 8-11　singleton 模式的 onNewRequest 回调函数运行结果

2. 带返回值 FA 拉起

有些情况下，源 FA 拉起目标 FA 时，希望从目标 FA 获取返回值。仿照上一个例子的源 FA 代码，带返回值源 FA 交互文件代码如例 8-7 所示。

例 8-7　带返回值源 FA 交互文件

```
export default {
    data: {
        title:'HarmonyOS 返回值'
    },
    startAbilityForResultExplicit: async function() {
        var result = await FeatureAbility.startAbilityForResult({
            bundleName: "com.whu.myapplicationjstransferb",
            abilityName: "com.whu.myapplicationjstransferb.MainAbility",
        });
        var returnvalue= JSON.parse(result.data);
        if (result.code==0){
            this.title=JSON.stringify(returnvalue.result.contact)}
            else{
                console.log('cannotstarttargetFA,reason:'+ returnvalue.data.
                    result);
        }
    }
}
startjsFA()
{
    this.startAbilityForResultExplicit();
}
    }
```

例 8-7 中的代码和例 8-3 无结果返回的代码基本一致，只是拉起目标 FA 时，使用了 startAbilityForResult 函数，该函数的返回值 result 包含两个属性：code 是返回码，用户可以自定义，通常定义 0 为成功返回，其他值为异常；data 为目标 FA 的返回值，为 JSON 字符串格式，由目标 FA 来定义。例 8-7 中先将 data 通过 parse 函数解析为对象格式，接着通过对象访问函数访问到其中的 contact 属性，通过 text 组件输出，并在源 FA 的结构文件中定义一个可以点击的文本，使其点击事件 onclick 回调 startjsFA 函数，从而触发拉起目标 FA 的操作。带返回值源 FA 结构文件代码如例 8-8 所示。

例 8-8　带返回值源 FA 结构文件

```
<div class="container">
    <text class="title" onclick="startjsFA">
        {{ $t('strings.hello') }} {{ title }}
    </text>
</div>
```

带返回值目标 FA 交互文件代码如例 8-9 所示。

例 8-9　带返回值目标 FA 交互文件

```
export default {
    data:{
        request : {},
title:'HarmonyOS 返回值'
    },
    onShow() {
        this.request.result = {
            contact: "contact information",
```

```
                       location: "location information"
                  };
                  console.log("accept from source"+this.startAbilityForResultExplicit)
              },
              returnvalue()
              {
                  FeatureAbility.finishWithResult(0,this.request);
              }
          }
```

在例 8-9 中，当目标 FA 界面显示时，会触发 onShow 回调函数，该回调函数主动初始化返回值变量 request。目标 FA 的界面和源 FA 的界面基本是一致的，也是定义一个可点击的文本框，其点击事件会触发 returnvalue 回调函数，从而从目标 FA 返回到源 FA。带返回值目标 FA 结构文件代码如例 8-10 所示。

例 8-10　带返回值目标 FA 结构文件

```
<div class="container">
    <text class="title" onclick="returnvalue">
        {{ $t('strings.hello') }} {{ title }}
    </text>
</div>
```

例 8-8 中的 returnvalue 回调函数会调用 FeatureAbility 对象的 finishWithResult 函数，将返回结果 request 返回给源 FA，带返回值 FA 拉起运行结果如图 8-12 所示，当点击源 FA 中的 text 组件后，会拉起目标 FA。当点击目标 FA 中的 text 组件后，会返回源 FA，并在源 FA 的 text 组件上显示目标 FA 的返回值，运行结果如图 8-13 所示。

图 8-12　带返回值 FA 拉起运行结果　　　　图 8-13　源 FA 显示从目标 FA 返回的运行结果

8.3.2　跨端迁移具体步骤

跨端迁移和跨端拉起的区别是应用和数据都已经在流转后的设备上了，因此跨端迁移操作发生后本机的应用可以停止，这在某些场景下可以有效提高工作效率。例如，用户在户外要处理紧急公务，只能在手机上运行应用来执行相应操作；一旦回到家后就可以直接将应用流转到家中的计算机或智慧屏等大屏设备上，正在处理的文档数据等也可以直接一键切换过来，大大提高了办公效率。

典型的跨端迁移应用的具体实现流程如图 8-14 所示，其为图 8-4 所示流程的详细版。

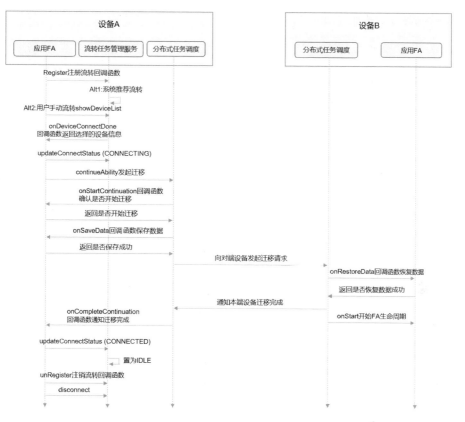

图 8-14　典型的跨端迁移应用的具体实现流程

（1）设备 A 上的应用 FA 向流转任务管理服务注册一个流转回调函数。此处和图 8-4 一样，注册过程分为系统推荐流转和用户手动流转。两者的差异是用户手动流转会调用 showDeviceList 通知流转任务管理服务，被动为用户提供可选择交互的设备信息；而系统推荐流转则是由系统根据网络中设备的情况帮助用户智能推荐一个设备。这两种触发方式在用户完成设备选择后都会回调 onConnected 函数来通知应用 FA 开始流转。

（2）设备 A 上的应用 FA 通过调用分布式任务调度的能力，向设备 B 的应用发起跨端迁移。应用 FA 需要自己管理流转状态，首先调用 updateConnectStatus 函数将流转状态从 IDLE 迁移到 CONNECTING，并上报到流转任务管理服务。后续迁移过程如下。

① 设备 A 上的 FA 调用 ContinueAbility 函数请求迁移。

② 系统回调设备 A 上 FA 的 onStartContinuation 函数，以确认当前 FA 是否可以开始迁移，onStartContinuation 函数返回 true，表示当前 FA 可以开始迁移。

③ 如果可以开始迁移，则系统回调设备 A 上 FA 的 onSaveData 函数，以便保存迁移后恢复状态必需的数据，数据保存在函数的 savedData 参数中。

④ 如果保存数据成功，则系统在设备 B 上启动同一个 FA，并回调 onRestoreData 函数，传递设备 A 上 FA 保存的数据，应用可用此方法恢复业务状态；此后设备 B 上的此 FA 从 onStart 回调函数开始其生命周期。

⑤ 系统回调设备 A 上 FA 的 onCompleteContinuation 函数，通知应用迁移成功。该回调函数中的参数 code 用于返回迁移操作是否成功的结果。

⑥ 应用将流转状态从 CONNECTING 迁移到 CONNECTED，并上报到流转任务管理服务。

⑦ 流转任务管理服务将流转状态重新置为 IDLE，流转完成。

⑧ 应用向流转任务管理服务注销流转回调函数。

（3）控制应用从设备 A 上自行退出。

8.3.3　跨端迁移实战开发

下面按照图 8-14 所示的应用跨端迁移流程设计一个跨端迁移的项目，名为 MyApplicationJ-SrealtransferA，该项目的交互文件代码如例 8-11 所示。

例 8-11　跨端迁移项目的交互文件

```
import prompt from '@system.prompt'
export default {
  data: {
    continueAbilityData: {
      remoteData1: 'self define continue data for distribute',
      remoteData2: {
        item1: 0,
        item2: true,
        item3: 'inner string'
      },
      remoteData3: [1, 2, 3]
    },
    shareData: {
      remoteShareData1: 'share data for distribute',
      remoteShareData2: {
        item1: 0,
        item2: false,
        item3: 'inner string'
      },
      remoteShareData3: [4, 5, 6]
    }
  },
  tryContinueAbility: async function() {
    let result = await FeatureAbility.continueAbility();
    console.info("result:" + JSON.stringify(result));
  },
  onStartContinuation() {
    console.info("onStartContinuation");
    return true;
  },
  onCompleteContinuation(code) {
    console.info("CompleteContinuation: code = " + code);
  },
  onSaveData(saveData) {
    var data = this.continueAbilityData;
    Object.assign(saveData, data)
  },
  onRestoreData(restoreData) {
      this.shareData= restoreData;
  },
    transferme(){
    this.tryContinueAbility();
    }
  }
```

例 8-11 中展示了迁移过程中几个主要回调函数的用法。整个迁移过程从 FeatureAbility 的 continueAbility 函数开始。当迁移开始后，源端 FA 定义的 continueAbilityData 变量会在 onSaveData 回调函数触发时封装在 saveData 参数中，从而一起传送到迁移目标 FA，并绑定到其 shareData 数据段上。在目标 FA 上，shareData 的数据可以直接使用 this 访问。

该项目的页面结构文件代码如例 8-12 所示。该代码中通过 text 组件的 onclick 函数触发 transferme 回调函数。

例 8-12　跨端迁移项目的页面结构文件

```
<div class="container">
    <text class="title" onclick="transferme">
        {{ $t('strings.hello') }} {{ title }}
    </text>
</div>
```

MyApplicationJSrealtransferA 项目运行结果如图 8-15 所示，其中显示了一个分布式远程模拟器。代码开始运行时，运行结果显示 FA 在手机 B 上启动。

图 8-15　MyApplicationJSrealtransferA 项目运行结果

当用户点击界面中的文本后，FA 迁移到手机 A 上，原有模拟器上的 FA 关闭，跨端迁移过程完成，如图 8-16 所示。

图 8-16　跨端迁移过程完成

图 8-17 显示了在迁移过程中回调函数 onStartContinuation 和 onCompleteContinuation 的触发及对应提示信息的按顺序输出。

```
20:04:13.104 18497-3666/com.whu.myapplicationJSrealtransferA I 03B00/JSApp:  app Log: result:{"code":0,"data":null}

09-27 20:04:13.104 18497-3666/com.whu.myapplicationJSrealtransferA I 03B00/JSApp:  app Log: onStartContinuation

20:04:13.933 18497-3666/com.whu.myapplicationJSrealtransferA I 03B00/JSApp:  app Log: CompleteContinuation: code = 0
```

图 8-17 跨端迁移过程中控制台输出结果

8.4 多端协同功能开发

开发者在应用 FA 中通过调用流转任务管理服务和分布式任务调度的接口，可以实现多端协同功能。多端协同可以极大地提高智能设备的利用率，例如，在网上购物时，可以让智慧屏显示博主直播时的讲解内容，而用户通过手机与博主进行交互，以及进行商品信息浏览、商品下单等操作。本节新建项目 RemoteInputDemo，实现手机和智慧屏的协同功能，主要内容包括多端协同具体步骤、界面交互思路及设计、分布式协同权限申请、设备连接和设备交互。

8.4.1 多端协同具体步骤

典型的多端协同过程如图 8-18 所示，具体包含以下步骤。

（1）设备 A 上的应用 FA 向流转任务管理服务注册一个流转回调函数。具体步骤和 8.3.2 小节跨端迁移过程中的步骤（1）是一致的。

（2）设备 A 上的应用 FA 初始化分布式任务调度能力。

（3）设备 A 上的应用 FA 通过调用分布式任务调度的能力，向设备 B 的应用发起多端协同。应用 FA 需要自己管理流转状态，将流转状态从 IDLE 迁移到 CONNECTING，并上报到流转任务管理服务。

（4）开发者根据 Ability 模板及意图的不同，通过组合启动远程 FA、启动远程 PA、连接远程 PA 等能力生成多端协同的业务，这些能力都需要指定待连接设备的信息。下面以设备 A（本地设备）和设备 B（远端设备）为例，进行多端协同场景介绍。

① 设备 A 调用 startAbility 启动设备 B 的 FA：在设备 A 上通过本地应用提供的启动按钮，启动设备 B 上对应的 FA。例如，设备 A 要控制设备 B 打开相册，只需开发者在启动 FA 时指定打开相册的意图即可。

② 设备 A 调用 startAbility 启动设备 B 的 PA：在设备 A 上通过本地应用提供的启动按钮，启动设备 B 上指定的 PA。例如，开发者在启动远程服务时通过意图指定音乐播放服务，即可实现设备 A 启动设备 B 的音乐播放的能力。

③ 设备 A 调用 connectAbility 连接设备 B 的 PA：在设备 A 上通过本地应用提供的连接按钮，连接设备 B 上指定的 PA。连接后，通过其他功能相关按钮实现控制对端 PA 的能力。通过连接关系，开发者可以实现跨设备的同步服务调度，实现类似大型计算任务互助等价值场景。

（5）设备 A 上的应用 FA 启动或连接设备 B 的应用 FA/PA 后，应用将流转状态从 CONNECTING 迁移到 CONNECTED，并上报到流转任务管理服务。

（6）用户通过设备 A 的流转任务管理界面结束流转。用户点击结束任务后，流转任务管理服务回调函数 onDeviceDisconnectDone 通知应用 FA 取消流转。

（7）设备 A 上的应用通过调用分布式任务调度的能力，终止和设备 B 的多端协同。

① 设备 A 调用 disconnectAbility 断开与设备 B 的 PA 的连接：将之前已连接的 PA 断开。

② 设备 A 调用 stopAbility 关闭设备 B 的 PA：关闭设备 B 上指定的 PA。

（8）应用关闭分布式任务调度能力。

（9）应用将流转状态从 CONNECTED 迁移到 IDLE，并上报到流转任务管理服务。

（10）应用向流转任务管理服务注销流转回调函数。

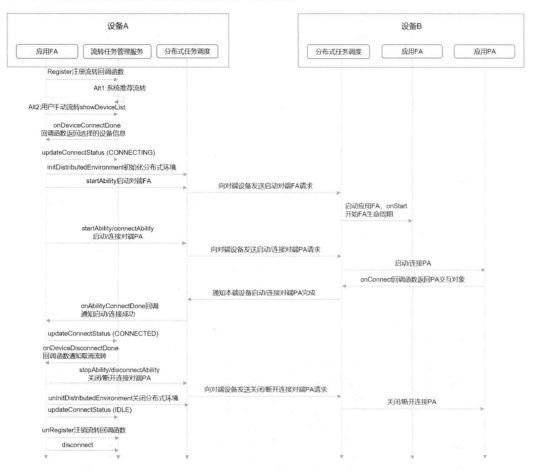

图 8-18　典型的多端协同过程

8.4.2　界面交互思路及设计

目前家庭电视机主要通过其自带的遥控器进行操控，实现的功能比较单一。例如，当要在电视机上搜索节目时，用遥控器往往只能完成一些简单的上下左右焦点移动操作，无法方便地输入其他较复杂的内容。本小节将设计一个分布式遥控器应用，使该应用将手机的输入能力和传统电视遥控器的遥控能力结合为一体，从而快速、便捷地操控电视机。

1．分布式协同遥控器的设计思路

现在市面上也有一些手机自带遥控功能，可以借助红外线发射指令，手机遥控器是主动方，电视机被动接受命令。它们不在同一个网络中，不具备分布式交互能力。

本小节设计的分布式遥控器应用的特点是电视机和手机通过无线网络实现协同工作。电视机和手机是双向交互的，手机是客户端，电视机上的智慧屏是服务端，可以拉起手机控制界面 FA，甚至可以选择哪台手机作为遥控器，之后手机遥控器便可控制电视机上的视频播放：除了一般遥控器提供的上下左右移动功能外，分布式遥控器还提供键盘输入功能，输入内容与电视机保持同步。分布式协同遥控器的交互过程如图 8-19 所示。

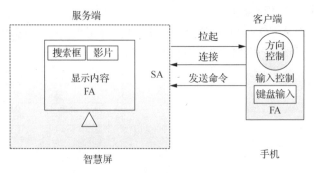

图 8-19　分布式协同遥控器的交互过程

从图 8-19 中可以看到，手机和智慧屏实现了多端协同功能，智慧屏作为服务端，主要功能是显示，而手机作为客户端，主要功能是输入控制。手机具有强大的交互能力，其虚拟键盘的输入方式也符合用户习惯。手机端输入界面（FA）由智慧屏在点击搜索框（FA）时被拉起，选择合适的手机作为协同方后，手机主动发起连接功能，与智慧屏（SA）建立稳定交互通道。此后就是手机通过该通道不断地发送控制命令，智慧屏（SA）收到后对命令进行响应。

2. 重点界面设计

RemoteInputDemo 项目主要的界面包括智慧屏界面、手机遥控器界面、设备选择界面和视频播放界面。

（1）智慧屏界面的展示效果如图 8-20 所示，该布局使用了常用的 DirectionalLayout（方向布局，是总体布局）、TableLayout（表格布局，用于展示影片），以及 text、button、scrollview 和 image 等组件。

图 8-20　智慧屏界面的展示效果

（2）手机遥控器界面的展示效果如图 8-21 所示，该布局使用了 DirectionalLayout（方向布局）和 DependentLayout（依赖布局），组件方面则使用了常用组件 text、image 和 input。

（3）设备选择界面的展示效果如图 8-22 所示，由 HarmonyOS 提供。通过流转任务管理服务提供的 showDeviceList 接口获取设备选择列表，设备选择列表弹窗代码如例 8-13 所示。

图 8-21　手机遥控器界面的展示效果　　　图 8-22　设备选择界面的展示效果

例 8-13　设备选择列表弹窗

```
private void showDevicesDialog() {
        new SelectDeviceDialog(getContext(), deviceInfo -> {
            abilityMgr.openRemoteAbility(deviceInfo.getDeviceId(), getBundle
                                Name(),ABILITY_NAME);
        }).show();
}
public SelectDeviceDialog(Context context, SelectResultListener callBack) {
        getDevices(context, callBack);
    }
private void getDevices(Context context, SelectResultListener callBack) {
        if (deviceIfs.size() > 0) {
            deviceIfs.clear();
        }
        List<DeviceInfo>deviceInfos=DeviceManager.getDeviceList (DeviceInfo.
        FLAG_GET_ONLINE_DEVICE);
        deviceIfs.addAll(deviceInfos);
        initView(context, deviceIfs, callBack);
    }
    private void initView(Context context, List<DeviceInfo> devices,
                    SelectResultListener listener) {
        commonDialog = new CommonDialog(context);
        commonDialog.setAlignment(LayoutAlignment.CENTER);
        Component dialogLayout = LayoutScatter.getInstance(context)
                .parse(ResourceTable.Layout_dialog_select_device, null, false);
        commonDialog.setSize(WIDTH, HEIGHT);
...}
```

从例 8-13 中可以看到图 8-22 所示设备选择列表弹窗的显示过程。首先需要通过 DeviceManager 来获取设备列表信息，接着定制 CommonDialog 弹窗，将获取到的设备列表显示在弹窗上并将其弹出。当用户选择对应设备后，启动 openRemoteAbility 回调函数，该回调函数用于拉起手机遥控器 FA。

（4）视频播放界面的展示效果如图 8-23 所示，其中的视频播放界面由 3 部分组成：一是视频播放主界面，处于最底层；中间层为遮罩层，可以设置为透明的；最上层是播放控制层，该界面悬浮于主界面之上，用于实现播放和暂停功能，且不会遮挡主界面的视频。

图 8-23　视频播放界面的展示效果

为了实现图 8-23 所示的界面，需要设置遮罩层，视频遮罩层配置代码如例 8-14 所示。

例 8-14　视频遮罩层配置

```
SurfaceProvider surfaceView = new SurfaceProvider(this);
DependentLayout.LayoutConfig layoutConfig = new DependentLayout.LayoutConfig();
layoutConfig.addRule(DependentLayout.LayoutConfig.CENTER_IN_PARENT);
surfaceView.setLayoutConfig(layoutConfig);
surfaceView.setVisibility(Component.VISIBLE);
surfaceView.setFocusable(Component.FOCUS_ENABLE);
surfaceView.setTouchFocusable(true);
surfaceView.requestFocus();
surfaceView.pinToZTop(false);
surfaceView.getSurfaceOps().get().addCallback(mSurfaceCallback);
player = new Player(this);
if (findComponentById(ResourceTable.Id_parent_layout) instanceof DependentLayout) {
 DependentLayout dependentLayout = (DependentLayout)
 findComponentById(ResourceTable.Id_parent_layout);
 SimplePlayerController simplePlayerController = new SimplePlayerController(this,
 player);
dependentLayout.addComponent(surfaceView);
dependentLayout.addComponent(simplePlayerController);
 }
```

从例 8-14 中可以看到，遮罩层通过 SurfaceProvider 类完成，遮罩层可以设置诸如可获焦、能点击等属性，主要通过 surfaceView 对象的相关函数来完成。添加完遮罩层后，再添加播放控制层。播放控制层 SimplePlayerController 的构造函数包含以下两个函数，主要用于对播放界面控制栏进行初始化、播放暂停按钮切换。播放控制层主要代码如例 8-15 所示。

例 8-15　播放控制层主要代码

```
private void initView() {
    Component playerController =LayoutScatter.getInstance(mContext)
     .parse(ResourceTable.Layout_simple_player_controller_layout, null, false);
    addComponent(playerController);
    if (findComponentById(ResourceTable.Id_play_controller) instanceof Image) {
        playToggle = (Image) findComponentById(ResourceTable.Id_play_controller);
    }
}
private void initListener() {
  playToggle.setClickedListener(component -> {
```

```
            if (controllerPlayer.isNowPlaying()) {
                    controllerPlayer.pause();

                playToggle.setPixelMap(ResourceTable.Media_video_play);
            } else {
                    controllerPlayer.play();
playToggle.setPixelMap(ResourceTable.Media_video_stop);
            }
        });
    }
}
```

8.4.3 分布式协同权限申请

RemoteInputDemo 项目的运行涉及网络中手机和智慧屏间的交互,而跨设备访问通常涉及设备隐私信息的保护问题,因此开发该项目需要申请以下与多设备协同(Multi-Device Collaboration)相关的 4 个权限。

(1) ohos.permission.DISTRIBUTED_DATASYNC:分布式数据管理权限,允许不同设备间的数据交换。

(2) ohos.permission.DISTRIBUTED_DEVICE_STATE_CHANGE:监听分布式组网中设备状态变化的权限。

(3) ohos.permission.GET_DISTRIBUTED_DEVICE_INFO:获取分布式组网中设备列表和设备信息的权限。

(4) ohos.permission.GET_BUNDLE_INFO:查询其他应用信息的权限。

首先,在项目对应的 config.json 文件中声明此项目需要的多设备协同权限,代码如例 8-16 所示。

例 8-16 多设备协同权限声明

```
"reqPermissions": [
    {
        "name": "ohos.permission.DISTRIBUTED_DATASYNC",
        "reason": "多设备协同",
        "usedScene": {
          "ability": [
            ".MainAbility",
            ".RemoteInputAbility",
            ".RemoteService"
          ],
          "when": "inuse"
        }
    },
    {
        "name": "ohos.permission.DISTRIBUTED_DEVICE_STATE_CHANGE",
        "reason": "获取设备状态变化",
        "usedScene": {
          "ability": [
            ".MainAbility",
            ".RemoteInputAbility",
            ".RemoteService"
          ],
          "when": "inuse"
        }
```

```
            },
            {
              "name": "ohos.permission.GET_DISTRIBUTED_DEVICE_INFO",
              "reason": "获取设备基本信息",
              "usedScene": {
                "ability": [
                  ".MainAbility",
                  ".RemoteInputAbility",
                  ".RemoteService"
                ],
                "when": "inuse"
              }
            },
            {
              "name": "ohos.permission.GRT_BUNDLE_INFO",
              "reason": "获取应用信息",
              "usedScene": {
                "ability": [
                  ".MainAbility",
                  ".RemoteInputAbility",
                  ".RemoteService"
                ],
                "when": "inuse"
              }
            }
          ]
```

其次，在项目 Ability-MainAbility 类中申请以上多设备协同权限，如例 8-17 所示。

例 8-17　多设备协同权限申请

```
If(verifySelfPermission(DISTRIBUTED_DATASYNC)!=IBundleManager.PERMISSION_GRANTED){
                if (canRequestPermission(DISTRIBUTED_DATASYNC)) {
                    requestPermissionsFromUser(
                            new String[]{DISTRIBUTED_DATASYNC}, 0);
                }
    }
```

多设备协同权限申请的运行结果如图 8-24 所示。

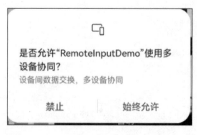

图 8-24　多设备协同权限申请的运行结果

8.4.4　设备连接

点击智慧屏主界面中的搜索框，进入设备选择界面，如图 8-22 所示。用户点击需要的手机遥控设备，随即拉起手机遥控器界面，如图 8-21 所示。拉起手机遥控器界面的核心代码如例 8-18 所示。

例 8-18　拉起手机遥控器界面的核心代码

```
public void openRemoteAbility(String deviceId, String bundleName, String abilityName) {
    Intent intent = new Intent();
    String localDeviceId = KvManagerFactory.getInstance()
    .createKvManager(newKvManagerConfig(abilitySlice)).getLocalDeviceInfo().
    getId();
    intent.setParam("localDeviceId", localDeviceId);
    Operation operation = new Intent.OperationBuilder()
            .withDeviceId(deviceId)
            .withBundleName(bundleName)
            .withAbilityName(abilityName)
            .withFlags(Intent.FLAG_ABILITYSLICE_MULTI_DEVICE)
            .build();
    intent.setOperation(operation);
    abilitySlice.startAbility(intent);
}
```

例 8-18 的核心代码就是通过 startAbility 函数来拉起远程 Ability，也就是手机遥控器 FA。该 Ability 所处设备的 ID 已经在用户获取设备列表并选择需要的设备时确定了，存储在用户偏好文件中。bundleName 就是此应用的包名，此示例是同一个应用在两台不同的设备上协同，abilityName 是已知的。

localDeviceId 为智慧屏设备 ID，作为拉起手机端 FA 的参数，传递至遥控器 FA，在遥控 FA 与对应的智慧屏设备交互时使用。在启动过程中，遥控界面 FA 通过 connectPa 函数与智慧屏端 RemoteService 建立连接。与智慧屏建立连接的代码如例 8-19 所示。

例 8-19　与智慧屏建立连接

```
public void connectPa(Context context, String deviceId) {
    if (deviceId != null && !deviceId.trim().isEmpty()) {
        Intent connectPaIntent = new Intent();
        Operation operation = new Intent.OperationBuilder()
                        .withDeviceId(deviceId)
                        .withBundleName(context.getBundleName())
                        .withAbilityName(RemoteService.class.getName())
                        .withFlags(Intent.FLAG_ABILITYSLICE_MULTI_DEVICE)
                        .build();
        connectPaIntent.setOperation(operation);
        conn = new IAbilityConnection() {
        @Overridepublic void onAbilityConnectDone(ElementName elementName,IRemoteObject
        remote, int resultCode) {
                        LogUtils.info(TAG, "===connectRemoteAbility done");
                        proxy = new MyRemoteProxy(remote);
                }
        @Override public void onAbilityDisconnectDone(ElementName elementName, int
        resultCode) {
                        LogUtils.info(TAG, "onAbilityDisconnectDone......");
                        proxy = null;
                }
            };
            context.connectAbility(connectPaIntent, conn);
        }
    }
}
```

例 8-19 中代码的核心是 connectAbility，代表拉起的手机遥控器界面和智慧屏服务端 RemoteService

Ability 建立连接。与服务端的连接建立成功后，会触发 IAbilityConnection 接口的 onAbilityConnectDone 回调函数，该回调函数中会生成与服务端连接的管道（Proxy）。此过程在 4.7.3 小节中已经讲解过，管道实现了 IRemoteBroker 接口。

与智慧屏服务端建立连接后，手机遥控器后续请求信息会通过该管道发送到服务端 RemoteService，手机遥控器发出请求的代码如例 8-20 所示。

例 8-20 手机遥控器发出请求

```
@Override public void sendRequest(int requestType, Map<String, String> params) {
        if (proxy != null) {
                proxy.senDataToRemote(requestType, params);
        }
}
```

智慧屏服务端的 RemoteService 为 Service Ability，专门用于处理客户端发送到服务端的请求。RemoteService 处理请求是通过 RemoteObject 的子类 MyRemote 实现的。每当收到客户端的请求时，都会触发其回调函数 onRemoteRequest。智慧屏服务端 MyRemote 类声明如例 8-21 所示。

例 8-21 智慧屏服务端 MyRemote 类声明

```
public class MyRemote extends RemoteObject implements IRemoteBroker {
    private MyRemote() {
            super("===MyService_Remote");
            }
    @Override public IRemoteObject asObject() {
            return this;
            }
    @Override public boolean onRemoteRequest(int code, MessageParcel data,
    MessageParcel reply, MessageOption option) {
            LogUtils.info(TAG, "===onRemoteRequest......");
            int requestType = data.readInt();
            String inputString = data.readString();
            sendEvent(requestType, inputString);
            return true;
        }
}
```

智慧屏服务端收到遥控器客户端发来的数据后，需要将数据同步到智慧屏服务端的 FA，例 8-21 中通过 sendEvent 函数实现。智慧屏服务端 SA 将信息同步至 FA 的代码如例 8-22 所示。该代码将客户端的请求数据打包到 Intent 中，并调用 CommonEventManager 类的公共事件通知函数 publishCommonEvent，将信息传递给订阅了该事件的智慧屏服务端的 FA。

例 8-22 智慧屏服务端 SA 将信息同步至 FA

```
private void sendEvent(int requestType, String string) {
    LogUtils.info(TAG, "sendEvent......");
    try {
        Intent intent = new Intent();
        Operation operation = new Intent.OperationBuilder()
            .withAction(EventConstants.SCREEN_REMOTE_CONTROLL_EVENT)
            .build();
        intent.setOperation(operation);
        if (requestType == ConnectManagerIml.REQUEST_SEND_MOVE) {
                intent.setParam("move", string);
        } else {
                intent.setParam("inputString", string);
        }
```

```
            intent.setParam("requestType", requestType);
            CommonEventData eventData = new CommonEventData(intent);
            CommonEventManager.publishCommonEvent(eventData);
        } catch (RemoteException e) {
            LogUtils.error(TAG, "publishCommonEvent occur exception.");
        }
    }
```

8.4.5　设备交互

手机端的 FA 由智慧屏服务器 FA 拉起。在手机端 FA 页面初始化时，会绑定 button 组件的点击事件，同时在点击事件中定义与智慧屏服务端的交互。在 RemoteInputDemo 项目中，手机端 FA 通过按钮对智慧屏服务端 FA 做出的控制有焦点上下左右移动、选项确定、页面返回和页面关闭。

除此之外，手机端 input 组件输入文字时，服务端 input 组件也要同步文字。此功能的实现是对手机 input 组件的输入事件进行监听，如果有输入发生，则调用相应的回调函数将内容发送到智慧屏服务端。手机端 FA 控制智慧屏服务端 FA 的代码如例 8-23 所示。

例 8-23　手机端 FA 控制智慧屏服务端 FA

```
private void initListener() {
textField.addTextObserver((ss, ii, i1, i2) -> {
    Map<String, String> map = new HashMap<>(INIT_SIZE);
    map.put("inputString", ss);
     connectManager.sendRequest(ConnectManagerIml.REQUEST_SEND_DATA, map);
     });
okButton.setClickedListener(component -> {
    buttonClickSound();
    String searchString = textField.getText();
    Map<String, String> map = new HashMap<>(INIT_SIZE);
    map.put("inputString", searchString);
    connectManager.sendRequest(ConnectManagerIml.REQUEST_SEND_SEARCH, map);
        });
...}
```

例 8-23 中的 textField 变量为 input 组件，当该组件发生输入事件时，会把输入的文字同步到智慧屏 input 组件上，而点击 "OK" 按钮后会触发智慧屏搜索事件。

智慧屏 FA 中的 MyCommonEventSubscriber 类订阅了公共事件，当智慧屏 RemoteService（SA）通过公共事件转发客户端发送过来的数据时，该类的 onReceiveEvent 回调函数会解析数据包，分析客户端的意图，调用智慧屏 FA 上对应的函数进行处理。MyCommonEventSubscriber 类声明的代码如例 8-24 所示。

例 8-24　MyCommonEventSubscriber 类声明

```
class MyCommonEventSubscriber extends CommonEventSubscriber {
        MyCommonEventSubscriber(CommonEventSubscribeInfo info) {
            super(info);
        }
@Override public void onReceiveEvent(CommonEventData commonEventData) {
        Intent intent = commonEventData.getIntent();
        int requestType = intent.getIntParam("requestType", 0);
        String inputString = intent.getStringParam("inputString");
        if (requestType == ConnectManagerIml.REQUEST_SEND_DATA) {
                tvTextInput.setText(inputString);
        }
```

```
            else if (requestType == ConnectManagerIml.REQUEST_SEND_SEARCH) {
                    if (componentPointDataNow.getPointX() == 0) {
                        searchMovies(tvTextInput.getText());
                        return;
                    }
            abilityMgr.playMovie(getBundleName(), MOVIE_PLAY_ABILITY);
                } else {
                    String moveString = intent.getStringParam("move");
                    MainCallBack.movePoint(MainAbilitySlice.this, moveString);
                }
            }
        }
```

例 8-24 对 onReceiveEvent 事件中的 commonEventData 参数进行了分析。如果收到的 Intent 对象中包含文本输入，则在智慧屏搜索框中填充输入内容。如果收到的 Intent 对象中包含的操作为移动，则根据具体移动方向移动焦点。如果收到的 Intent 对象操作为确定，则判断当前焦点所在位置：焦点在搜索框上时，执行搜索逻辑；焦点在影片图片组件上时，播放影片。如果收到的 Intent 对象操作为返回，则返回智慧屏主页，焦点聚焦于搜索框。

RemoteInputDemo 项目的整个协同交互过程如图 8-25 所示。首先启动分布式模拟器，这里会启动一个手机和一个智慧屏。当在图 8-25 右侧的智慧屏的 input 组件上点击后，会弹出网络中的设备列表，网络中只有一台手机，因此选择唯一的一台手机后，会拉起图 8-25 左侧的手机遥控器界面。

图 8-25　RemoteInputDemo 项目的整个协同交互过程

当在手机遥控器 input 组件中输入数据时会同步到智慧屏，如图 8-26 所示。

图 8-26　在手机遥控器中输入数据时会同步到智慧屏

搜索到想要的影片后，点击"OK"按钮，进入视频播放界面，如图 8-27 所示。

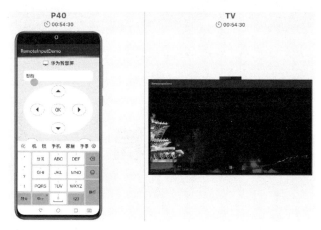

图 8-27　点击"OK"按钮进入视频播放界面

本项目可以进一步改进的地方是通过在手机遥控器上设置播放/暂停按钮和进度条组件来控制智慧屏中视频的播放，感兴趣的读者可以自己动手进行操作。

本章小结

HarmonyOS 中的流转架构是实现 HarmonyOS 重要特性"超级终端"的必要条件。本章首先介绍了流转架构的核心组件和关键流程，接着介绍了流转架构的两种实现方式——跨端迁移和多端协同，最后介绍了对应的两种流转架构的实现方式，其中分布式协同的实战案例——分布式遥控器充分体现了"超级终端"的意义。

通过对本章的学习，读者应能够理解流转架构的工作原理和工作过程，掌握跨端迁移功能和多端协同功能开发的要点，并能够使用这两种功能来开发具有多端交互能力的分布式应用。

课后习题

（1）（判断题）流转功能打破了设备的界限，使多设备得以联动，使用户应用程序可分、可合、可流转，为 HarmonyOS 应用开发提供了广阔的使用场景和崭新的产品视角，开发者可以更好地发掘产品优势，实现体验升级。（　　）

　　A．正确　　　　　　　　B．错误

（2）（多选题）为了实现流转功能，需要借助（　　）。

　　A．流转任务管理服务　　　　　　　B．分布式任务调度

　　C．分布式安全认证　　　　　　　　D．分布式软总线

（3）（判断题）跨端迁移和多端协同的主要区别在于设备间是否存在交互并共同实现某一功能。（　　）

　　A．正确　　　　　　　　B．错误

（4）（判断题）当发起流转的设备上的 FA 向流转任务管理服务注册一个流转回调函数时，该注册过程分为系统推荐流转和用户手动流转两类。（　　）

　　A．正确　　　　　　　　B．错误

高级篇

第9章　HarmonyOS传感器应用和媒体管理

学习目标

- 了解 HarmonyOS 主流传感器分类和工作原理。
- 掌握方向传感器的调用过程和方法。
- 掌握相机的调用方法。
- 掌握位置传感器的调用方法。

2007 年，第一代 iPhone 发布，这标志着智能手机时代的来临。智能手机与传统手机相比，除了能够快速联网外，更显著的区别是它不再只是通话工具：用户在户外露营时，它可以显示位置，进行定位，指示方向；用户在跑步时，它可以显示运动的距离和时间；用户在爬山时，它可以显示海拔……这些功能的实现都离不开手机内置的丰富的传感器。手机内的传感器可以帮助手机发挥更强大的作用，用好传感器对编制良好的应用有较大作用。

本章主要介绍 HarmonyOS 中主流传感器的分类、传感器的工作原理、普通传感器的调用、相机的调用，以及位置传感器的调用。

9.1　主流传感器分类

根据 HarmonyOS 设备中传感器的不同用途，可以将其分为六大类：运动传感器、环境传感器、方向传感器、光线传感器、健康传感器和其他传感器（如霍尔传感器）。每一大类传感器都包含许多不同类型和功能的传感器，某种类型的传感器可能是单一的物理传感器，也可能是由多个物理传感器复合而成的。

这六大类传感器包含的物理传感器介绍如下。

（1）运动传感器。可以使用 ohos.sensor.agent.CategoryMotionAgent 类来指代该类型传感器，该类型传感器所包括的物理传感器有加速度传感器、重力传感器、陀螺仪传感器和计步传感器等，目前绝大多数智能手机内置了这几个传感器。

① 加速度传感器。该类型传感器主要用来检测手机的运动状态，测量在 3 个物理轴（x 轴、y 轴和 z 轴）上分别施加于手机上的加速度（包括重力加速度），单位为 m/s^2。

② 重力传感器。该类型传感器主要用来测量重力大小，测量在 3 个物

理轴（x轴、y轴和z轴）上分别施加于手机上的重力加速度，单位为 m/s²。

③ 陀螺仪传感器。该类型传感器主要用来测量手机旋转的角速度，分别测量在 3 个物理轴（x轴、y轴和z轴）上手机对应的旋转角速度，单位为 rad/s。

④ 计步传感器。该类型传感器主要用来提供用户行走的步数数据，可以统计用户行走步数。

手机的运动状态和旋转角速度等信息与手机的空间姿态有关，手机的空间姿态如图 9-1 所示，网格状平面代表手机所处平面。图 9-1 中的状态是手机处于用户手持时的空间垂直状态，如果手机是放在水平面上的，则整个平面绕x轴旋转$-90°$，此时手机正面向上。图 9-1 中的大拇指朝向表示加速度的正方向，剩余手指的弯曲方向代表了陀螺仪测量得到的设备旋转角度的正方向。

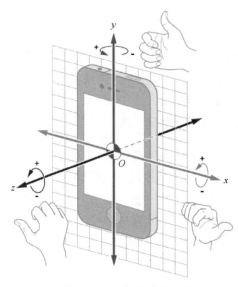

图 9-1　手机的空间姿态

（2）环境传感器。可以使用 ohos.sensor.agent.CategoryEnvironmentAgent 类来指代该类型传感器，该类型传感器包含温度传感器、磁力传感器、湿度传感器和气压传感器等。温度、湿度和气压传感器用来检测环境温度、湿度和气压大小，并非所有手机都具备这类传感器。磁力传感器可用来创建指南针应用，测量 3 个物理轴（x轴、y轴和z轴）上的环境地磁场强度，单位为 μT。

（3）方向传感器。可以使用 ohos.sensor.agent.CategoryOrientationAgent 类来指代该类型传感器，该类型传感器包含 6 自由度传感器、屏幕旋转传感器和设备方向传感器，这些传感器的功能和运动类传感器的功能类似。

（4）光线传感器。可以使用 ohos.sensor.agent.CategoryLightAgent 类来指代该类型传感器，该类型传感器包含环境光传感器和距离光传感器。环境光传感器用来测量设备周围光线强度，单位为 lux，可以用来自动调节屏幕亮度以及检测屏幕上方是否有遮挡。距离光传感器用光线反射来测量物体到手机的距离，也可以测量可见物体相对于设备显示屏的接近或远离状态，从而根据状态来调节屏幕亮度。

（5）健康传感器。可以使用 ohos.sensor.agent.CategoryBodyAgent 类来指代该类型传感器，该类型传感器包括心率传感器和穿戴传感器。这些传感器通常安装在可穿戴设备上，手机一般不具备，可以向用户提供人体心率和血氧饱和度等健康信息。

（6）其他传感器。可以使用 ohos.sensor.agent.CategoryOtherAgent 类来指代该类型传感器，该类型传感器包括霍尔传感器和按压传感器等。霍尔传感器可以测量设备周围是否存在磁力吸引，适用于皮套模式。皮套模式是指手机戴上了具有一定磁吸附能力的手机壳（皮套）时所处的模式。

9.2　工作原理

HarmonyOS 传感器框架是应用访问底层硬件传感器的一种设备抽象概念。开发者根据传感器框架提供的 Sensor API 可以查询设备上的传感器，订阅传感器的数据，并根据传感器数据定制相应的算法，开发各类应用，如指南针、运动健康、游戏等。

HarmonyOS 传感器框架包含 4 个模块：Sensor SDK、Sensor Manager、Sensor Service 和 HD_IDL，如图 9-2 所示。

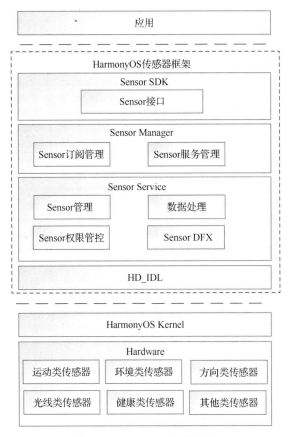

图 9-2　HarmonyOS 传感器框架

这 4 个模块的作用和关系如下。

（1）Sensor SDK。该模块用于提供传感器的基础 Senser 接口，主要包含查询传感器的列表、订阅或取消订阅传感器的数据、执行控制命令等，从而简化应用开发。

（2）Sensor Manager。该模块包含 Sensor 订阅管理和 Sensor 服务管理两个子模块，Sensor 订阅管理子模块主要实现传感器数据的订阅管理，Sensor 服务管理子模块负责数据通道的创建、销毁、订阅与取消订阅，实现与 Sensor Service 的通信。

（3）Sensor Service。该模块包含 Sensor 管理、数据处理、Sensor 权限管控、Sensor DFX（Design For X）4 个子模块，Sensor 管理子模块负责 Sensor 的管理，数据处理子模块主要实现 HD_IDL 层数据接收、解析、分发，前后台的策略管控，Sensor 权限管控子模块负责管控该设备 Sensor 的权限，Sensor DFX 子模块负责该设备 Sensor 生命周期各环节的设计等。

（4）HD_IDL。该模块对不同 Sensor 的数据采集方式【如先进先出（First In Fist Out，FIFO）】

和采集频率进行策略选择，以及对不同设备进行适配。

使用传感器来获取运动和健康等数据时，有以下两点注意事项。

（1）针对某些传感器，开发者需要请求相应的权限，才能获取相应传感器的数据。手机传感器权限申请如表 9-1 所示。

表 9-1 　　　　　　　　　　　　　　　**手机传感器权限申请**

传感器	权限名	敏感级别	权限描述
加速度传感器	ohos.permission.ACCELEROMETER	system_grant	允许订阅 Motion 组对应的加速度传感器的数据
陀螺仪传感器	ohos.permission.GYROSCOPE	system_grant	允许订阅 Motion 组对应的陀螺仪传感器的数据
计步传感器	ohos.permission.ACTIVITY_MOTION	user_grant	允许订阅运动状态
心率传感器	ohos.permission.READ_HEALTH_DATA	user_grant	允许读取健康数据

（2）传感器数据订阅和取消订阅接口需要成对调用，当不再需要订阅传感器数据时，开发者需要调用取消订阅接口进行资源释放。这个步骤很关键，通常来说，传感器不使用的时候应该尽快关闭，因为传感器在采集数据的时候功耗较大，特别是频繁调用传感器进行数据采集时。另外，传感器设备采集的精度越高，功耗也就越大，要注意资源释放的问题。

9.3　方向传感器调用

HarmonyOS 传感器框架提供的功能包括查询传感器的列表、订阅或取消订阅传感器数据、查询传感器的最小采样时间间隔、执行控制命令。本节以方向传感器为例，介绍传感器的具体使用方法。

在 DevEco Studio 中新建一个应用 A，直接在默认的 index 页面的交互文件中输入例 9-1 所示的代码进行方向传感器调用。需要说明的是，这里主要是对传感器数据的调用进行观察，因此不需要进行前端设计。

例 9-1　方向传感器调用

```
export default {
    onInit() {
        sensor.subscribeCompass({
            success: function(ret) {
                console.log('get data direction:' + ret.direction);
            },
            fail: function(data, code) {
                console.error('subscribe compass fail, code: ' + code + ', data:
                            ' + data);
            },
        });
    },
    onDestroy() {
        sensor.unsubscribeCompass();
        console.log('cancel data direction collection');
    }
```

要使用方向传感器，必须引入传感器对象，示例代码如下。

```
import sensor from '@system.sensor';
```

在例 9-1 中，在页面初始化阶段使用传感器对象 sensor 的 subscribeCompass 函数订阅方向（罗盘）数据。该函数的参数为两个回调函数 success 和 fail。如果数据订阅成功，则会执行其中的 success

函数，否则执行 fail 函数。如果成功采集到数据，则 success 函数会在控制台输出方向指向，其数据是通过 ret 参数返回的。success 函数中的代码会被周期性执行，执行时间取决于默认的采样间隔。如果订阅失败，则 fail 函数在控制台上输出错误代码和错误信息。

当页面退出时，会取消方向数据订阅，同时在屏幕上输出信息提示。执行应用 A，可以得到图 9-3 所示的方向传感器数据采集结果。

```
[phone][Console  DEBUG]  09/24 16:44:22 172609536 app Log: get data direction:49.762344
[phone][Console  DEBUG]  09/24 16:44:22 172609536 app Log: get data direction:49.524996
[phone][Console  DEBUG]  09/24 16:44:22 172609536 app Log: get data direction:49.025138
[phone][Console  DEBUG]  09/24 16:44:23 172609536 app Log: get data direction:49.839242
[phone][Console  DEBUG]  09/24 16:44:23 172609536 app Log: get data direction:49.452216
[phone][Console  DEBUG]  09/24 16:44:23 172609536 app Log: get data direction:49.445678
[phone][Console  DEBUG]  09/24 16:44:23 172609536 app Log: get data direction:49.440649
```

图 9-3　方向传感器数据采集结果

图 9-3 显示了方向传感器采集到的方向数据，只要订阅后就不停采集数据，直到退出应用 A 为止。

9.4　相机调用

HarmonyOS 相机模块支持相机业务的开发，开发者可以通过已开放的接口实现相机硬件的访问、操作和新功能开发，最常见的相机操作包括预览、拍照、连拍和录像等。

下面新建一个调用摄像头的应用 B，其 index 页面结构代码如例 9-2 所示。

例 9-2　index 页面结构

```
<div class="container">
    <camera flash="off" deviceposition="back" @error="cameraError" id="take">
    </camera>
    <button onclick="takephotos">拍照</button>
</div>
```

例 9-2 中的 button 组件点击后会触发回调函数 takephotos，由该回调函数来调用相机。此外，此例中使用了 camera 组件，一个页面只能拥有一个 camera 组件，该组件包含以下几个主要属性。

（1）deviceposition。该属性可以设置为 front 和 back，分别代表前置和后置摄像头。

（2）flash。该属性的取值可以是 on、off 和 torch，分别代表闪光灯打开、关闭和常亮。

（3）@error。该属性是相机组件的独有事件，在用户不允许使用摄像头时触发，此例中会调用 cameraError 回调函数。

index 页面样式代码如例 9-3 所示。

例 9-3　index 页面样式

```
.container {
    display: flex;
    justify-content: center;
    align-items: center;
    flex-direction: column;
}
camera{
    width: 300px;
    height: 300px;
}
.btn{
    margin-top:20px;
```

```
    font-size: 30px;
    }
```

该代码中针对 camera 组件定义了大小及样式,长宽均为 300px。index 页面交互代码如例 9-4 所示。

例 9-4　index 页面交互

```
import prompt from '@system.prompt';
export default {
    cameraError(){
        prompt.showToast({
            message: "授权失败!"
        });
    },
    takephotos()
    {
        var params={};
        params.quality='high';
        params.success=null;
        params.fail=null;
        params.complete=null;
        this.$element('take').takePhoto(params)
    },
    }
```

例 9-4 中的代码使用 $element 函数引用 camera 组件,并调用该组件的 takePhoto 函数调用摄像头来拍摄图片,takePhoto 函数的参数为 CameraTakePhotoOptions 类型,该参数包含以下 4 个属性。

(1)quality:表示调用摄像头拍摄图片时的画质,可以取值为 high、normal、low,分别对应高、中、低画质,该属性不能为空。

(2)success:函数类型,表示相机调用成功后执行的回调函数,该函数的返回值为图片存储路径 uri,该属性可以为空。

(3)fail:函数类型,表示相机调用失败后的回调函数,该属性可以为空。

(4)complete:函数类型,表示相机调用完毕后的回调函数,该属性可以为空。

应用 B 在模拟器上运行后,调用模拟器摄像头拍照的效果如图 9-4 所示。

图 9-4　调用模拟器摄像头拍照的效果

9.5 位置传感器调用

目前，移动终端设备已经深入人们日常生活的方方面面，如查看所在城市的天气、浏览新闻、出行打车、旅行导航和运动记录等，这些活动都需要定位用户终端设备的位置。

当用户处于这些丰富的使用场景中时，系统的定位可以提供实时、准确的位置数据。对于开发者而言，设计基于位置体验的服务，也可以使应用的使用体验更贴近每个用户。当应用实现基于设备位置的功能（如驾车导航和记录运动轨迹）时，可以调用位置传感器的接口，完成位置信息的获取。

9.5.1 基本概念

位置功能用于确定用户设备在哪里，系统使用位置坐标标示设备的位置，并用多种定位技术提供服务，如全球导航卫星系统（Global Navigation Satellite System，GNSS）定位、基站定位、WLAN/蓝牙定位（基站定位、WLAN/蓝牙定位后续统称为"网络定位技术"）。通过这些定位技术，无论用户设备是在室内还是户外，都可以准确地确定设备位置。

位置功能包含以下关键字。

（1）坐标定位。系统以 1984 年世界大地坐标系统为参考，使用经度、纬度数据描述地球上的一个位置。

（2）全球导航卫星系统定位。基于全球导航卫星系统来定位，包含 GPS、GLONASS、北斗、Galileo 等系统。通过导航卫星、设备芯片提供的定位算法来确定设备准确位置。定位过程中具体使用哪些系统取决于用户设备的硬件能力。

（3）基站定位。根据设备当前驻网基站和相邻基站的位置，估算设备当前位置。此定位方式的定位结果精度相对较低，并且设备需要可以访问移动网络。

（4）WLAN/蓝牙定位。根据设备可搜索到的周围 WLAN、蓝牙位置，估算设备当前位置。此定位方式的定位结果精度依赖设备周围可见的固定 WLAN 和蓝牙的分布。密度较高时，精度也相较于基站定位方式更高，同时需要设备可以访问移动网络。

9.5.2 运作机制

位置功能作为系统为应用提供的一种基础服务，需要应用在所使用的业务场景向系统主动发起请求，并在业务场景结束时主动结束此请求。在此过程中，系统会将实时的定位结果上报给应用。

使用设备的位置功能，需要用户进行确认并主动开启位置开关。如果位置开关没有开启，则系统不会向任何应用提供位置服务。设备位置信息属于敏感数据，所以即使用户已经开启位置开关，应用在获取设备位置前仍需向用户申请位置访问权限，在用户确认允许授予此权限后，系统才会向应用提供位置服务。

9.5.3 位置获取

开发者可以调用 HarmonyOS 位置相关接口，获取设备实时位置，或者最近的历史位置。

对于位置敏感的应用业务，建议获取设备实时位置信息。如果不需要设备实时位置信息，并且希望尽可能地节省电量，则开发者可以考虑获取最近的历史位置。

位置信息获取的实现主要分为两步：先获取设备权限，再调用位置传感器来获取数据。下面新建一个应用 C 来实现位置获取，实现步骤如下。

1. 获取权限

（1）在应用 C 的 config.json 文件的 reqPermissions 闭包中声明应用获取位置权限，代码如例 9-5

所示。

例 9-5 在 config.json 文件中声明位置权限

```
"reqPermissions": [
    {
        "name": "ohos.permission.LOCATION"
    }
],
```

（2）在应用 C 的主 Ability（AceAbility 的子类）的 onStart 回调函数中调用 requestPermissions 函数申请位置权限，代码如例 9-6 所示。

例 9-6 在应用 C 的主 Ability 中申请位置权限

```
private void requestPermission() {
    if (verifySelfPermission(SystemPermission.LOCATION)!=IBundleManager.
        PERMISSION_GRANTED) {
        requestPermissionsFromUser(new String[] {SystemPermission.LOCATION}, 0);
    }
}
```

运行例 9-6 中的代码后，会弹出图 9-5 所示的位置传感器使用授权弹窗。

图 9-5 位置传感器使用授权弹窗

2. 采集位置信息

（1）在图 9-5 所示的弹窗中点击"仅使用期间允许"按钮，位置信息的采集就开始了。在应用 C 默认包含的 index 页面的交互文件中填写例 9-7 所示的代码，调用位置传感器。

例 9-7 调用位置传感器

```
import geolocation from '@system.geolocation';
export default {
    onInit(){
        geolocation.getLocation({
            success: function (data) {
                console.log('success get location data. latitude:' +
                            data.latitude);
            },
            fail: function (data, code) {
                console.log('fail to get location. code:' + code + ', data:' + data);
            },
        });
```

```
□          }
□     }
```

（2）为了使用位置传感器，例 9-7 的代码中需要引入位置模块'@system.geolocation'，获取位置管理对象 geolocation。在页面初始化回调函数 onInit 中调用该对象的函数 getLocation 来获取位置信息，该函数有 5 个参数，各参数的意义如下。

① Timeout。其类型为数值，用来设置超时时间，以防止因请求位置权限被系统拒绝、定位信号弱或者定位设置不当而导致请求阻塞的情况发生。超时后会使用 fail 回调函数，该参数可以不填。

② coordType。其类型为字符串，指采集位置信息的坐标系类型，可通过 getSupportedCoordTypes 函数来获取坐标类型可选值。其默认值为 wgs84，该参数可以不填。

③ success。其类型为函数，当请求的位置接口函数调用成功后会触发该回调函数。该函数会返回位置信息，返回值在其输出参数中。输出参数为结构体，该结构体中包含的属性包括以下变量。

- Longitude：表示经度，数值类型。
- Latitude：表示纬度，数值类型。
- Altitude：表示海拔，数值类型。
- Accuracy：表示精度，数值类型。
- Time：表示位置获取的时间戳，数值类型。

④ Fail。其类型为函数，请求位置接口函数调用失败后会触发的回调函数。

⑤ Complete。其类型为函数，请求位置接口函数调用完成后会触发的回调函数。

例 9-7 中的 success 回调函数获取的位置信息包含在其参数 data 中，直接可以在控制台输出其纬度信息，如图 9-6 所示。

```
[phone][Console   DEBUG]   09/25 10:49:48 25358336 app Log: success get location data. latitude:121.61934
```

图 9-6　输出纬度信息

本章小结

现代智能设备上各种功能强大的传感器有效地扩展了设备的应用场景。本章首先介绍了智能设备上主流传感器的分类及其工作原理，接着通过代码依次展示了 HarmonyOS 中 JS UI 框架下的方向传感器、相机和位置传感器的调用方法。

通过对本章的学习，读者应能体会到 HarmonyOS 设备上丰富的传感器为用户带来的良好体验，并掌握主流传感器工作原理，以及调用常用传感器完成特定场景应用的开发。

课后习题

（1）（多选题）HarmonyOS 设备中常用的传感器包括（　　）、健康传感器和其他传感器。

　　A. 运动传感器　　　B. 环境传感器　　　　C. 方向传感器　　　　D. 光线传感器

（2）（判断题）对于传感器来说，采集时的精度和功耗是成反比的。提高采样速度可以获得较高精度，但会带来较大功耗。（　　）

　　A. 正确　　　　　　B. 错误

（3）（判断题）要想获取设备位置信息，除了打开 GPS 开关外，还需要申请位置访问权限。（　　）

　　A. 正确　　　　　　B. 错误

10 第10章 HarmonyOS原子化服务

学习目标

- 了解 HarmonyOS 原子化服务定义、特性和应用场景。
- 掌握原子化服务运作机制，以及卡片提供方和服务方的概念。
- 掌握服务卡片的结构、资源访问方式和配置文件的配置方法。
- 掌握服务卡片和服务分享开发方法。

在万物互联的时代，人均持有设备量不断攀升，设备和场景的多样性使应用开发变得更加复杂、应用入口变得更加多样。在此背景下，应用提供方和用户迫切需要一种新的服务提供方式，使应用开发更简单，服务（如听音乐、打车等）的获取更便捷。为此，HarmonyOS 除支持传统方式需要安装的应用外，还要支持提供特定功能的免安装的应用（即原子化服务）。

原子化服务是 HarmonyOS 的重要特性，本章主要介绍原子化服务的定义和特点，以及 HarmonyOS 中原子化服务的呈现、开发和分享方式等，其中重点介绍了原子化服务开发涉及的相关技术，并使用详尽的示例代码展示了这些技术在原子化服务开发过程中的应用。

10.1 原子化服务的定义与特性

原子化服务是 HarmonyOS 提供的一种面向未来的服务提供方式，是有独立入口的（用户可通过点击方式直接触发）、免安装的（无须显式安装，由系统程序框架后台安装后即可使用）、可为用户提供一个或多个便捷服务的应用程序形态。例如，原先一款需要使用传统方式进行安装的购物应用 A，在按照原子化服务理念调整设计后，可以改进成由"商品浏览""购物车""支付"等多个便捷服务组成的、免安装的原子化购物服务。

原子化服务基于 HarmonyOS 接口开发，支持运行在"1+8+N"设备（1 为手机，8 为常用智能终端，包括平板电脑、计算机、智慧屏、耳机、音箱等，N 是指除此之外的其他智能设备）上，供用户在合适的场景和设备上便捷地使用。原子化服务相对于传统方式的需要安装的应用形态更加轻量，同时提供更丰富的入口和更精准的分发。

原子化服务由一个或多个 HAP 模块组成，一个 HAP 模块对应一个 FA 或一个 PA，每个 FA 或 PA 均可独立运行，并完成一个特定功能。其中，一个或多个功能（对应 FA 或 PA）可完成一个特定的便捷服务。原子化服务和传统应用安装形式的区别如表 10-1 所示。

表 10-1　　　　　　　　　　原子化服务和传统应用安装形式的区别

项目	原子化服务	传统应用安装形式
软件包形态	应用包（.app）	应用包（.app）
分发平台	由原子化服务平台（Huawei Ability Gallery）管理和分发	由应用市场（AppGallery Connect）管理和分发
安装后有无桌面 icon	无桌面 icon，但可手动添加到桌面上，显示形式为服务卡片	有桌面 icon
HAP 模块免安装要求	所有 HAP 模块（包括 entry 模块和 feature 模块）均需满足免安装要求	所有 HAP 模块（包括 entry 模块和 feature 模块）均为非免安装的

原子化服务的主要特性如下。

1. 随处可及

（1）服务发现：可在服务中心被发现并使用。

（2）智能推荐：基于合适场景推荐，并且用户可在服务中心和小艺建议（小艺建议是 HarmonyOS 2.0 上自带的一款智慧化助手，它可以根据用户的使用习惯来动态推荐 App 和服务）中看到系统当前推荐的服务。

2. 服务直达

（1）支持免安装使用。

（2）服务卡片：用户无须打开原子化服务便可获取服务内重要信息的展示和动态变化，如天气、关键事务备忘、热点新闻列表。

3. 跨设备

（1）支持运行在"1+8+N"设备上，如手机、平板电脑等设备。

（2）支持跨设备分享：如接入华为分享后，用户可分享原子化服务给好友，好友确认后便可打开分享的服务。

（3）支持跨端迁移：如手机上未完成的邮件可迁移到平板电脑上继续编辑。

（4）支持多端协同：如手机用于文档翻页和批注，配合智慧屏显示完成分布式办公；或手机作为手柄，与智慧屏配合玩游戏。

10.2　原子化服务体验

HarmonyOS 中的原子化服务主要是通过服务中心中呈现的服务卡片来体现的，通过服务卡片可以快速浏览应用核心功能。服务卡片体积小且支持免安装功能，因此好的服务卡片可以通过华为分享功能便捷地分享到其他设备。

10.2.1　服务中心

服务中心为用户提供统一的原子化服务的查看、搜索、收藏和管理功能。原子化服务在服务中心以服务卡片的形式展示，用户可将服务中心的服务卡片添加到手机屏幕上进行快捷访问。以手机为例，其服务中心功能的展示如图 10-1 所示。

服务中心的具体使用方法如下。

（1）用户从屏幕左下方或右下角向斜上方滑动，可以进入服务中心。

（2）"我的服务"模块展示了常用服务和用户主动收藏的服务，如图 10-1（a）所示。

（3）"发现"模块提供了海量的服务供用户使用，如图 10-1（b）所示。通过服务卡片，能很容易地将服务分享到桌面上，如图 10-1（c）所示。

（a）"我的服务"模块　　　（b）"发现"模块　　　（c）服务卡片功能

图 10-1　服务中心功能的展示

10.2.2　原子化服务分享

用户可在原子化服务内选择分享，打开"华为分享"开关后，将原子化服务分享给附近同样打开了"华为分享"开关的好友，好友点击确认后可直接启动服务。下面以网络中的两台手机之间的知科技服务分享为例对分享过程进行介绍。

（1）打开手机 A 的服务中心，可以看到知科技的服务卡片，如图 10-2 所示（手机 A 上已经安装知科技 HarmonyOS 版，其服务卡片是该应用主动提供的）。

图 10-2　知科技的服务卡片

（2）点击该卡片，进入知科技界面，点击一则新闻，可以进入图 10-3 所示界面，表示已经从卡片进入应用界面。

图 10-3　应用界面

（3）点击该界面右上角的"分享"按钮，下方弹出"华为分享"菜单，如图 10-4 所示。

图 10-4　"华为分享"菜单

（4）点击网络中的另一台手机 B，可以将新浪新闻的原子化服务分享到手机 B。手机 B 也会进入该新闻界面，和手机 A 上的新闻界面一致。

手机 B 上的新闻界面不是链接的分享，而是把原子化服务通过"华为分享"分享到了手机 B。手机 B 上没有安装知科技应用，在手机 B 上搜索知科技应用，结果显示手机 B 上没有安装该应用。但是打开任务栏，可以看到知科技的任务已经存在了，如图 10-5 所示，整个过程实现了免安装模式的原子化服务分享。

图 10-5　手机 B 上知科技的任务

10.3　原子化服务开发基础

原子化服务的开发总体上和传统开发类似，但也具有其自身的特点。本节主要介绍原子化服务开发的总体要求、服务卡片结构、运作机制、卡片提供方的主要回调函数和 JS 卡片语法基础等。

10.3.1　开发的总体要求

原子化服务相对于传统的、需要用户主动安装的应用更加轻量，当然，原子化服务也需要满足以下开发要求才可被发布。

（1）原子化服务中的所有 HAP 模块（包括 entry 模块和 feature 模块）均需满足免安装要求。

① 免安装的 HAP 模块的大小不能超过 10MB，目的是为用户提供快速响应的体验。超过此大小的 HAP 模块不符合免安装要求，也无法在服务中心出现。

② 通过 DevEco Studio 项目向导创建原子化服务时，Project Type 字段选择 Service。

③ 对于原子化服务升级场景，版本更新时要保持免安装属性。如果新版本不支持免安装，则不允许新版本上架。

目前，支持免安装 HAP 模块的设备类型为手机、平板电脑、智能穿戴设备和智慧屏，操作系统为 HarmonyOS 2.0 及以上，对其他类型设备（如车机等）的支持正在规划中。

（2）如果某便捷服务的入口需要在服务中心出现，则该服务对应的 HAP 模块必须包含 FA，且 FA 中必须指定一个唯一的 MainAbility（定位为用户操作入口）。MainAbility 必须为 Page Ability，且 MainAbility 中至少配置 2×2（小尺寸）规格的默认服务卡片（也可以同时提供其他规格的卡片）及该便捷服务对应的基础信息（包括图标、名称、描述和快照等），这些内容均在 config.json 文件的 ability 对象中进行定义。

一个典型的包含服务卡片的 Ability 在 config.json 文件中的配置信息如例 10-1 所示。formsEnabled 属性为 true 时表示该 Ability 可以有卡片，其中的 form 表示卡片的意思。

例 10-1　一个典型的包含服务卡片的 Ability 在 config.json 文件中的配置信息

```
    "name": "com.whu.myapplicationjscard.MainAbility",
    "icon": "$media:icon",
    "description": "$string:mainability_description",
    "formsEnabled": true,
    "label": "$string:entry_MainAbility",
    "type": "page",
```

通过 DevEco Studio 项目向导创建项目时，将 Project Type 字段设置为"Service"，同时启用"Show in Service Center"选项，如图 10-6 所示。这样，项目中将自动为卡片指定对应的 Ability，这里为 Page 类型的 MainAbility，并在该 Ability 中添加默认服务卡片回调函数，开发者只需要根据实际业务设计继续开发应用的其他功能即可。

图 10-6　创建原子化服务

10.3.2　服务卡片结构

服务卡片（以下简称卡片）是 FA 的一种界面展示形式，将 FA 的重要信息或操作前置到卡片中，可以实现服务直达，减少体验层级。

卡片常被嵌入其他应用（当前只支持系统应用），作为它们界面的一部分进行显示，并支持拉起界面、发送消息等基础的交互功能。卡片包含以下 3 部分。

（1）卡片提供方：提供卡片显示内容的 HarmonyOS 应用或原子化服务，控制卡片的显示内容、控件布局以及控件点击事件。

（2）卡片使用方：显示卡片内容的宿主应用，控制卡片在宿主中展示的位置。

（3）卡片管理服务：管理系统中所添加卡片的常驻代理服务，包括卡片对象的管理与使用，以及卡片的周期性刷新等。

10.3.3 运作机制

卡片中的三方完成交互的过程如图 10-7 所示。其中，卡片使用方的运作机制较为简单，这里重点介绍卡片管理服务和卡片提供方的运作机制。

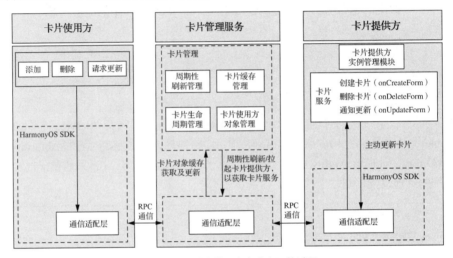

图 10-7　卡片中的三方完成交互的过程

卡片管理服务包含以下模块。

（1）周期性刷新管理：在添加卡片后，根据卡片的刷新策略，启动定时任务来周期性触发卡片的刷新。

（2）卡片缓存管理：将卡片添加到卡片管理服务中后，对卡片的视图信息进行缓存，以便下次获取卡片时可以直接返回缓存数据，减少时延。

（3）卡片生命周期管理：对于卡片切换到后台或者被遮挡的情况，暂停卡片的刷新，以及在卡片的升级/卸载场景下对卡片数据进行更新和清理。

（4）卡片使用方对象管理：对卡片使用方的远程过程调用（Remote Procedure Call，RPC）对象进行管理，用于使用方请求进行校验以及对卡片更新后的回调处理。

（5）通信适配层：负责与卡片使用方和卡片提供方进行远程过程调用。

卡片提供方包含以下模块。

（1）卡片提供方实例管理模块：由卡片提供方开发者实现，负责对卡片管理服务分配的卡片实例进行持久化管理。

（2）卡片服务：由卡片提供方开发者实现，开发者实现创建卡片（onCreateForm）、删除卡片（onDeleteForm）和通知更新（onUpdateForm），以处理对应的服务请求，并提供相应的卡片服务。

（3）通信适配层：由 HarmonyOS SDK 提供，负责与卡片管理服务进行远程过程调用，用于将卡片的更新数据主动推送到卡片管理服务中。

10.3.4 卡片提供方的主要回调函数

卡片提供方创建好基于 JS UI 框架的原子化服务项目后，原来继承于 AceAbility 类的 MainAbility 中多了不少与卡片相关的回调函数，用来处理与卡片的交互，如图 10-8 所示。

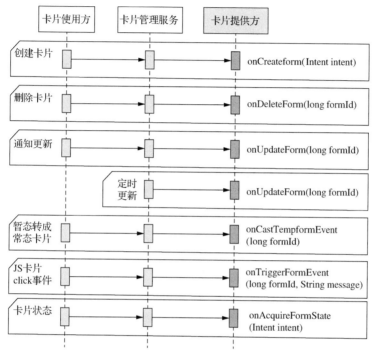

图 10-8 MainAbility 中与卡片相关的回调函数

从图 10-8 中可知，所有卡片提供方的回调函数都是被卡片使用方触发的。这些回调函数的具体作用如下。

（1）onCreateform(Intent intent)：卡片提供方接收创建卡片通知接口。

（2）onDeleteForm(long formId)：卡片提供方接收删除卡片通知接口。

（3）onUpdateForm(long formId)：卡片提供方接收更新卡片通知接口。

（4）onTriggerFormEvent(long formId,String message)：卡片提供方处理卡片事件接口（JS 卡片使用）。

（5）onCastTempformEvent(long formId)：卡片提供方接收临时卡片转常态卡片通知。

（6）onAcquireFormState(Intent intent)：卡片提供方接收查询卡片状态通知接口，默认返回卡片初始状态。

10.3.5 JS 卡片语法基础

JS 卡片中的语法和 JS 页面中的语法是一致的，除了卡片逻辑文件存储在 JSON 文件中外，其他 JS 页面逻辑都存储在 JS 文件中。此外，卡片的功能相对有限，因此卡片交互也更简单。JS 卡片的语法基础介绍如下。

（1）数据绑定。JS 页面中的数据绑定是体现在 JS 文件中的，而 JS 卡片中的数据绑定是体现在 JSON 文件中的，这是两者最主要的区别。下面的示例代码中声明了 6 个 text 组件。

```
❑    <text>{{content}} </text>
❑    <text>{{key1}} {{key2}}</text>
❑    <text>key1 {{key1}}</text>
❑    <text>{{flag1 && flag2}}</text>
❑    <text>{{flag1 || flag2}}</text>
❑    <text>{{!flag1}}</text>
```

对应的 JSON 文件代码如下。

```
❑    {
❑      "data": {
❑        "content": "Hello World!",
❑        "key1": "Hello",
❑        "key2": "World",
❑        "flag1": true,
❑        "flag2": false
❑      }
❑    }
```

（2）事件绑定。卡片仅支持 click 通用事件，与 click 通用事件对应的回调函数的定义只能是直接命令式，回调函数的定义必须包含 action 字段，用以说明回调函数的类型。卡片支持两种回调函数类型：跳转函数 router 和消息函数 message。跳转函数可以跳转到卡片提供方的应用；消息函数可以将开发者自定义信息传递给卡片提供方。回调函数的参数支持变量，变量以"{{}}"修饰。跳转函数中若定义了 params 字段，则在被拉起应用的 onStart 回调函数的 intent 参数中，可用"params"作为 key 来取得跳转函数定义的 params 字段的值。跳转函数和消息函数的示例如下。

① 跳转事件。卡片跳转事件代码如例 10-2 所示。

例 10-2　卡片跳转事件

```
❑    {
❑      "data": {
❑        "mainAbility": " com.whu.myapplicationjscard.MainAbility "
❑      },
❑      "actions": {
❑        "routerEvent": {
❑          "action": "router",
❑          "abilityName": "{{mainAbility}}",
❑          "params": {}
❑        }
❑      }
❑    }
```

在例 10-2 中，routerEvent 的参数有 3 个，分别是 action、abilityName 和 params。其中，action 表示事件类型，abilityName 表示路由到的 Ability 名称，params 表示携带的参数。

② 消息事件。卡片消息事件代码如例 10-3 所示。

例 10-3　卡片消息事件

```
❑    {
❑      "data": {
❑        "mainAbility": " com.whu.myapplicationjscard.MainAbility "
❑      },
❑      "actions": {
❑        "activeEvent": {
❑          "action": "message",
❑          "params": {}
❑        }
```

☐   }
☐   }

在例 10-3 中，activeEvent 的参数有两个，分别是 action 和 params，其用法与卡片跳转事件中的对应参数一致。

10.4 原子化服务开发进阶

掌握了原子化服务的基本工作原理和生命周期后，本节介绍卡片项目的文件结构、卡片资源的访问方法和卡片配置文件的特性等。

10.4.1 卡片项目的文件结构

当新建 JS 卡片项目后，DevEco Stuido 会在项目的 MainAbility.java 中添加一些 10.3.4 小节介绍的回调函数，卡片项目的文件结构如图 10-9 所示。

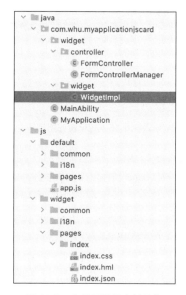

图 10-9 卡片项目的文件结构

除此之外，应用的文件结构也产生了一些变化，主要包括以下内容。

（1）java 包目录中多了 widget 子包，其中又包含 controller 包和 widget 包，这两个包主要用来处理卡片中的交互。controller 包中还包含 FormController 和 FormControllerManager。FormController 为卡片控制器抽象类，其中定义了卡片事件触发和卡片数据更新等。FormControllerManager 负责创建、删除和存储卡片控制器对象，其中卡片信息的存储是通过访问用户偏好文件来实现的。widget 包中的 WidgetImpl 则是抽象类 FormController 的子类。

（2）js 目录下多了 widget 子目录，该目录与 default 目录结构一致，各文件资源的访问方法也相同。与原有的 JS 页面开发不同的是，这里没有使用页面交互 JS 文件，而是使用了 JSON 文件来配置卡片中使用的变量 action 事件。

10.4.2 卡片资源的访问方法

卡片中的资源分为 3 类：js 目录资源、应用资源和系统资源。对于 js 目录资源来说，JS 卡片的访问方法和普通 JS 页面是一致的。应用资源和系统资源的访问方法具体介绍如下。

1. 应用资源的访问方法

应用资源路径如图 10-10 所示。在卡片的 HML 文件、CSS 文件和 JSON 文件中，可以直接引用应用资源，包括颜色、圆角和图片类型的资源。应用资源由开发者在 resources 目录中定义，目前仅支持使用在 color.json 文件中自定义的颜色资源、在 float.json 文件中自定义的圆角资源，以及 media 目录中的图片资源。

```
├ java
├ js
└ resources      -> 与java、js目录同级的resources目录
   ├ base        -> 定义浅色模式下的颜色、圆角或图片
   │   ├ element
   │   │   ├ color.json
   │   │   └ float.json
   │   └ media
   │       └ my_background_image.png
   └ dark        -> 定义深色模式下的颜色、圆角或图片（如果未定义，则深色模式下继续使用base目录中的相关定义）
       ├ element
       │   ├ color.json
       │   └ float.json
       └ media
           └ my_background_image.png
```

图 10-10　应用资源路径

从图 10-10 中还可以看到 resources 目录的基础结构。对于同一个资源，可以在 base 子目录和 dark 子目录中各定义一个值。浅色模式下用 base 目录中定义的值，深色模式下用 dark 目录中定义的值。若某资源仅在 base 目录中有定义，则其在深浅色模式下的表现相同。

color.json 文件代码如例 10-4 所示，其中定义了 my_background_color 和 my_foreground_color，分别对应背景色和前景色。这里背景色为#00000000（黑色），前景色为#808080（灰色）。

例 10-4　color.json 文件

```
{
    "color": [
        {
            "name": "my_background_color",
            "value": "#00000000"
        },
        {
            "name": "my_foreground_color",
            "value": "#808080"
        }
    ]
}
```

float.json 文件代码如例 10-5 所示，其中定义了 my_radius 关键字，表示圆角矩形弧度值的大小。

例 10-5　float.json 文件

```
{
    "float":[
        {
            "name":"my_radius",
```

```
            "value":"28.0vp"
        },
        {
            "name":"my_radius_xs",
            "value":"4.0vp"
        }
    ]
}
```

在卡片 CSS 文件中，可以通过@app.type.resource_id 的形式引用应用资源，代码如例 10-6 所示。根据引用资源类型的不同，type 可以取 color（颜色）、float（圆角）和 media（媒体）。resource_id 表示应用资源 id，即 color.json 或 float.json 中的 name 字段，或者 media 目录中的图片文件的名称（不包含图片类型扩展名）。

例 10-6　引用应用资源的卡片 CSS 文件

```
.divA {
    background-color: "@app.color.my_background_color";
    border-radius: "@app.float.my_radius";
}
.divB {
    background-image: "@app.media.my_background_image";
}
```

在卡片 HML 文件中，可以通过{{$r('app.type.resource_id')}}的形式引用应用资源，代码如例 10-7 所示。各个字段的含义与 CSS 文件相同。在该段代码中，设置第一个 text 组件的背景色为应用资源文件中 color.json 定义的 my_background_color，而第二个 text 组件的背景色为应用资源文件中 color.json 定义的 my_foreground_color。

例 10-7　引用应用资源的卡片 HML 文件

```
<div class="container-inner">
    <text    class="title" style="background-color:{{$r('app.color
.my_background_color')}}">{{ $t('strings.title') }}
    </text>
    <text class="detail_text" style="background-color:{{$r('app.color.my_
foreground_color')}}">{{ $t('strings.detail') }}
    </text>
</div>
```

在卡片 JSON 文件中，可以通过 this.$r('app.type.resource_id')的形式引用应用资源，代码如例 10-8 所示，其中各个字段的含义与 CSS 文件相同。

例 10-8　引用应用资源的卡片 JSON 文件

```
{
    "data":{
        "myColor": "this.$r('app.color.my_background_color')",
        "myRadius": "this.$r('app.float.my_radius')",
        "myImage":"this.$r('app.media.my_background_image')"
    }
}
```

访问应用资源文件的结果如图 10-11 所示。可以看到，在"我的服务"界面中已经出现了该卡片，且两个按钮的背景色已经调整为了黑色和灰色。

2. 系统资源的访问方法

在卡片的 HML 文件、CSS 文件和 JSON 文件中，可以引用系统预置资源，包括颜色、圆角和媒体类型（如图片）的资源。在卡片的 CSS 文件中，可通过 @sys.type.resource_id 的形式引用系统资源。根据引用的资源类型不同，type 可以取 color、float 和 media。resource_id 表示系统资源 id，系统资源预置在系统中。

图 10-11　访问应用资源文件的结果

引用系统资源的卡片 CSS 文件代码如例 10-9 所示，divA 样式中定义了背景色和边界圆角弧度，其值来自系统资源定义。HTML 和 JSON 文件引用方式与上一部分类似，这里就不展开介绍了。

例 10-9　引用系统资源的卡片 CSS 文件

```
.divA {
    background-color: "@sys.color.fa_background";
    border-radius: "@sys.float.fa_corner_radius_card";
}
.divB {
    background-image: "@sys.media.fa_card_background";
}
```

10.4.3　卡片配置文件的特性

卡片创建成功后，在 config.json 文件的 module 中会生成 js 对象，该对象用于描述对应 JS 卡片的相关信息，卡片对应的 js 对象定义如例 10-10 所示。

例 10-10　卡片对应的 js 对象定义

```
"js": [
    {
        "pages": [
            "pages/index/index"
        ],
        "name": "widget",
        "window": {
            "designWidth": 720,
```

```
          "autoDesignWidth": true
        },
        "type": "form"
    }
]
```

在以上代码中，type 属性为 form，表示这是卡片，默认窗口设计宽度（designWidth）为 720px。

config.json 文件中 abilities 对象的属性 forms 对象定义如例 10-11 所示。该代码中定义了预设的 scheduledUpdateTime（刷新时间）为 10:30，updateDuration（刷新间隔）为每 30 分钟一次（代码中，"1"代表 1 个单位，每个单位表示 30 分钟）。卡片采用 JS 方式开发，默认卡片大小为 2 行 2 列，启动模式为标准模式，可以多次创建新实例。

例 10-11　config.json 文件中 abilities 对象的属性 forms 对象定义

```
"forms": [
    {
        "jsComponentName": "widget",
        "isDefault": true,
        "scheduledUpdateTime": "10:30",
        "defaultDimension": "2*2",
        "name": "widget",
        "description": "This is a service widget",
        "colorMode": "auto",
        "type": "JS",
        "supportDimensions": [
          "2*2"
        ],
        "updateEnabled": true,
        "updateDuration": 1
    }
],
"launchType": "standard"
}
],
```

这里需要注意的是，jsComponentName 的取值要与 js 模块中的卡片名称相同，此处为 widget。

10.5　原子化服务开发实战

下面新建项目 MyApplicationJsFACard，该项目基于 JS UI 框架开发，在新建时并没有启用"Show in Service Center"选项，因此服务卡片不会在服务中心中显示。此外，设置项目类型为 Service，表示要创建原子化服务。照此创建的项目文件结构和普通 JS 项目文件结构差别不大。该项目的目标是建立几张卡片，每张卡片体现服务卡片中的几个不同的特色。

10.5.1　建立项目及卡片

要在已有项目中建立服务卡片，可以在项目源代码目录 src/main/js 上单击鼠标右键，在弹出的快捷菜单中选择"New"→"Service Widget"命令，新建一个服务卡片，如图 10-12 所示。

服务卡片有多种不同的模板可以选择，如 Grid Patlern（网格模板）、Image With Information（图片模板）、Circular Data（环形进度条模板）等，如图 10-13 所示。从实际实现效果和工作原理来说，服务卡片就是一种简化的 FA，除了显示区域小一些外，其余特性和界面功能一致。

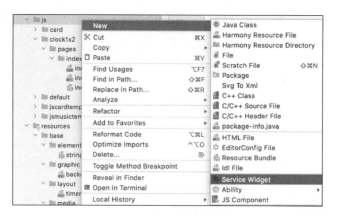

图 10-12　新建一个服务卡片

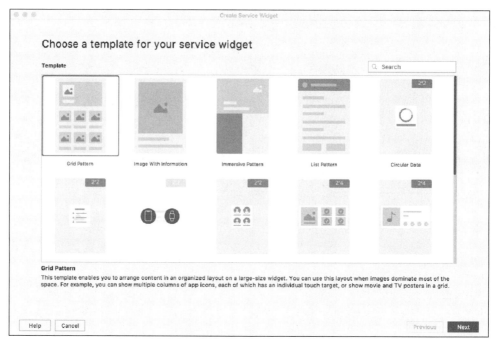

图 10-13　服务卡片的多种模板

选择好对应模板后，单击"Next"按钮，进入图 10-14 所示的服务卡片配置信息界面。该界面中展示的是卡片的一些基本配置信息，如 Service Widget Name（卡片名）、Description（卡片描述信息）、Module Name（所属模块）、Select Ability/New Ability（所属 Ability）。

这里的 Ability 可以是已建立好的 Ability，也可以是在此处新建卡片时随之创建的新 Ability。此外，还可以设置卡片是基于 JS UI 框架开发还是基于 Java UI 开发，以及卡片的名称和大小。卡片大小的设置有 4 种模式可选择，卡片大小在右侧有缩略图提示。

单击"Finish"按钮后，一张卡片就建立好了，已经为该项目建立了 4 张卡片，在 js 目录中依次显示为 card、clock1x2、jscardtemplate 和 jsmusictemplate。card 卡片用来做内存读取，clock1x2 卡片用来显示系统时间，jscardtemplate 卡片用来做卡片与卡片提供方的消息交互，jsmusictemplate 卡片则实现卡片触发卡片提供方的事件。这里的 default 为项目构建时默认创建的 JS 页面，此项目中没有使用，这些都属于项目前端要实现的。项目业务逻辑中存在两个 Page Ability，分别为 MainAbility 和 ClockAbility，一个 Service Ability，以及其他服务工具类，其结构如图 10-15 所示。

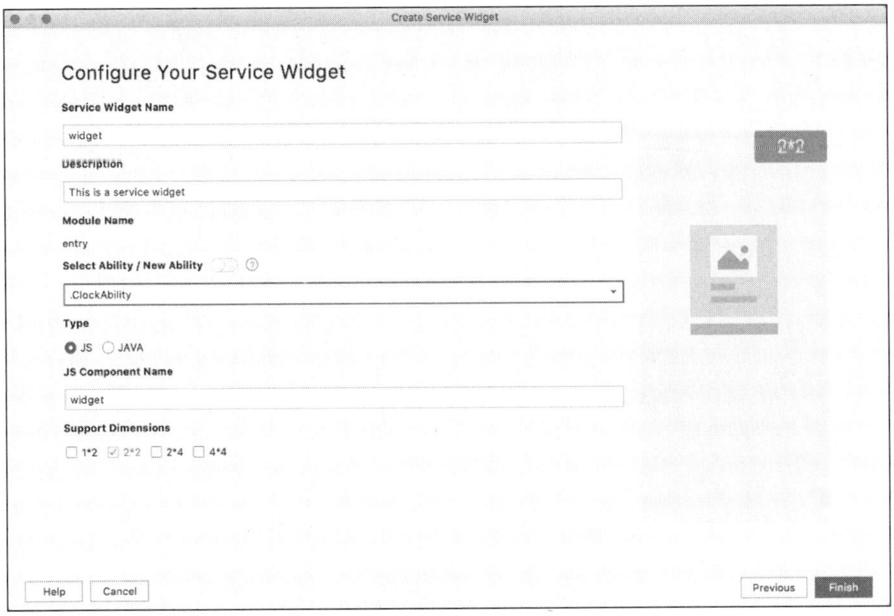

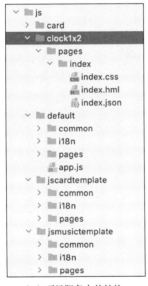

图 10-14　服务卡片配置信息界面

（a）项目服务卡片结构　　　　　　　　（b）Ability 目录结构

图 10-15　项目服务卡片和对应的 Ability 目录结构

10.5.2　配置文件解析

这 4 张卡片的关系如下：clock1x2 属于 ClockAbility，其他 3 张卡片 card、jscardtemplate 和 jsmusictemplate 属于 MainAbility。这里 ClockAbility 是 entry 模块的主 Ability，系统启动时直接从该 Ability 启动，其关系在 MyApplicationJsFACard 项目的配置文件 config.json 的 module 对象中定义得很清楚，其代码如例 10-12 所示。

例 10-12　module 对象定义

```
❑        "module": {
❑        "package": "ohos.samples.jsfacard",
```

```
❑        "name": ".MyApplication",
❑        "mainAbility": "ohos.samples.jsfacard.ClockAbility",
❑        "deviceType": [
❑          "phone"
❑        ],
❑      }
```

例 10-12 中的代码定义了模块的包名、模块名、mainAbility 的名称和适配的设备类型。MyApplicationJsFACard 项目的 distro 对象定义如例 10-13 所示。

例 10-13 distro 对象定义

```
❑        "distro": {
❑         "deliveryWithInstall": true,
❑         "moduleName": "entry",
❑         "moduleType": "entry",
❑         "installationFree": false
❑        },
```

例 10-13 中的代码定义了模块安装和发布时的选项，该模块随项目一同安装，且安装模式为非免安装形式，即该模块安装时会在手机桌面上产生运行图标。

MyApplicationJsFACard 项目运行时需要申请权限，由 reqPermissions 对象定义，如例 10-14 所示。

例 10-14 reqPermissions 对象定义

```
❑        "reqPermissions": [
❑          {
❑           "name": "ohos.permission.KEEP_BACKGROUND_RUNNING",
❑           "reason": "keep service ability backgroud running",
❑           "usedScene": {
❑            "ability": [
❑              "ohos.samples.jsfacard.TimerAbility"
❑            ],
❑            "when": "always"
❑           }
❑          }
❑        ],
```

例 10-14 中的代码申请了后台运行权限，因为模块中声明了一个名为 TimerAbility 的 Service Ability，该 Ability 专门用来给 clock1x2 卡片提供时间且在后台一直运行。

MyApplicationJsFACard 项目中包含的 Ability 对象都在 abilities 对象中定义，abilities 对象中定义的第一个 Ability 为 ClockAbility，其定义如例 10-15 所示。

例 10-15 ClockAbility 对象定义

```
❑        "abilities": [
❑          {
❑           "name": ".ClockAbility",
❑           "icon": "$media:icon",
❑           "description": "$string:clockability_description",
❑           "formsEnabled": true,
❑           "label": "$string:app_name",
❑           "type": "page",
❑           "launchType": "singleton",
❑           "forms": [
❑             {
❑               "jsComponentName": "clock1x2",
❑               "isDefault": true,
```

```
❑              "scheduledUpdateTime": "10:30",
❑              "defaultDimension": "1*2",
❑              "name": "clock1x2",
❑              "description": "This is a service widget",
❑              "colorMode": "auto",
❑              "type": "JS",
❑              "supportDimensions": [
❑                "1*2"
❑              ],
❑              "updateEnabled": true,
❑              "updateDuration": 1
❑            }
❑          ]
❑        },
```

例 10-15 中的代码定义了 ClockAbility 对象为 Page Ability，以单例模式启动，以及名称等属性。
其中的 forms 对象定义了 ClockAbility 包含的卡片名称为 clock1x2，也定义了卡片的其他属性，包含
默认卡片、卡片大小、描述、颜色模式、刷新时间和刷新间隔等。

MyApplicationJsFACard 项目中包含的 MainAbility 对象定义如例 10-16 所示。

例 10-16　MainAbility 对象定义

```
❑    "name": "ohos.samples.jsfacard.MainAbility",
❑    "icon": "$media:icon",
❑    "description": "$string:mainability_description",
❑    "label": "$string:entry_MainAbility",
❑    "type": "page",
❑    "formsEnabled": true,
❑    "launchType": "standard",
```

abilities 中的第二个 Ability 为 MainAbility，类型为 Page，使用标准启动模式，支持卡片。该 Ability
的 forms 属性对象中定义了 3 张卡片：jsmusictemplate、jscardtemplate 和 card。卡片的大小不一，分
别为 2×4、4×4 和 2×4。卡片都支持刷新且刷新开始时间都是 10:30。MainAbility 对象的属性 forms
对象定义如例 10-17 所示。

例 10-17　MainAbility 对象的属性 forms 对象定义

```
❑        "forms": [
❑          {
❑            "jsComponentName": "jsmusictemplate",
❑            "isDefault": false,
❑            "scheduledUpdateTime": "10:30",
❑            "defaultDimension": "2*4",
❑            "name": "jsmusictemplate",
❑            "description": "This is a service widget",
❑            "colorMode": "auto",
❑            "type": "JS",
❑            "supportDimensions": [
❑              "2*4"
❑            ],
❑            "updateEnabled": true,
❑            "updateDuration": 1
❑          },
❑          {
❑            "jsComponentName": "jscardtemplate",
❑            "isDefault": false,
❑            "scheduledUpdateTime": "10:30",
```

```
                    "defaultDimension": "4*4",
                    "name": "jscardtemplate",
                    "description": "This is a service widget",
                    "colorMode": "auto",
                    "type": "JS",
                    "supportDimensions": [
                      "4*4"
                    ],
                    "updateEnabled": true,
                    "updateDuration": 1
                  },
                  {
                    "jsComponentName": "card",
                    "isDefault": true,
                    "scheduledUpdateTime": "10:30",
                    "defaultDimension": "2*4",
                    "name": "card",
                    "description": "This is a service widget",
                    "colorMode": "auto",
                    "type": "JS",
                    "supportDimensions": [
                      "2*4"
                    ],
                    "updateEnabled": true,
                    "updateDuration": 1
                  }
                ]
              },
```

abilities 中的第三个 Ability 为 TimerAbility，其定义如例 10-18 所示。该 Ability 为 Service Ability，主要用来提供时间信息。

例 10-18　TimerAbility 对象定义

```
    "name": "ohos.samples.jsfacard.TimerAbility",
    "icon": "$media:icon",
    "description": "$string:timerability_description",
    "type": "service",
    "visible": true,
    "backgroundModes": [
                "dataTransfer",
                "location"
                ]
    }
```

配置文件最后的内容为 js 对象，其中定义了 5 个 JS 组件，即 4 张卡片和一个默认的 JS 页面，内容很简单，这里不再展示。

从例 10-15 和例 10-17 中可以看出，此项目定义了 4 张卡片，且卡片在服务中心中的显示顺序如下：clock1x2 为默认显示的第一张卡片，而 jsmusictemplate、jscardtemplate 和 card 为随后显示的第 2、3、4 张卡片。

当项目运行时，可以看到项目在手机桌面上已经创建了图标，且图标下存在白色下画线，表示该项目存在服务卡片，带服务卡片的项目目标如图 10-16 所示。

而当用手指长按项目图标或点击图标并向上滑动时，可以唤醒项目中的卡片，如图 10-17 所示，此时可以选择删除卡片或唤醒卡片。

图 10-16　带服务卡片的项目图标　　　　　　　图 10-17　唤醒项目中的卡片

当点击服务卡片按钮后，进入卡片展示界面，如图 10-18 所示。

图 10-18　卡片展示界面

从图 10-18 中可以看到，顶部提示栏提示这是一个服务卡片，默认加载的是第一张卡片 clock1x2，滑动时可以显示第 2、3、4 张卡片，界面下方的按钮提示可以将该卡片添加到手机桌面上。

当将 4 张卡片都添加到手机桌面上后，可以进入图 10-19 所示的界面。由于有 4 张卡片，且第 3 张卡片大小为 4×2，一个页面放不下，而占据了两个页面。

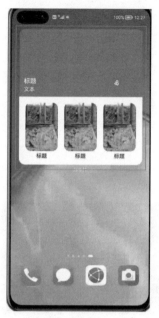

（a）3 张服务卡片　　　　　　　　　　　（b）1 张服务卡片

图 10-19　将 4 张卡片都添加到手机桌面上

卡片的静态页面展示包括以上内容，其静态页面设计在各卡片的 pages 目录中。

10.5.3　卡片信息持久化

卡片前端设计和页面前端设计的过程及步骤都是一致的。可以选择 JS UI 和 Java UI 两种框架来设计前端。该项目采用 JS UI 框架，其中 HTML 文件包含页面结构，CSS 文件包含页面样式，JSON 文件包含 HTML 文件中需要的数据和事件交互。

1. 卡片分类

大部分卡片提供方都不是常驻服务，只有在需要使用时才会被拉起以获取卡片信息，且卡片管理服务支持对卡片进行多实例管理，卡片 id 对应实例 id，因此若卡片提供方支持对卡片数据进行配置，则需要对卡片的业务数据按照卡片 id 进行持久化管理，以便在后续获取、更新以及拉起时能得到正确的卡片业务数据，且需要实现 onDeleteForm(long formId)回调函数，在其中实现卡片实例数据的删除。

由此可将卡片分为两类：常态卡片和临时卡片。常态卡片是指卡片使用方会持久使用的卡片，临时卡片是指卡片使用方临时使用的卡片。需要注意的是，卡片使用方在请求卡片时传递给提供方应用的 Intent 数据中存在临时标记字段，该字段会标识此次请求的卡片是否为临时卡片。

2. 卡片持久化

建立的第一个卡片 clock1x2 实现了对卡片数据的持久化。clock1x2 卡片的功能是在卡片上显示时间，该功能需要持续不断地对卡片上的时间进行刷新，因此是常态卡片，卡片提供方需要对卡片数据进行持久化操作，持久化的项目包括卡片 id 等。

卡片 clock1x2 的 HTML 文件展示的卡片页面结构代码如例 10-19 所示。

例 10-19　卡片 clock1x2 的 HTML 文件展示的卡片页面结构

```
□    <div class="container" onclick="routerEvent">
□        <div class="title" >
```

```
            <div for="{{ titleList }}">
                <text class="title-text">{{ $item.title }}</text>
            </div>
        </div>
        <div class="title">
            <text class="time-text">{{hour}}</text>
            <text class="time-text">:</text>
            <text class="time-text">{{min}}</text>
            <text class="time-text">:</text>
            <text class="time-text">{{sec}}</text>
        </div>
    </div>
```

该页面中的外层 div 容器组件定义了两个 div 子容器。第一个 div 子容器主要用于显示时间卡片上的时间名称，即 hour、min 和 sec，其内容来自 JSON 文件定义的 titleList 数组，用该数组中取出的元素的 title 属性来填充 text 组件。第二个子 div 容器中有 5 个 text 组件，第 2 个和第 4 个 text 组件显示的，起分割作用，第 1、3、5 个 text 组件显示的是 JSON 文件中定义的 hour、min 和 sec 变量。

卡片的 CSS 样式文件用于做一些简单的样式定义，这里不再展开介绍，其页面逻辑 JSON 文件代码如例 10-20 所示。

例 10-20　卡片 clock1x2 页面逻辑 JSON 文件

```
{
  "data": {
    "titleList": [
        {
          "id": 1,
          "title": "HOUR"
        },
        {
          "id": 2,
          "title": "MIN"
        },
        {
          "id": 3,
          "title": "SEC"
        }
    ],
    "hour": "",
    "min": "",
    "sec": ""
  },
  "actions": {
    "routerEvent": {
      "action": "router",
      "bundleName": "ohos.samples.jsfacard",
      "abilityName": "ohos.samples.jsfacard.ClockAbility",
      "params": {
        "message": "add detail"
      }
    }
  }
}
```

例 10-20 中首先定义了 data 对象，该对象对 titleList 数组进行了初始化，提供了时间标签 HOUR、

MIN 和 SEC 的显示，接着将 HML 中需要提供的时间显示的 hour、min 和 sec 置空。此处和设计的不同，设计要求第 2、4、6 这 3 个 text 组件处要显示真实的时、分、秒。

为了实现真实的时、分、秒显示，需要得到服务卡片对应的 Ability 的支持。在图 10-14 创建服务卡片时可注意到，每张卡片需要属于一个特定的 Ability，该 Ability 负责管理对应的卡片数据和事件交互。与卡片对应的 Ability 可以是 AceAbility，也可以是 Ability，其代码相差不大，区别在于 Ability 有对应的 AbilitySlice 来加载可视化元素，而 AceAbility 则由对应的 JS 页面来加载界面。卡片和 Ability 之间的从属关系可以在 config.json 文件中看到，其中卡片 clock1x2 对应的是 ClockAbility。

ClockAbility 的功能是为卡片 clock1x2 每秒提供数据刷新服务来显示当前的时间。这里有两点需要注意：首先，ClockAbility 需要支持卡片数据持久化，因为它需要不停地访问卡片，为卡片提供时间，每次刷新卡片内容都需要获取卡片 id，而这个卡片 id 是不能变化的；其次，应弄明白 Ability 获取的数据是如何传送到卡片的。

为了数据持久化，这里采用了对象关系映射数据库来存储卡片信息。整个数据库只包含一个表，即卡片信息表，名称为 form，因此需要 FormDatabase 和 Form 这两个类来分别映射数据库和数据表。

第一个类是数据库类 FormDatabase，其定义如例 10-21 所示。

例 10-21　FormDatabase 类的定义

```
@Database(
        entities = {Form.class},
        version = 1)
public abstract class FormDatabase extends OrmDatabase { }
}
```

第二个类为实体表类 Form，其定义如例 10-22 所示。

例 10-22　Form 类的定义

```
@Entity(tableName = "form")
public class Form extends OrmObject {
    @PrimaryKey()
    private Long formId;
    private String formName;
    private Integer dimension;
...}
```

Form 类对应的表名为 form，主键为 formId，这是全局唯一的，其还包括 formName（卡片名称）和 dimension（卡片大小）。Form 类的方法在这里不再展示，感兴趣的读者可以自行查阅相关资料进行学习。

卡片信息持久化代码位于 ClockAbility 的回调函数 onCreateForm 中，该回调函数是在卡片被创建时触发的，这是一个非常重要的回调函数，很多初始化功能均由它定义，代码如例 10-23 所示。

例 10-23　onCreateForm 回调函数

```
    @Override
    protected ProviderFormInfo onCreateForm(Intent intent) {
        startTimerAbility();
        ProviderFormInfo providerFormInfo = new ProviderFormInfo();
        LogUtils.info(TAG, "onCreateForm()");
        if (intent == null) {
                return providerFormInfo;
        }
        long formId = INVALID_FORM_ID;
        if (intent.hasParameter(AbilitySlice.PARAM_FORM_IDENTITY_KEY)) {
            formId=intent.getLongParam(AbilitySlice.PARAM_FORM_IDENTITY_KEY,
```

```
                        INVALID_FORM_ID);
                } else {
                    return providerFormInfo;
                }
            String formName = EMPTY_STRING;
            if (intent.hasParameter(AbilitySlice.PARAM_FORM_NAME_KEY)) {
                formName = intent.getStringParam(AbilitySlice.PARAM_FORM_NAME_KEY);
            }
            int dimension = DEFAULT_DIMENSION_1x2;
            if (intent.hasParameter(AbilitySlice.PARAM_FORM_DIMENSION_KEY)) {
                dimension = intent.getIntParam(AbilitySlice.PARAM_FORM_DIMENSION_KEY,
                DEFAULT_DIMENSION_1x2);
            }
            if (connect == null) {
                connect = helper.getOrmContext("FormDatabase", "FormDatabase.db",
                FormDatabase.class);
            }
            Form form = new Form(formId, formName, dimension);
            DatabaseUtils.insertForm(form, connect);
            ZSONObject zsonObject = DateUtils.getZsonObject();
            LogUtils.info(TAG, "onCreateForm()" + zsonObject);
            providerFormInfo.setJsBindingData(new FormBindingData(zsonObject));
            return providerFormInfo;
        }
```

例 10-23 所示代码首先启动了 TimerAbility 后台服务，通过该服务不停抓取系统时间，接着从 Intent 参数中获取服务卡片的 formId（卡片 id）、formName（卡片名称）和 dimension（卡片大小），最后使用 DatabaseUtils 类的 insertForm 函数，将 form 对象插入数据库。这里的 form 对象为数据表 Form 类的实例，Form 表的 3 个字段都已获得。

为了对数据库进行操作，需要获取对象关系映射数据库类的数据库对象，通过调用 DatabaseHelper 类的对象 helper 的 getOrmContext 函数可以获得，将返回值作为参数提供给 insertForm 函数。

10.5.4　卡片内容刷新

卡片 clock1x2 的时间刷新是通过后台服务 TimerAbility 实现的。在卡片创建的时候就启动了该服务。TimerAbility 是通过卡片更新函数 updateForms 实现卡片时间刷新的。卡片更新函数 updateForms 代码如例 10-24 所示。

例 10-24　卡片更新函数 updateForms

```
    private void updateForms() {
        OrmPredicates ormPredicates = new OrmPredicates(Form.class);
        List<Form> formList = connect.query(ormPredicates);
        if (formList.size() <= 0) {
            return;
        }
        for (Form form : formList) {
            Long updateFormId = form.getFormId();
            ZSONObject zsonObject = DateUtils.getZsonObject();
            LogUtils.info(TAG, "updateForm FormException " + zsonObject);
            try {
                updateForm(updateFormId, new FormBindingData(zsonObject));
            } catch (FormException e) {
```

```
                                    DatabaseUtils.deleteFormData(form.getFormId(), connect);
                                    LogUtils.info(TAG, "updateForm FormException " + e.getMessage());
                                }
                            }
                        }
```

updateForms 函数先从数据库中查询出所有的卡片（其实 Form 表中只有一个时间卡片 clock1x2，因为该卡片是单实例的），再调用 DateUtils 类的 getZsonObject 函数来获取到当前时间的 zson 对象格式，最后调用 Ability 类的 updateForm 函数对 id 为 updateFormId 的卡片进行数据更新，更新的数据为 FormBindingData 类型。

updateFormId 为从数据库中获取到的当前时间卡片 clock1x2 的卡片 id，而更新的内容为当前时间。updateForms 函数会被由例 10-25 中的定时器启动函数 startTimer 定义的定时器对象每秒调用一次，这样即可每秒将当前的系统时间刷新到时间卡片上。

例 10-25　定时器启动函数 startTimer

```
    private void startTimer() {
        Timer timer = new Timer();
        timer.schedule(new TimerTask() {
            @Override
            public void run() {
                updateForms();
                notice();
            }
        }, 0, UPDATE_PERIOD);
    }
```

例 10-25 中的 timer 定时器的调度周期定义为 1000ms，也就是 1s。卡片 clock1x2 的运行结果如图 10-20 所示，从图中可以看到，卡片时间得到了准确的刷新。

图 10-20　卡片 clock1x2 的运行结果

10.5.5　卡片页面跳转

10.3.5 小节中已经介绍过卡片如何与 Ability 进行事件交互了。交互方式有两种：使用 router 事件进行跳转，使用 message 事件进行消息传递。下面实现点击 clock1x2 卡片，直接调转回应用主界面。

在前面 clock1x2 卡片的页面结构文件的第一行中定义了一个点击事件，示例代码如下。

```
    <div class="container" onclick="routerEvent">
```

该事件会触发 JSON 文件中的 routerEvent 回调事件，该事件定义在 actions 对象中，示例代码如下。

```
    "actions": {
        "routerEvent": {
            "action": "router",
            "bundleName": "ohos.samples.jsfacard",
            "abilityName": "ohos.samples.jsfacard.ClockAbility",
            "params": {
                "message": "add detail"
            }
        }
```

上述代码中的事件类型为 router，表明要产生页面跳转，跳转的页面包名和 ability 名都已经定义好了，且定义了页面传递的 message 参数。当点击 clock1x2 卡片时，会自动跳转到应用主界面，如图 10-21 所示。

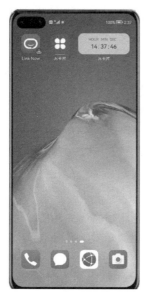

图 10-21　点击 clock1x2 卡片时跳转到应用主界面

主界面是通过 Java UI 来构建的，因为这种方法适用于从卡片到应用主界面的跳转，详细的实现代码不再展示。

10.5.6　卡片消息传递

在卡片交互的过程中，经常需要卡片向卡片提供方传递消息，消息传递是卡片与卡片提供方交互的第二种交互模式，即事件消息交互。下面以 jscardtemplate 卡片为例讲解卡片消息传递的过程。

cardtemplate 卡片的页面结构文件代码如例 10-26 所示。

例 10-26　cardtemplate 卡片的页面结构文件

```
<div class="container" onclick="activeEvent">
    <div class="header-div">
        <text class="header-title">{{ $t('strings.title') }}</text>
        <text class="header-description">{{ $t('strings.text') }}</text>
    </div>
    <div class="foot-div">
        <div class="item-div" style="display-index : 5;">
            <image src="/common/ic_default_image.png" class="item-image">
            </image>
            <text class="item-title">{{ $t('strings.title') }}</text>
        </div>
        <div class="item-div" style="display-index : 4;">
            <image src="/common/ic_default_image.png" class="item-image">
            </image>
            <text class="item-title">{{ $t('strings.title') }}</text>
        </div>
        <div class="item-div" style="display-index : 3;">
            <image src="/common/ic_default_image.png" class="item-image">
```

```
                    </image>
                    <text class="item-title">{{ $t('strings.title') }}</text>
                </div>
                <div class="item-div" style="display-index : 2;">
                    <image src="/common/ic_default_image.png" class="item-image">
                    </image>
                    <text class="item-title">{{ $t('strings.title') }}</text>
                </div>
                <div class="item-div" style="display-index : 1;">
                    <image src="/common/ic_default_image.png"
                    class="item-image"></image>
                    <text class="item-title">{{ $t('strings.title') }}</text>
                </div>
            </div>
        </div>
```

例 10-26 中的外层 div 容器定义了两个 div 子容器：第一个 div 子容器中包含两个 text 组件，其内容来自 i18n 目录的 strings.json 中定义的键值对，可以通过 $t 函数来引用；第二个 div 子容器中包含 5 个 div 孙容器，每个 div 孙容器中包含一个 image 组件和一个 text 组件，image 组件内容来源于资源子目录 common，text 组件内容同样来源于 strings.json 文件中定义的键值对。

例 10-27 为 cardtemplate 卡片的页面交互文件，其中，第一行定义了 onclick 事件，点击后会触发 activeEvent 回调函数，回调函数在 JSON 文件中定义。

例 10-27　cardtemplate 卡片的页面交互文件

```
    {
      "data": {},
      "actions": {
        "activeEvent": {
          "action": "message",
          "bundleName": "ohos.samples.jsfacard",
          "abilityName": "ohos.samples.jsfacard.MainAbility",
          "params": {
            "message": "jscardtemplate add detail"
          }
        }
      }
    }
```

从例 10-27 中可以看到，activeEvent 事件定义在 actions 对象中，其 action 属性取值为 message，表示卡片要向卡片提供者传递消息，卡片提供者的包名和 ability 名都已经确定，传递的消息在 params 参数的 message 属性中。

cardtemplate 卡片对应的 MainAbility 在 onTriggerFormEvent 回调函数中对卡片传递过来的消息事件进行处理，代码如例 10-28 所示。该回调函数在 Ability 收到卡片的点击事件后触发，是服务卡片非常重要的回调函数。该函数带有两个参数，第一个参数为触发点击事件的卡片的 id，即 formId，第二个参数为卡片传递过来的消息 message。

例 10-28　cardtemplate 卡片对应的 onTriggerFormEvent 回调函数

```
    @Override protected void onTriggerFormEvent(long formId, String message) {
        LogUtils.info(TAG, "onTriggerFormEvent: messgeage=" + message);
        super.onTriggerFormEvent(formId, message);
        ...
    }
```

例 10-28 中的第 2 行直接采用 LogUtils 类的 info 函数输出日志信息。LogUtils 类是此项目定义的一个日志工具类，实际上采用 HarmonyOS 的 HiLog 函数进行输出。日志信息中包含卡片传递过来的消息，cardtemplate 卡片的运行结果如图 10-22 所示。

当点击该卡片后，在 HiLog 中输出的信息如图 10-23 所示。从此图中可以看出，该卡片被点击了两次，并输出了两次 message 消息，说明消息传递成功。

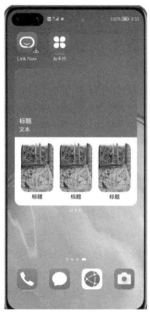

图 10-22　cardtemplate 卡片的运行结果

图 10-23　在 HiLog 中输出的信息

10.5.7　卡片事件触发

卡片事件的触发是指卡片中的点击事件引发卡片数据的变化，该过程等于"卡片消息传递+卡片内容刷新"。这里以 jsmusictemplate 卡片为例进行讲解。

jsmusictemplate 卡片的页面结构文件代码如例 10-29 所示。外层 div 包含两个子容器 stack 和 div。stack 容器中包含两个层叠的 image 组件，第一个 image 组件的图片来源于 common 子目录，第二个 image 组件的图片也来源于该目录，但具体图片名称来自 JSON 文件中定义的 status 变量，同时该 status 的值是可以变化的，其可变值从卡片对应的 MainAbility 中传递过来，通过 image 组件的 onclick 事件的回调函数 messageEvent 来触发该传递过程。

例 10-29　jsmusictemplate 卡片的页面结构文件

```
□    <div class="container">
□      <stack class="large-display-index cover-image">
□          <image src="/common/ic_default_image.png" class="default_image"></image>
□          <image src="/common/{{status}}.svg"onclick="messageEvent"class=
```

```
❑              "status-image"></image>
❑          </stack>
❑          <div class="main-div medium-display-index">
❑              <div class="wrap-div medium-display-index">
❑                  <image src="/common/ic_search.svg" class="image-div"></image>
❑                  <text class="image-text">{{ $t('strings.search') }}</text>
❑              </div>
❑              <div class="wrap-div medium-display-index">
❑                  <image src="/common/ic_favor.svg" class="image-div"></image>
❑                  <text class="image-text">{{ $t('strings.favor') }}</text>
❑              </div>
❑              <div class="wrap-div small-display-index">
❑                  <image src="/common/ic_ranking.svg" class="image-div"></image>
❑                  <text class="image-text">{{ $t('strings.ranking') }}</text>
❑              </div>
❑              <div class="wrap-div small-display-index">
❑                  <image src="/common/ic_recommend.svg" class="image-div"></image>
❑                  <text class="image-text">{{ $t('strings.recommend') }}</text>
❑              </div>
❑          </div>
❑      </div>
```

从例 10-29 中可以看到，div 子组件中包含 4 个孙组件，每个孙组件包含一个 image 组件和一个 text 组件，其内容分别来自 common 子目录和 i18n 中定义的 strings.json 文件。

jsmusictemplate 卡片的页面交互文件代码如例 10-30 所示。该代码中定义了 status 的初值为 play，那么卡片的 stack 容器中的第二个 image 组件的初始图片源 src 就是/common/play.svg。这是一张音乐播放按键 play 的图片。此外，actions 对象中定义了 onclick 事件触发的回调函数 messageEvent 为消息事件，向对应 Ability 传递了 message 消息。

例 10-30　jsmusictemplate 卡片的页面交互文件

```
❑   {
❑     "data": {
❑       "status": "play"
❑     },
❑     "actions": {
❑       "messageEvent": {
❑         "action": "message",
❑         "params": {
❑           "message": "music change status"
❑         }
❑       }
❑     }
❑   }
```

当在 jsmusictemplate 卡片的 stack 容器中的第二张图片上进行点击操作时，会触发该卡片对应的 MainAbility 上的 onTriggerFormEvent 回调函数，代码如例 10-31 所示。

例 10-31　jsmusictemplate 对应的 onTriggerFormEvent 回调函数

```
❑      @Override protected void onTriggerFormEvent(long formId, String message) {
❑          ...
❑          ZSONObject zsonObject = new ZSONObject();
❑          if (isStatus) {
❑              zsonObject.put(STATUS, PAUSE);
❑              isStatus = false;
```

```
        } else {
            zsonObject.put(STATUS, PLAY);
            isStatus = true;
        }
    FormBindingData formBindingData = new FormBindingData(zsonObject);
    try {
        updateForm(formId, formBindingData);
    } catch (FormException e) {
        LogUtils.info(TAG, "onTriggerFormEvent:" + e.getMessage());
    }
}
```

例 10-31 中的代码新建了 ZSONObject 对象 zsonObject，当 isStatus 为 true 时，在 zsonObject 中只放置键值对（status，pause），否则放置（status，play）。为了将该键值对对象 zsonObject 传递给卡片，必须定义 FormBindingData 对象，该对象以 zsonObject 为参数。此外，为了更新卡片内容，必须调用 updateForm 函数。

严格来说，此处的 MainAbility 对应 3 张卡片 card、jscardtemplate 和 jsmusictemplate，在这 3 张卡片上出现的点击事件都会触发 onTriggerFormEvent 回调函数，且都会将 zsonObject 对象回传给对应卡片，但该对象的键 status 只在卡片 jsmusictemplate 中存在，因此只有该卡片会接收该键值对象并刷新卡片，其他卡片收到该对象后只能丢弃。

点击 jsmusictemplate 卡片后的结果如图 10-24 所示。从运行结果来看，当用户点击图片左侧按钮时，如果当前是播放按钮，则会切换为暂停，反之亦然。对图片的变更是通过改变例 10-30 中的卡片的 status 变量来实现的，变量的改变是通过例 10-31 所示的卡片提供方的 MainAbility 来完成的。该运行结果反映了卡片事件触发已实现。

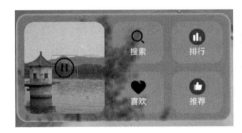 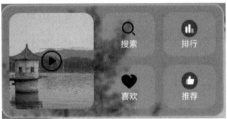

图 10-24　点击 jsmusictemplate 卡片后的结果

10.5.8　内存图片读取

如果想要在卡片上显示网络的图片资源或在数据库中查询读取的图片资源，则可以使用 image 组件提供的内存图片显示能力。此处以 card 卡片来介绍内存图片读写方法。

内存图片读写在某些情况下非常有用。例如，卡片上需要展示一张从网络上下载的图片；或进行数据库读取时读取到了一个二级制大对象（Binary Large Object，BLOB）字段，即图片的二进制字节码，也希望将其加载到卡片上。在这些状态下，图片并没有存储在资源目录 resources 或 common 中，这时不能直接进行图片资源的加载。

其实 MyApplicationJsFACard 示例项目中并没有从网络中下载的图片，也没有图片字段存在数据库中，但通过代码临时生成了内存图片数据。card 卡片的页面结构文件代码如例 10-32 所示。此处外层 div 包含一个 image 组件和一个 div 子容器，div 子容器包含两个 text 组件和一个包含 4 张图片的 div 孙容器。要注意此处 5 张图片的 src 属性取值 imageSrc 和 imageBlueSrc 都是定义在 JSON 文件中的。

例 10-32　card 卡片的页面结构文件

```
<div class="main-div" onclick="activeEvent">
<image src="{{ imageSrc }}" class="main-image"></image>
<div class="right-div">
    <text class="music-text" style="margin-start : 14px; padding-left :10px;">
    {{ $t('strings.music') }}</text>
    <text class="singer-text" style="margin-start : 14px; padding-left :10px;">
    {{ $t('strings.singer') }}</text>
    <div style="justify-content : space-between; margin : 0px 3.8%;
    padding-left : 10px; width : 100%;">
      <image src="{{ imageBlueSrc }}" class="check-image"></image>
      <image src="{{ imageBlueSrc }}" class="check-image"></image>
      <image src="{{ imageBlueSrc }}" class="check-image"></image>
      <image src="{{ imageBlueSrc }}" class="check-image"></image>
    </div>
</div>
    </div>
```

card 卡片的页面样式文件省略。其页面交互文件代码如例 10-33 所示，从该文件 data 对象中可以看到 imageSrc 和 imageBlueSrc 的取值均为空，这意味着在 HML 文件中的 5 张图片都无法取得数据源，那么图片如何显示呢？没有数据源，图片区域是否留白呢？

例 10-33　card 卡片的页面交互文件

```
{
  "data": {
    "imageSrc": "",
    "imageBlueSrc": ""
  },
  "actions": {
    "activeEvent": {
      "action": "message",
      "bundleName": "ohos.samples.jsfacard",
      "abilityName": "ohos.samples.jsfacard.MainAbility",
      "params": {
        "message": "add detail"
      }
    }
  }
}
```

要解决上述问题，可以在创建 card 卡片时，执行对应 image 组件图片内容的填充工作。该工作分成两步：第一步是在创建 card 卡片时获取图片数据，第二步是进行内存图片读取。这两个步骤都需要在 MainAbility 类的 onFormCreate 回调函数中完成，具体操作过程如下。

1. 在创建 card 卡片时获取图片数据

内存图片使用 byte[] 格式的图片数据，图片内容可以有多个来源：如网络的图片资源、在数据库中查询读取的图片资源和本地图片打开后获得的图片资源等。下面从本地图片读取内容后写入内存图片字节数组。本地图片的读取操作是通过 getResourceManager 函数实现的，card 卡片对应的 onCreateForm 回调函数代码如例 10-34 所示。

例 10-34　card 卡片对应的 onCreateForm 回调函数

```
protected ProviderFormInfo onCreateForm(Intent intent) {
LogUtils.info(TAG, "onCreateForm");
ProviderFormInfo providerFormInfo = new ProviderFormInfo();
```

```
☐      try {
☐              Resource resourceImageSrc = getResourceManager().getResource
☐              (ResourceTable.Media_ic_image);
☐              ResourceresourceBlueSrc=getResourceManager().getResource
☐              (ResourceTable.Media_ic_blue);
☐              byte[] bytesImageSrc = imageConvertToByteArray(resourceImageSrc);
☐              byte[] bytesBlueSrc = imageConvertToByteArray(resourceBlueSrc);
☐      ...}
```

此处 ProviderFormInfo 对象的 providerFormInfo 十分关键，它作为 onCreateForm 回调函数的返回值进行返回，同时对图片数据进行填充。该代码是将 resources 目录的 media 子目录中的 ic_blue.svg 和 ic_image.png 这两张图片转换为二进制字节数组。

2. 进行内存图片读取

（1）创建一个 ZSONObject，将格式{imageSrc,memory://picName}的键值对添加到 ZSONObject 中，示例代码如下。

```
☐      ZSONObject zsonObject = new ZSONObject();
☐      zsonObject.put("imageSrc", "memory://ic_image.png");
☐      zsonObject.put("imageBlueSrc", "memory://ic_blue.svg");
```

其中，imageSrc 是 image 组件 src 属性关联的变量（如在 HML 文件中 image 组件的写法是<image src="{{imageSrc}}"></image>），picName 是内存图片的图片名，该命名可以自定义，但是要保证图片格式的扩展名正确。imageBlueSrc 操作也是如此。

（2）使用该 ZSONObject 创建一个 formBindingData 对象，示例代码如下。

```
☐      FormBindingData formBindingData = new FormBindingData(zsonObject);
```

（3）调用 formBindingData 对象的 addImageData 接口添加数据，示例代码如下。

```
☐      formBindingData.addImageData("ic_image.png", bytesImageSrc);
☐      formBindingData.addImageData("ic_blue.svg", bytesBlueSrc);
```

需要注意的是，ic_image.png 为 picName，必须和步骤（1）中添加到 ZSONObject 中的键值对的 picName 一致，否则通过步骤（1）中的内存图片路径（memory://logo.png）无法读取到这里添加的图片数据。

（4）设置 providerFormInfo 对象并返回，示例代码如下。

```
☐      providerFormInfo.setJsBindingData(formBindingData);
☐      return providerFormInfo;
```

如果是在卡片的 onCreateForm 生命周期中更新共享内存图片数据，则只需创建 ProviderFormInfo，并将 formBindingData 设置给 ProviderFormInfo，返回 ProviderFormInfo 即可。如果是在卡片的其他生命周期中更新内存图片数据，则直接调用 updateForm 更新指定卡片即可。

卡片内存图片读取结果如图 10-25 所示。从图 10-25（a）中可以看出，内存图片读写成功，5 张图片都顺利加载了图片内容，图 10-25（b）是预览模式下没有图片加载的静态卡片的显示效果。

（a）成功加载内存图片的卡片

（b）预览模式下没有图片加载的静态卡片的显示效果

图 10-25　卡片内存图片读取结果

10.6 原子化服务分享

使用原子化服务所提供的便捷服务，可以通过接入华为分享实现近距离快速分享，使便捷服务更精准、快速地推送至接收方，降低用户成本，提升用户体验。相比传统的社交软件分享，分享双方无须建立好友关系，接收方无须提前下载服务安装包，即可享受高效、快捷的服务体验。

10.6.1 服务分享运作机制

基于华为分享的服务分享工作原理如图 10-26 所示。从其中可以看到，这是一个分布式功能，因此在后续的实例开发中可以看到底层分布式接口 IDL 的使用。一般是服务端使用 ServiceStub 接口，客户端使用 CallbackProxy 接口，即"代理 – 桩"模式。服务分享方为服务端，服务接收方为客户端。

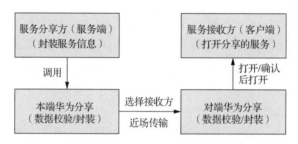

图 10-26 基于华为分享的服务分享工作原理

服务分享方封装好服务信息后，分享的信息包括服务卡片功能文字描述和功能缩略图等，接着调用本地华为分享服务来分享数据。本地华为分享是本地数据的出口，它负责对数据进行校验和封装，加入一些信息传输控制报头，并通过近场传输方式（通常是蓝牙和 Wi-Fi 模式），找出网络中的其他设备，选择自己希望传输的对象后发送出去。

服务接收方的底层华为分享服务收到该数据包后，也会拆解掉该数据包对应的控制报头，并对传输信息进行校验，避免在传输过程中由于信号干扰造成传输信息错误。校验无误后，再传输给上层应用打开该服务卡片。这样传输过程就将完整的服务卡片传输给了服务接收方，服务接收方可以打开卡片运行。

10.6.2 服务分享的实现

下面接着在 10.5 节中开发好的服务卡片项目 MyApplicationJsFACard 中添加分享功能，将服务卡片分享出去。分享功能的实现需要以下几个步骤。

（1）集成 IDL 接口，用于建立分享方与华为分享的交互通道，完成后续服务分享过程。

在 java 目录的同级目录处创建 idl 接口目录（可手动创建或通过 DevEco Studio 创建）com/huawei/hwshare/third（固定路径），并创建名为 IHwShareCallback.idl 和 IHwShareService.idl 的 IDL 文件，集成分享功能后的服务卡片目录结构如图 10-27 所示。

当初次建立 idl 目录，并为其添加子目录 com/huawei/hwshare/third 时，文件目录结构中显示的都是子目录模式，当创建整个项目后，系统会自动将其转换为 Java 包形式。

IHwShareCallback.idl 接口定义如例 10-35 所示，从该接口的名称可以看出，这是华为分享功能的回调函数，用来通知分享状态。

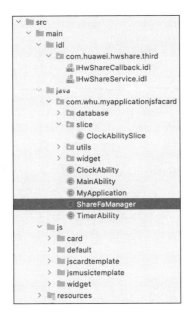

图 10-27　集成分享功能后的服务卡片目录结构

例 10-35　IHwShareCallback.idl 接口定义

```
interface com.huawei.hwshare.third.IHwShareCallback {
    [oneway] void notifyState([in] int state);
}
```

IHwShareService.idl 接口定义如例 10-36 所示，这个接口是真正的华为分享服务接口，其中包含一个授权认证函数和一个分享 FA 信息的函数，授权认证函数 startAuth 会触发 IHwShareCallback.idl 中定义的回调函数。

例 10-36　IHwShareService.idl 接口定义

```
sequenceable ohos.interwork.utils.PacMapEx;
interface com.huawei.hwshare.third.IHwShareCallback;
interface com.huawei.hwshare.third.IHwShareService {
    int startAuth([in] String appId, [in] IHwShareCallback callback);
    int shareFaInfo([in] PacMapEx pacMapEx);
}
```

（2）在 java 目录的应用包中创建 ShareFaManager 类，用于管理分享方与华为分享的连接通道和数据交互。

服务分享管理 ShareFaManager 类定义如例 10-37 所示，该代码省略了变量定义和非关键函数。其中，IAbilityConnection 类在前面调用 Service Ability 服务的时候也碰到过。该接口主要用来处理分享时多设备间的连接，这里有两个回调函数：连接建立时的回调函数 onAbilityConnectDone 和连接释放时的回调函数 onAbilityDisconnectDone。在 onAbilityConnectDone 回调函数中使用了在前面定义的接口 HwShareServiceProxy，其参数 iRemoteObject 是客户端与服务端交互的管道。

例 10-37　服务分享管理 ShareFaManager 类定义

```
public class ShareFaManager {
    ...
        private Context mContext;
        private String mAppId;
        private PacMapEx mSharePacMap;
        private static ShareFaManager sSingleInstance;
```

```
            private HwShareServiceProxy mShareService;
            private EventHandler mHandler = new EventHandler(EventRunner.
            getMainEventRunner());
            private final IAbilityConnection mConnection = new IAbilityConnection() {
                @Override
                public void onAbilityConnectDone(ElementName elementName, IRemoteObject
                iRemoteObject, int i) {
                    HiLog.error(LABEL_LOG, LOG_FORMAT, TAG, "onAbilityConnectDone
                    success.");
                     mHandler.postTask(()->{
                        mShareService = new HwShareServiceProxy(iRemoteObject);
                        try {
                          mShareService.startAuth(mAppId, mFaCallback);
                        } catch (RemoteException e) {
                          HiLog.error(LABEL_LOG, LOG_FORMAT, TAG, "startAuth error.");
                        }
                     });
                }

                @Override
                public void onAbilityDisconnectDone(ElementName elementName, int i) {
                    HiLog.info(LABEL_LOG, LOG_FORMAT, TAG, "onAbilityDisconnectDone.");
                    mHandler.postTask(()->{
                        mShareService = null;
                        mHasPermission = false;
                    });
                }
            };
    privatefinalHwShareCallbackStubmFaCallback=newHwShareCallbackStub
    ("HwShareCallbackStub") {
                @Override
                public void notifyState(int state) throws RemoteException {
                    mHandler.postTask(()->{
                     HiLog.info(LABEL_LOG, LOG_FORMAT, TAG, "notifyState: " + state);
                     if (state == 0) {
                        mHasPermission = true;
                        if (mSharePacMap != null) {
                            shareFaInfo();
                        }
                     }
                    });
                }
            };
    public static synchronized ShareFaManager getInstance(Context context) {
            if (sSingleInstance == null && context != null) {
                sSingleInstance = new ShareFaManager(context.getApplication
                Context());
            }
            return sSingleInstance;
    }
    public void shareFaInfo(String appId, PacMapEx pacMap) {
            if (mContext == null) {
                return;
            }
```

```
            mAppId = appId;
            mSharePacMap = pacMap;
            mHandler.removeTask(mTask);
            shareFaInfo();
            bindShareService();
    }
private void bindShareService() {
        if (mShareService != null) {
            return;
        }
        HiLog.error(LABEL_LOG, LOG_FORMAT, TAG, "start bindShareService.");
        Intent intent = new Intent();
        Operation operation = new Intent.OperationBuilder()
                .withDeviceId("")
                .withBundleName(SHARE_PKG_NAME)
                .withAction(SHARE_ACTION)
                .withFlags(Intent.FLAG_NOT_OHOS_COMPONENT)
                .build();
        intent.setOperation(operation);
        mContext.connectAbility(intent, mConnection);
    }
}
```

例 10-37 中的 getInstance 函数用于获取单例模式下的 ShareFaManager 的实例对象,该对象用来管理分享过程,context 参数是程序的上下文环境。shareFaInfo 函数是 ShareFaManager 类最重要的函数,它用于创建分享过程。参数 appId 为开发者在华为开发者联盟网站上创建原子化服务时生成的 appId。pacMap 参数为服务信息载体,其中定义了很多待分享服务的关键信息。shareFaInfo 调用了 bindShareService 函数,该函数使用 connectAbility 来启动系统自带的分享 Ability。

(3)封装服务分享数据,调用 ShareFaManager 封装的接口完成服务的分享。

在项目的启动 AbilitySlice 中加入对服务分享功能的调用。其实主要工作就是填充一些服务分享数据,这些数据均为 ShareFaManager 的属性。服务分享数据内容如表 10-2 所示。

表 10-2   服务分享数据内容

常量字段	类型	描述
SHARING_FA_TYPE	整数	分享的服务类型,当前只支持默认值 0,非必选参数。如果不传递此参数,则接收方默认将其赋值为 0
HM_BUNDLE_NAME	字符串	分享的服务的 bundleName,最大长度为 1024 位,必选参数
SHARING_EXTRA_INFO	字符串	携带的额外信息,可传递到被拉起的服务界面,最大长度为 10240 位,非必选参数
HM_ABILITY_NAME	字符串	分享的服务的 Ability 类名,最大长度为 1024 位,必选参数
SHARING_CONTENT_INFO	字符串	卡片展示的服务介绍信息,最大长度为 1024 位,必选参数
SHARING_THUMB_DATA	字节	卡片展示的服务介绍图片,最大长度为 153600 位,必选参数
HM_FA_ICON	字节	服务图标,如果不传递此参数,则取分享方默认服务图标,最大长度为 32768 位,非必选参数
HM_FA_NAME	字符串	卡片展示的服务名称,最大长度为 1024 位,非必选参数。如果不传递此参数,则取分享方默认服务名称

在 ClockAbilitySlice 中添加服务分享 shareWidget 函数,代码如例 10-38 所示,并在其界面中增加一个按钮,点击按钮后触发该函数。

例 10-38　服务分享 shareWidget 函数

```
private void shareWidget() {
    LogUtils.info(TAG, "IOException" + "button click");
    PacMapEx pacMap = new PacMapEx();
    pacMap.putObjectValue(ShareFaManager.SHARING_FA_TYPE, 0);
    pacMap.putObjectValue(ShareFaManager.HM_BUNDLE_NAME, getBundleName());
    pacMap.putObjectValue(ShareFaManager.SHARING_EXTRA_INFO, "helloshare");
    pacMap.putObjectValue(ShareFaManager.HM_ABILITY_NAME,
    ClockAbility.class.getName());
    pacMap.putObjectValue(ShareFaManager.SHARING_CONTENT_INFO, "clock time
    sharing");
    try {
        Resource resourceImageSrc = getResourceManager().getResource(Resource
        Table.Media_icon);
        Resource resourceBlueSrc = getResourceManager().getResource(Resource
        Table.Media_ic_blue);
        byte[] bytesImageSrc = imageConvertToByteArray(resourceImageSrc);
        byte[] bytesBlueSrc = imageConvertToByteArray(resourceBlueSrc);
        pacMap.putObjectValue(ShareFaManager.SHARING_THUMB_DATA,
        bytesImageSrc);
        pacMap.putObjectValue(ShareFaManager.HM_FA_ICON, bytesBlueSrc);
    } catch (IOException e) {
        LogUtils.info(TAG, "IOException" + e.getMessage());
    } catch (NotExistException e) {
        LogUtils.info(TAG, "NotExistException" + e.getMessage());
    }
    pacMap.putObjectValue(ShareFaManager.HM_FA_NAME,"FAShareDemo");Share
    FaManager.getInstance(ClockAbilitySlice.this).shareFaInfo
    ("728380991055342400", pacMap);
}
```

例 10-38 中的 shareWidget 函数先对服务卡片分享时的相关信息（表 10-1）进行了填充，再建立了一个 ShareFaManager 对象，最后调用该对象的 shareFaInfo 函数进行服务分享。shareFaInfo 的第一个参数为应用在 AppGallery Connect 上进行发布时，系统授予的唯一 App ID，如图 10-28 所示，该 ID 为加入分享功能的服务卡片项目 MyApplicationJsFACard 的 ID。

图 10-28　集成分享功能后的 MyApplicationJsFACard 项目的 App ID

加入分享功能的 MyApplicationJsFACard 项目在真机上的运行结果如图 10-29 所示，分别是点击按钮发起分享和分享成功的界面展示。

　　（a）发起分享　　　　　　　　　　（b）分享成功

图 10-29　加入分享功能的 MyApplicationJsFACard 项目在真机上的运行结果

本章小结

　　HarmonyOS 原子化服务是 HarmonyOS 提出的一种全新的服务提供方式，可以给用户带来便捷的服务体验。本章首先介绍了 HarmonyOS 原子化服务的定义与特性，接着描述了原子化服务在 HarmonyOS 中的多种应用场景，然后介绍了原子化服务开发的要求和运作机制，以及服务方的主要回调函数等。在掌握这些卡片相关的基础知识后，本章又进一步介绍了卡片项目的结构、资源访问方式和配置文件的配置过程。最后，本章用一个详细的卡片项目案例对前面的知识点进行了综合应用，并展示了卡片内容刷新、事件交互和页面路由的实现方法，原子化分享功能也集成到了卡片项目中。

　　通过对本章的学习，读者应能够理解原子化服务的特性和其应用场景，熟悉原子化服务的工作机制和生命周期，掌握原子化服务的构建和分享方法，学会利用服务卡片方法来提升应用体验。

课后习题

　　（1）（判断题）HarmonyOS 中的原子化服务是一种拥有独立入口的、免安装的、可为用户提供一个或多个便捷服务的用户应用程序形态。（　　　）

　　　　A．正确　　　　　　　B．错误

　　（2）（多选题）服务卡片是 FA 的一种界面展示形式，它包含（　　　）。

　　　　A．卡片提供方　　　B．卡片使用方　　　C．卡片管理服务　　　D．卡片刷新服务

（3）（判断题）服务卡片需要进行定时刷新，可以定义刷新的开始时间和刷新间隔。刷新的目的是避免卡片的死亡。（   ）

  A. 正确   B. 错误

（4）（多选题）服务卡片与 Ability 的交互分为两种，分别是（   ）。

  A. router 事件 B. message 事件 C. click 事件   D. touch 事件

（5）（判断题）一个 Ability 可以包含多个服务卡片，且必须有一个 isdefault 属性为 true 的卡片，以用作初始显示卡片。（   ）

  A. 正确   B. 错误

11 第11章 HarmonyOS网络访问与多线程

学习目标

- 掌握 HarmonyOS 应用中调用 HTTP 接口访问网络数据的方法。
- 掌握 HarmonyOS 应用中数据上传和下载功能的实现方法。
- 了解 WebSocket 的概念并掌握 HarmonyOS 应用中使用 WebSocket 模式访问服务器获取数据的方法。
- 了解多线程的概念并掌握在 HarmonyOS 应用中使用多线程的方法。

信息社会的核心是丰富的互联网资源，人们可以通过网络来访问互联网，并获取想要的信息。以前，人们习惯通过计算机上的浏览器来访问互联网。现在，随着移动互联网的发展，人们越来越依赖手机上的浏览器，或者是具备网络访问功能的手机应用来获取资源，如通过淘宝、美团等移动端应用来获取服务器中的商品信息和生活信息，因此移动端应用具备网络访问能力是十分有必要的。

此外，对移动端应用来说，网络访问通常与多线程联系在一起。因为移动端设备是通过无线方式（5G、Wi-Fi 或蓝牙）来获取数据的，其网络通常是不稳定的，因此网络数据的读取要花费较长时间。如果在前端一直等待网络数据返回而无法响应用户操作，则会给用户带来不好的体验。所以移动端的网络数据的传输一般放在后台线程进行，主线程（又称界面线程）依然可以和用户交互。

本章主要介绍移动端应用开发常用的一些网络通信技术，主要包括如何进行 HTTP 接口调用、如何实现数据上传和下载、如何进行 WebSocket 连接，以及如何使用多线程完成异步操作。

11.1 HTTP 接口调用

访问网页内容，最简单的就是 HTTP 接口调用模式，这也和浏览器访问网络资源采用的方法一致。本节主要讲解 HTTP 接口在 JS UI 框架中的应用，主要步骤如下。

（1）引入依赖。为了使用 HTTP 数据请求组件，必须引入 HTTP 组件，示例代码如下。

```
import http from '@ohos.net.http';
```

（2）创建 httpRequest 对象。httpRequest 对象中包括发起请求、中断请求、订阅/取消订阅 HTTP 响应报头（Response Header）事件。每一个

httpRequest 对象对应一个 HTTP 请求。如需发起多个 HTTP 请求，则须为每个 HTTP 请求创建对应的 httpRequest 对象。创建 httpRequest 对象的示例代码如下。

```
let httpRequest = http.createHttp();
```

（3）订阅 httpResponse 响应报头。通过订阅响应报头，可以提前得知 HTTP 请求是否成功及获取其他响应信息，示例代码如下。

```
httpRequest.on('headerReceive', (err, data) => {
    if (!err) {
        console.info('header: ' + data.header);
    } else {
        console.info('error:' + err.data);
    }
});
```

响应报头会比 HTTP 请求结果先返回。可以根据业务需要订阅此消息。on 为订阅，off 为取消订阅。例如，上段代码中的请求端订阅了服务端响应报头中的 headerReceive 消息。一旦在报头中发现该消息，如果没有错误则输出报头内容，否则输出错误信息。

（4）设定请求参数并发出请求，异步等待结果。做好前 3 步设定后，就可以设定 HTTP 请求的参数，发出 HTTP 请求并异步等待返回结果了，代码如例 11-1 所示。

例 11-1　发出 HTTP 请求

```
httpRequest.request(
        "http://news.whu.edu.cn/info/1015/65428.htm",
    {
        method: 'POST',  // 可选，默认为 GET，开发者可根据需要添加 header 字段
        header: {
            'Content-Type': 'application/json'
        },
        extraData: "data to post" // 当使用 POST 请求时，此字段用于传递内容
        readTimeout: 60000, // 可选，默认为 60000 ms
        connectTimeout: 60000 // 可选，默认为 60000 ms
    },(err, data) => {
        if (!err) {
            console.info('Result:' + data.result);  // HTTP 响应内容
            console.info('code:' + data.responseCode);
            this.title = data.result;
        } else {
            console.info('error:' + err.code);
        }
    }
);
```

httpRequest 对象有 3 个多态的 request 函数，它们以不同方式发起 HTTP 请求，以不同方式返回结果，详细用法如下。

① request(url: string, callback: AsyncCallback<HttpResponse>):void，该函数无返回值，HTTP 请求的返回内容包含在异步回调函数 AsyncCallback 中，url 为请求的网址，网址可以带参数，也可以不带参数。

② request(url:string,options:HttpRequestOptions,callback: AsyncCallback<HttpResponse>):void，该函数多了一个 HttpRequestOptions 类型的 options 参数。例 11-1 中的 request 函数就采用了该函数，options 参数可以配置相应的请求选项，这些请求选项的具体意义如下。

- method：枚举类型，表示 HTTP 请求的模式，可以是 POST、GET、PUT 等。POST 和 GET 的区别如下：GET 是在 url 中提出参数，而 POST 是在 HTTP 请求的 httpBody 中提出参数。
- header：对象类型，表示 HTTP 请求报头字段，默认值为{'Content-Type': 'application/json'}。
- extraData：字符串类型，表示发送的 HTTP 请求中携带的额外数据，当 IITTP 请求为 GET 等时，此字段为 HTTP 请求的参数补充，参数内容会拼接到 url 中进行发送；当 HTTP 请求为 POST 和 PUT 等时，此字段为 HTTP 请求的 httpBody 中的内容。
- readTimeout：数值类型，表示请求读取超时时间，单位为 ms，默认为 60000ms。
- connectTimeout：数值类型，表示请求连接超时时间，单位为 ms，默认为 60000ms。

③ request(url: string, options? : HttpRequestOptions): Promise<HttpResponse>，该函数使用 Promise 方式作为异步的方法。

下面主要分析第二种 request 函数，该函数的第三个参数为异步回调函数，其形式表现为（error, data）=>{}。该回调函数有两个参数，即 error 和 data。data 参数为 request 函数的返回值。当网络请求成功时，data 参数包含服务器返回的数据；如果请求失败，则 data 参数内容为空。error 参数在网络请求成功时，参数类型为 ResponseCode，否则参数类型为通用错误码。ResponseCode 为枚举类型，其取值说明如表 11-1 所示。

表 11-1　ResponseCode 取值说明

变量	值	说明
OK	200	请求成功，一般用于 GET 与 POST 请求
ACCEPTED	202	已接收，已经接收请求，但未处理完成
BAD_REQUEST	400	客户端请求的语法错误，服务端无法理解
FORBIDDEN	403	服务端理解客户端的请求，但是拒绝执行此请求
NOT_FOUND	404	服务端无法根据客户端的请求找到资源（网页）

花括号{}中为回调函数函数体，例 11-1 中通过 text 组件在屏幕上输出返回内容，title 变量为 text 组件的值。如果数据成功返回，则在屏幕和控制台同时输出网页内容，屏幕输出结果如图 11-1 所示，如果数据返回失败，则在控制台输出错误信息。

图 11-1　屏幕输出结果

11.2　数据上传和下载

移动端应用通常会遇到需要从指定位置上传或下载文字、图片及视频等情况。例如，当前应用需要提交用户的照片，当用户使用相机拍好照片并确认后，用户照片被上传到服务器中保存。上传和下载的特点是其操作方向基本是相反的，但调用的函数基本一致，只是名称上有所差异。下面以下载任务为例，说明数据上传和下载的用法，数据下载任务代码如例 11-2 所示。

例 11-2　数据下载任务

```
import request from '@ohos.request';
export default {
    onInit() {
        request.download({ url: 'http://news.whu.edu.cn/__local/6/77/0C
        /D9A3FB6FB41B582886E94D06F63_B82B59FD_34A00.jpeg' }, (err, data) => {
        if (err) {
                console.error('Failed to request the download. Cause: ' +
                JSON.stringify(err));
                return;
                }
        this.downloadTask = data;
        });
        this.downloadTask.on('progress',(upsize, totalsize) =>{
            console.log('download image size'+upsize)
            });
    }
}
```

例 11-2 中引入了系统组件 request，因为是下载任务，所以代码中调用了 request 对象的 download 函数。该函数有两个参数，一个是 config，另一个是异步回调函数 callback。config 参数为 DownloadConfig 类型，其最关键的属性就是 url，用来指明下载资源的地址。异步回调函数 callback 与例 11-1 中 HTTP 请求时的回调函数的结构和工作原理是一致的，此例中该函数指下载完成时的回调函数。

例 11-1 中将 callback 函数的第二个参数 data（下载任务返回数据）赋值给 downloadTask 变量，该变量为 downloadTask 类型，它有以下两个函数。

（1）on。该函数的功能是开启下载任务监听，它有两个参数，第一个参数为 type，第二个参数为 callback。type 表示监听的事件类型，默认为监听下载进度。callback 为下载进度回调函数，回调函数有 updateSize 和 totoalSize 两个参数，分别表示已经下载的数据大小和文件的总大小。

（2）off。该函数的功能是停止下载任务监听，它的参数类型和 on 完全一致。

11.3　WebSocket 连接

Socket（套接字）是通信的基础，是支持 TCP/IP 的网络通信的基本操作单元。它是网络通信过程中端点的抽象表示，包含进行网络通信必需的 5 种信息：连接使用的协议、本地主机的 IP 地址、本地进程的协议端口、远程主机的 IP 地址，以及远程进程的协议端口。

应用程序与服务器通信可以采用两种模式：TCP 可靠通信和 UDP 不可靠通信。Socket 之间的连接过程分为 3 个步骤：服务器监听、客户端向服务器请求连接，以及双方连接确认。

11.3.1　WebSocket 的概念

WebSocket 是 HTML5 规范提出的一种协议，是基于 TCP 的、与应用层 HTTP 并存的协议。HTML5 WebSocket 规范定义了 WebSocket 接口，支持页面使用 WebSockct 协议与远程主机进行全双工的通信。它引入了 WebSocket 接口且定义了一个全双工的通信通道，该通道通过一个单一的套接字在 Web 上进行操作，应用层 WebSocket 协议示意图如图 11-2 所示。

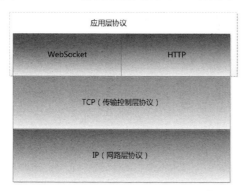

图 11-2　应用层 WebSocket 协议示意图

要使用 HTML5 WebSocket 从一个 Web 客户端连接到一个远程端点，需要创建一个新的 WebSocket 实例并为之提供一个 URL 来表示想要连接到的远程端点。该规范定义了 ws:// 及 wss:// 模式来分别表示 WebSocket 和安全 WebSocket 连接，这和 http:// 及 https:// 的区别是差不多的。

Socket 其实并不是一种协议，而是为了方便使用 TCP 或 UDP 而抽象出来的一个层，是位于应用层和传输控制层之间的一组接口。WebSocket 是双向通信协议，模拟 Socket 协议，可以双向发送或接收信息，而 HTTP 是单向的。WebSocket 是需要浏览器和服务器握手建立连接的。而 HTTP 是浏览器发起向服务器的连接，服务器预先并不知道这个连接。在 WebSocket 中，服务器和浏览器通过 HTTP 进行一个握手的动作，并单独建立一条 TCP 的通信通道即可进行数据的传送。

11.3.2　WebSocket 的实现

如果需要在 JS UI 框架中使用 WebSocket 建立服务端与客户端的双向连接，则需要先通过 createWebSocket 函数创建 WebSocket 对象，再通过 connect 函数连接到 ws 服务端。当连接成功后，客户端会收到 open 事件的回调，之后客户端就可以通过 send 函数与服务端进行通信了。当服务端发送信息给客户端时，客户端会收到 message 事件的回调。当客户端不需要此连接时，可以通过调用 close 函数主动断开连接，之后客户端会收到 close 事件的回调。

若在上述任一过程中发生错误，则客户端会收到 error 事件的回调。下面展示了基于 WebSocket 协议的数据传输的具体实现过程。

（1）引入 webSocket 模块，示例代码如下。

❑　`import webSocket from '@ohos.net.webSocket';`

（2）设置服务器连接地址，示例代码如下。

❑　`var defaultIpAddress = "ws://127.0.0.1:8443/v1";`

（3）创建 WebSocket 对象，示例代码如下。

❑　`let ws = webSocket.createWebSocket();`

（4）和服务器建立连接，示例代码如下。

❑　`ws.connect(defaultIpAddress, (err, value) => {`

```
❑        if (!err) {
❑            console.log("connect success");
❑        } else {
❑            console.log("connect fail, err:" + JSON.stringify(err));
❑        }
❑    });
```

将步骤（2）设置的连接地址作为 WebSocket 对象 ws 的 connect 函数的第一个参数，第二个参数是 callback 回调函数，当连接成功后会触发该回调函数，在控制台上输出连接成功信息，如图 11-3 所示，否则输出连接失败信息。connect 函数有 3 个重载函数，第二个重载函数有 3 个参数，第一个参数和第三个参数与这里介绍的相同，第二个参数名为 options，类型为 WebSocketRequestOptions，该参数用来设定建立连接时携带的 HTTP 头部信息。

图 11-3　控制台输出 WebSocket 连接成功信息

（5）订阅服务器消息。使用 WebSocket 对象的 on 函数可以订阅 ws 服务器发送过来的信息，并针对不同的信息来触发客户端不同的回调函数。

① 当客户端和服务端建立连接后，会收到服务端发送的 open 信息。如果客户端订阅了该消息并定义了对应的回调函数，则收到该消息后会触发该回调函数。回调函数 callback 的参数 value 携带服务器传回的信息。在该回调函数中，客户端可以调用 send 函数向服务端发送消息。send 函数的第一个参数为发送内容，第二个参数为服务端响应后的回调函数 callback，同样通过输出参数 value 获取服务器消息。如果成功返回，则向控制台输出发送成功的消息。基于 WebSocket 协议的数据发送代码如例 11-3 所示。

例 11-3　基于 WebSocket 协议的数据发送

```
❑    ws.on('open', (err, value) => {
❑        console.log("on open, status:" + value.status + ", message:" + value.message);
❑        // 当收到 on('open')事件时，可以通过 send 函数与服务器进行通信
❑        ws.send("Hello, server!", (err, value) => {
❑            if (!err) {
❑                console.log("send success");
❑            } else {
❑                console.log("send fail, err:" + JSON.stringify(err));
❑            }
❑        });
❑    });
```

② 当服务端向客户端返回消息且客户端收到时，会触发客户端 message 信息的事件回调。基于 WebSocket 协议的数据接收代码如例 11-4 所示，其中将服务端返回的消息通过回调函数 callback 的 value 参数进行输出。此例中客户端收到服务端的"bye"信息时（此信息字段仅为示意，具体字段需要与服务器协商），会主动调用 close 函数断开连接并输出连接断开的信息。

例 11-4　基于 WebSocket 协议的数据接收

```
❑    ws.on('message', (err, value) => {
❑        console.log("on message, message:" + value);
❑        if (value === 'bye') {
❑            ws.close((err, value) => {
❑                if (!err) {
❑                    console.log("close success");
```

```
        } else {
            console.log("close fail, err is " + JSON.stringify(err));
        }
    });
    }
});
```

③ 当服务端与客户端连接断开时，会触发客户端 close 信息的事件回调，回调函数通过 value 输出服务器关闭消息。此外，当服务端发生错误时，也会触发客户端 error 信息的事件回调。

```
ws.on('close', (err, value) => {
    console.log("on close, code is " + value.code + ", reason is " + value.reason);
});
ws.on('error', (err) => {
    console.log("on error, error:" + JSON.stringify(err));
});
```

11.4　多线程

11.4.1　进程和线程的区别

进程是具有一定独立功能的程序在某个数据集合上的一次运行活动，进程是操作系统进行资源分配和调度（资源包括 CPU、内存和 I/O）的一个独立单位。线程是进程的一部分，是 CPU 调度和分派的基本单位，一个进程可以拥有多个线程，线程是比进程更小的能独立运行的基本单位。线程本身基本上不拥有系统资源，只拥有一些在运行中必不可少的 CPU 资源（如程序计数器、一组寄存器和栈），但是它可与同属一个进程的其他的线程共享进程所拥有的全部资源（除了 CPU 之外的其他资源，如内存和 I/O）。

进程拥有自己独立的内存地址空间，而线程没有。HarmonyOS 中不同应用在各自独立的进程中运行。当应用以任何形式启动时，系统会为其创建进程，该进程将持续运行。当进程完成当前任务后便处于等待状态，如果当前系统资源不足，则系统会自动回收处于等待状态的进程。

在启动应用时，系统会为该应用创建一个被称为"主线程"的执行线程。该线程随着应用的创建而创建，也随着应用的消失而消失，是应用的核心线程。在应用的 UI 上发生的显示和更新等操作都是在主线程上进行的。主线程又称 UI 线程，默认情况下，所有的操作都是在主线程上执行的。如果需要执行比较耗时的任务（如下载文件、查询数据库），则可创建其他线程来处理。

TaskDispatcher 是 HarmonyOS 中的一个任务分发器，它是 Ability 分发任务的基本接口，隐藏了任务所在线程的实现细节。为保证应用有更好的响应性，开发者需要设计任务的优先级。在 UI 线程上运行的任务默认以高优先级运行，如果某个任务无须等待结果，则可以低优先级运行。

11.4.2　多线程分类

TaskDispatcher 具有多种实现，每种实现对应不同的任务分发器。任务分发器在分发任务时可以指定任务的优先级，由同一个任务分发器分发出的任务具有相同的优先级。系统提供的任务分发器有 GlobalTaskDispatcher、ParallelTaskDispatcher、SerialTaskDispatcher 和 SpecTaskDispatcher。这 4 种分发器的工作特性如下。

1. GlobalTaskDispatcher

其为全局并发任务分发器，由 Ability 执行 getGlobalTaskDispatcher 函数获取。它适用于任务之间没有联系的情况。一个应用只有一个 GlobalTaskDispatcher，它在程序结束时才被销毁。获取该分发器的示例代码如下。

```
TaskDispatcher globalTaskDispatcher = getGlobalTaskDispatcher(TaskPriority.
DEFAULT);
```

2. ParallelTaskDispatcher

其为并发任务分发器，由 Ability 执行 createParallelTaskDispatcher 函数创建并返回。与 GlobalTask Dispatcher 不同的是，ParallelTaskDispatcher 不具有全局唯一性，可以创建多个。开发者在创建或销毁该分发器时，需要持有对应的对象引用。创建该分发器的示例代码如下。

```
String dispatcherName = "parallelTaskDispatcher";
TaskDispatcher parallelTaskDispatcher = createParallelTaskDispatcher
(dispatcherName, TaskPriority.DEFAULT);
```

3. SerialTaskDispatcher

其为串行任务分发器，由 Ability 执行 createSerialTaskDispatcher 函数创建并返回。由该分发器分发的所有任务都是按顺序执行的，但是执行这些任务的线程并不是固定的。如果要执行并发任务，则应使用 ParallelTaskDispatcher 或者 GlobalTaskDispatcher，而不是创建多个 SerialTaskDispatcher。如果任务之间没有依赖，则应使用 GlobalTaskDispatcher 来实现。串行任务分发器的创建和销毁由开发者自己管理，开发者在使用期间需要持有该对象引用。创建该分发器的示例代码如下。

```
String dispatcherName = "serialTaskDispatcher";
TaskDispatcher serialTaskDispatcher = createSerialTaskDispatcher(dispatcherName,
TaskPriority.DEFAULT);
```

4. SpecTaskDispatcher

其为专有任务分发器，是一种绑定到专有线程上的任务分发器。目前已有的专有线程为 UI 线程，通过 UITaskDispatcher 进行任务分发。UITaskDispatcher 是绑定到应用主线程上的专有任务分发器，由 Ability 执行 getUITaskDispatcher 函数创建并返回。由该分发器分发的所有任务都是在主线程上按顺序执行的，它在应用程序结束时被销毁。获取 UITaskDispatcher 的示例代码如下。

```
TaskDispatcher uiTaskDispatcher = getUITaskDispatcher();
```

11.4.3　多线程的使用

本小节在多线程的使用示例中展示异步线程的调用过程。一般线程的调度分为同步派发（syncDispatch）和异步派发（asyncDispatch）两种。

1. 线程同步派发

对线程同步派发来说，由主线程派发任务并在当前线程等待任务执行完成。在返回前，当前线程会被阻塞。线程同步派发代码如例 11-5 所示。

例 11-5　线程同步派发

```
TaskDispatcher globalTaskDispatcher = getGlobalTaskDispatcher(TaskPriority.
DEFAULT);
globalTaskDispatcher.syncDispatch(new Runnable() {
    @Override
    public void run() {
        HiLog.info(LABEL_LOG, "sync task1 run");
    }
});
HiLog.info(LABEL_LOG, "after sync task1");
globalTaskDispatcher.syncDispatch(new Runnable() {
    @Override
```

```
□        public void run() {
□            HiLog.info(LABEL_LOG, "sync task2 run");
□        }
□    });
□    HiLog.info(LABEL_LOG, "after sync task2");
□    globalTaskDispatcher.syncDispatch(new Runnable() {
□        @Override
□        public void run() {
□            HiLog.info(LABEL_LOG, "sync task3 run");
□        }
□    });
□    HiLog.info(LABEL_LOG, "after sync task3");
```

　　使用线程之前，必须先创建任务派发器。该代码中先采用 getGlobalTaskDispatcher 函数获取了全局任务派发器 globalTaskDispatcher，再调用该派发器的 syncDispatch 函数同步派发了 3 个线程，这 3 个线程都在日志中输出对应的线程内容。在每派发一个线程，主线程中都会调用 HiLog 类来输出对应线程结束的信息。线程同步派发时控制台的输出结果如图 11-4 所示。

```
09-26 11:52:02.845 7451-8081/com.whu.myapplicationjavathread I 00000/This is Hilog:  sync task1 run
09-26 11:52:02.845 7451-7451/com.whu.myapplicationjavathread I 00000/This is Hilog:  after sync task1
09-26 11:52:02.846 7451-8082/com.whu.myapplicationjavathread I 00000/This is Hilog:  sync task2 run
09-26 11:52:02.846 7451-7451/com.whu.myapplicationjavathread I 00000/This is Hilog:  after sync task2
09-26 11:52:02.847 7451-8083/com.whu.myapplicationjavathread I 00000/This is Hilog:  sync task3 run
09-26 11:52:02.848 7451-7451/com.whu.myapplicationjavathread I 00000/This is Hilog:  after sync task3
```

图 11-4　线程同步派发时控制台的输出结果

　　从图 11-4 中可以看到，当对应线程派发后，主线程确实被阻塞了，直到对应线程完成执行后，主线程才继续执行。所以每次都是先输出派发线程运行的消息，再输出派发线程结束的消息。

2. 线程异步派发

　　对线程异步派发来说，主线程异步派发任务后会立即返回，返回值是一个可用于取消任务的接口 Revocable。线程异步派发代码如例 11-6 所示。

例 11-6　线程异步派发

```
□    TaskDispatcher globalTaskDispatcher = getGlobalTaskDispatcher(TaskPriority.
□    DEFAULT);
□    Revocable revocable = globalTaskDispatcher.asyncDispatch(new Runnable() {
□        @Override
□        public void run() {
□            HiLog.info(LABEL_LOG, "async task1 run");
□        }
□    });
□    HiLog.info(LABEL_LOG, "after async task1");
□    Revocable revocable2 = globalTaskDispatcher.asyncDispatch(new Runnable() {
□        @Override
□    public void run() {
□            HiLog.info(LABEL_LOG, "async task2 run");
□        }
□    });
□    HiLog.info(LABEL_LOG, "after async task2");
□    Revocable revocable3 = globalTaskDispatcher.asyncDispatch(new Runnable() {
□        @Override
□    public void run() {
□            HiLog.info(LABEL_LOG, "async task3 run");
□        }
```

```
❑    });
❑              HiLog.info(LABEL_LOG, "after async task3");
```

例 11-6 中异步派发的代码和例 11-5 中同步派发的代码基本上是一致的，区别的只是派发方式。线程异步派发时控制台的输出结果如图 11-5 所示。

```
09-26 12:00:50.466 3232-3232/com.whu.myapplicationjavathread I 00000/This is Hilog:    after async task1
09-26 12:00:50.466 3232-3232/com.whu.myapplicationjavathread I 00000/This is Hilog:    after async task2
09-26 12:00:50.467 3232-3232/com.whu.myapplicationjavathread I 00000/This is Hilog:    after async task3
09-26 12:00:50.472 3232-6047/com.whu.myapplicationjavathread I 00000/This is Hilog:    async task2 run
09-26 12:00:50.478 3232-6046/com.whu.myapplicationjavathread I 00000/This is Hilog:    async task1 run
09-26 12:00:50.490 3232-6048/com.whu.myapplicationjavathread I 00000/This is Hilog:    async task3 run
```

图 11-5   线程异步派发时控制台的输出结果

图 11-5 显示了线程异步派发的输出结果是不可预测的，再次运行可能会出现其他的输出结果，差别在后 3 行的输出上。异步派发的特点是主线程派发后立刻返回，所以 3 条主线程的日志写入语句"after async"会提前输出，虽然它们在代码写作顺序上晚于 3 条异步任务派发语句。3 个异步派发任务的输出顺序也不是代码写作顺序，异步派发的 task2 任务先执行完毕，输出结果，再执行 task1 和 task3 任务，哪个任务先执行完毕有一定的随机性。

本章小结

本章介绍了 HarmonyOS 中几种常用的网络数据访问方法，包括调用 http 对象来进行网页访问，调用 request 对象来进行数据上传和下载，调用 webSocket 对象来进行网络通信。网络访问受限于网络质量，因此一般把网络访问放在单独的线程中执行。本章还介绍了 HarmonyOS 中多线程的概念、分类和使用方法。

通过对本章的学习，读者应能够理解线程和进程的概念及区别，掌握 HarmonyOS 中常见的网络访问方法，同时了解多线程应用开发要点。

课后习题

（1）（判断题）HTTP 请求服务器数据的时候有两种方法：GET 和 POST。它们的区别是 GET 方法是在 url 中提出参数，而 POST 方法是在 request httpBody 中提出参数。（   ）

　　　A．正确　　　　　　B．错误

（2）（判断题）WebSocket 协议为应用层协议，它和 HTTP 最大的区别是 HTTP 是单向的，而 WebSocket 是双向的。（   ）

　　　A．正确　　　　　　B．错误

（3）（判断题）在启动应用时，系统会为该应用创建一个被称为"主线程"的执行线程。该线程的创建和消失紧随应用的创建和消失，是应用的核心线程。UI 的显示和更新等操作都是在主线程上进行的。主线程又称 UI 线程。（   ）

　　　A．正确　　　　　　B．错误

（4）（多选题）当要开发多线程应用程序时，可以使用的任务分发器包含（   ）。

　　　A．GlobalTaskDispatcher　　　　　　　　B．ParallelTaskDispatcher

　　　C．SerialTaskDispatcher　　　　　　　　D．SpecTaskDispatcher

第12章 中信银行本地生活应用的设计与实现

学习目标

- 结合之前所介绍的 JS UI 框架和原子化服务等知识开发一个真实场景的应用。

- 理解并掌握软件开发过程中所使用的软件工程思想。

随着移动互联网的迅速普及，传统的银行业务也逐渐从柜台转移到手机端，人们可以随时随地通过移动设备来获得银行服务。目前，市面上各大主流银行均推出了自己的手机银行应用，拥有该银行账户的客户可以通过该银行的应用快速办理银行业务，解决了客户线下等待时间长的问题，提高了银行的办事效率。

当前手机银行应用的痛点在于其中包含的业务过于繁杂，客户想要办理某项业务时甚至找不到入口，或者线上流程设计的步骤太多。HarmonyOS 推出的服务卡片功能直击该痛点，"无须安装，一键直达"的特点可以使用户直接从复杂的业务功能中找到自己需要的服务。

中信银行作为国内具备领先 IT 实施技术的银行，始终坚持把国产化和客户需求放在首位，率先在国内推出支持 HarmonyOS 服务卡片的中信银行本地生活应用。该应用不仅支持在不打开应用的情况下，通过服务卡片快速发现用户所在位置附近商户针对中信银行信用卡的优惠活动，还可以直接在商户店铺通过 HarmonyOS 独有的"碰一碰"功能快速获取商户的优惠活动的详细信息，大大降低了用户使用手机银行的复杂程度。

本章以中信银行本地生活应用为例，介绍一个真实场景中使用的 HarmonyOS 应用从需求分析、概要设计、详细设计到代码开发所经历的完整流程。通过这样一个实际应用产品的制作过程，读者不仅可以了解到 HarmonyOS 的一些最新前沿技术（如服务卡片等在生产中的落地方法和实际优势），还能够以此学习到软件工程思想和项目开发管理思想。

12.1 需求分析

在传统的应用使用模式中，如果中信银行的用户想要使用本地生活（又名动卡空间）服务，则首先需要下载 Android 或 iOS 版的该应用，完成注册和登录后，通过搜索商户信息参与本地生活的优惠活动。使用本地生活应用的原流程如图 12-1 所示，由此图中可知，总共有 12 步，且存在操作转换路径过长、用户体验不佳的问题。

原流程
（12步）

图 12-1　使用本地生活应用的原流程

对比之下，HarmonyOS 中原子化服务的免安装特性可以为用户提供更好的体验。基于原子化服务能力，同时结合华为的移动服务（Huawei Mobile Service，HMS）中的账号服务能力，再配合线下门店 NFC 功能（需要银行提前在线下商户部署 NFC 卡牌，又称水牌），可以实现用户免下载应用，免主动注册登录，通过手机 NFC 触碰卡牌便可一键完成本地生活 FA 服务的拉起，自动实现一键注册并登录。这样就连通了华为账号与银行持卡人账号，用户可直接通过 HarmonyOS 的定位服务参与门店的优惠活动，用户的整个操作流程由原来的 12 步缩短为 4 步。本地生活应用改进后的流程如图 12-2 所示，现流程大幅降低了活动参与难度，提升了服务使用效率，为用户提供了即用即走的"便捷金融+生活服务"。

由此可知，HarmonyOS 的新特性有以下两个优点。

（1）使用 FA 轻应用，用户无须提前下载即可享受应用服务。

（2）直达目标商户，一键注册，大大缩短了购物路径。

上述第一点是指原子化服务可以在后台以免安装的形式拉起，省去了用户复杂的下载过程；第二点是指通过 NFC 来拉起本地生活 FA，还可以使用 HMS 的账号服务来打通华为账号与信用卡账号的壁垒。这些 HarmonyOS 新特性可以有效优化银行业务流程，也可以促进其他传统企业的流程再造，推动企业数字化转型。

现流程
（4步）

手机"碰一碰"　　　　　进入商户页面　　　　　　下单支付　　　　　　　核销

图 12-2　本地生活应用改进后的流程

中信银行本地生活应用除了可以在商户店铺中通过手机"碰一碰"的方式来进入商户页面外，还可以通过服务卡片的形式来触发优惠券使用功能，"NFC+服务卡片"的流程触发方式如图 12-3 所示。

中信银行本地生活应用的主要功能是为具备中信银行信用卡账号的用户提供商户优惠信息，用户获取商户优惠信息后，可以直接使用信用卡购买商户的商品，从而促进商户和银行的销售。中信银行本地生活应用的主要功能如图 12-4 所示。

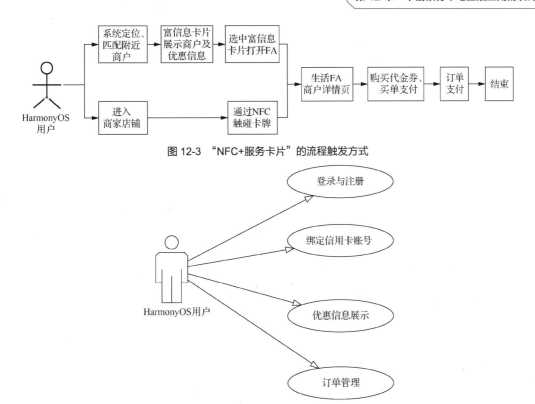

图 12-3 "NFC+服务卡片"的流程触发方式

图 12-4 中信银行本地生活应用的主要功能

由图 12-4 可知，中信银行本地生活应用的主要功能除了优惠信息展示和订单管理外，还包含登录与注册和绑定信用卡，前者主要负责管理用户登录应用的方式，而后者负责对当前应用的登录用户与银行信用卡的持有人进行绑定。

12.2 概要设计

概要设计部分主要分析该应用的总体组成，介绍该应用如何在不同设备上进行部署。此外，本节还会详细分解该应用的各功能模块，以及它们之间的关系，并以图的形式呈现。

12.2.1 中信银行本地生活应用部署图

中信银行本地生活应用包含手机端应用和 Web 服务端服务。此外，对于一般的商用应用而言，还需要一个数据库服务器来存储数据信息。对于一些对性能要求较高的复杂并发功能，手机端的算力较差，通常需要借助服务器来实现。需要说明的是，本书以介绍 HarmonyOS 手机应用的开发为主，所以前面 11 章中涉及的示例代码开发过程都不涉及服务器。

中信银行本地生活应用的部署结构图如图 12-5 所示，此图中展示了中信银行本地生活应用的 3 个组成部分，分别是客户端、服务端和数据库。本小节中的客户端特指手机应用，在实际生活中也可以在计算机上使用浏览器作为客户端。服务端是 Web 服务器，接收来自客户端的 Web 请求并返回结果。Web 服务器通常是不能直接提供响应的，因此来自客户端的请求被分析后，再重定向到数据库进行数据请求或云服务器进行服务请求。此例中主要是客户端的账户请求和数据查询请求（包括商户查询、优惠券查询等）。数据库存储了中信银行本地生活中用到的数据信息，包括用户账户信息、信用卡账户信息、商户信息、优惠信息、订单信息等。

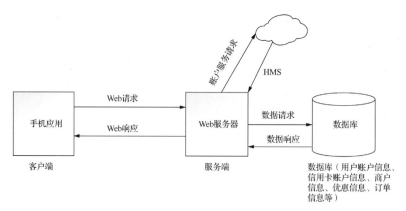

图 12-5　中信银行本地生活应用的部署结构图

12.2.2　中信银行本地生活应用总体流程图

中信银行本地生活应用主要包括登录与注册模块、绑定信用卡模块、优惠信息展示模块和订单管理模块。中信银行本地生活应用的业务运行流程图如图 12-6 所示。

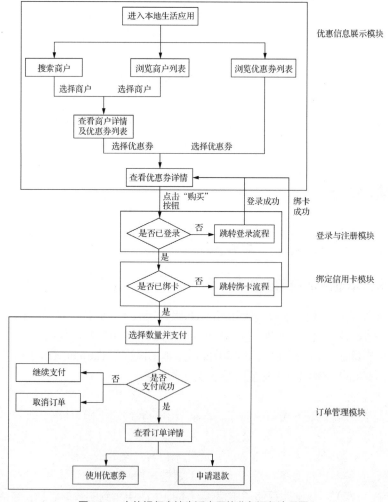

图 12-6　中信银行本地生活应用的业务运行流程图

用户进入中信银行本地生活应用后，可以根据距离、商圈、行政区域、关键词等搜索并选择商户，挑选相应的优惠券，也可以通过直接浏览商户列表或优惠券列表的方式来选择商户或优惠券。用户下单前系统会校验登录和绑卡状态，若用户未登录或未绑卡，则会指引用户进行相应操作。优惠券购买成功后，用户可在订单中心查看订单详情、使用优惠券或申请退款。

下面对各模块的具体功能进行分析，复杂功能采用流程图的形式展现。

12.2.3　登录与注册模块

登录与注册模块主要管理用户的账户信息，支持多种注册和登录形式，如手机号+验证码+密码登录、华为账号联合登录、人脸识别登录等。在用户忘记密码或登录账号时，也提供找回功能。该模块功能分解如图 12-7 所示。

当用户涉及购买及支付操作时，需验证是否为登录状态，若未登录，则跳转至注册登录一体化页面进行常规登录注册验证；注册登录同时支持使用华为账号联合登录，首次使用华为账号登录时需阅读隐私协议，阅读完成后可以选择字段进行授权，授权完成后客户端调用华为 HMS-CORE 组件中华为账号服务 SDK 实现信息授权下发；在用户授权相关字段成功后，服务端通过安全套接字协议（Secure Sockets Layer，SSL）链接获取华为账号提供的注册手机号和 OpenId 字段，通过联合登录接口实现一键登录和静默注册功能。这里的静默注册代表用户不需要额外输入用户名、密码及身份信息等，服务端直接请求云端的华为账号信息来进行后台注册，用户直接获得中信银行本地生活应用的合法身份。

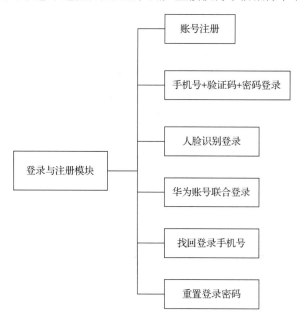

图 12-7　登录与注册模块功能分解

本小节主要分析该应用的登录流程，感兴趣的读者可以自行分析一下用户注册的流程。图 12-8 所示为中信银行本地生活应用中的用户登录流程图。由该图可知，当用户为全新登录时需要进行手机号验证，并判断是否设置过登录密码：未设置过则进行登录密码设置并登录，已设置过则进行登录密码验证并登录。当用户已在当前设备登录过时，若人脸识别登录开关打开则进行人脸识别登录，否则进入手机号+验证码+密码登录。

需要说明的是，在手机号验证页面和登录密码验证页面中都有华为账号快捷登录的入口，可进行华为账号联合登录操作。

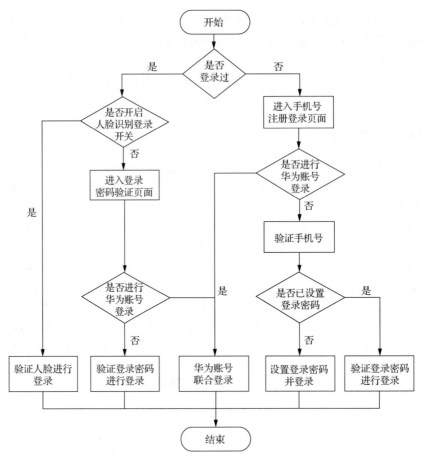

图 12-8　用户登录流程图

12.2.4　绑定信用卡模块

绑定信用卡模块的主要功能是让登录后的用户绑定信用卡，方便进行后期优惠券购买。如果用户没有设置支付密码，则提供密码设置功能；如果用户忘记支付密码，则提供重置支付密码功能。绑定信用卡模块功能分解如图 12-9 所示。

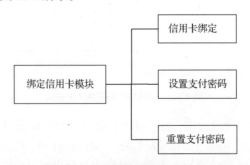

图 12-9　绑定信用卡模块功能分解

用户首次使用绑定信用卡模块绑定信用卡时的流程图如图 12-10 所示。

用户可以先输入银行卡号进行有效性校验，再判断是否设置支付密码（若已设置则需输入支付密码进行校验，否则需设置支付密码），最后进入银行卡信息填写界面，填写完毕后校验绑卡操作。

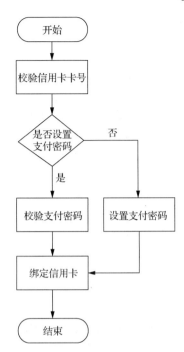

图 12-10　用户首次使用绑定信用卡模块绑定信用卡时的流程图

12.2.5　优惠信息展示模块

优惠信息展示模块是中信银行本地生活应用的核心功能模块，用户通过该模块可以查看当前所处位置附近的商户列表和优惠券列表，也可以搜索自己感兴趣的商户名，从而快速定位自己希望的优惠。找到想要的商户后，可以点击进入该商户详情展示页，浏览商户提供的优惠券，找到满意的优惠券后，可点击该优惠券，进入优惠券详情页。优惠信息展示模块功能分解如图 12-11 所示。

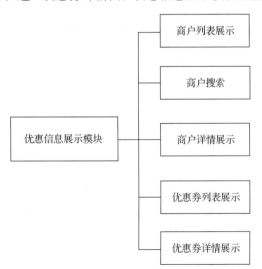

图 12-11　优惠信息展示模块功能分解

图 12-11 中的优惠信息展示模块除了可以通过传统应用方式启动外，还可以通过卡片方式来触发，这部分在 12.1 节中已经有过介绍，这也是中信银行本地生活应用的一大特色。此外，优惠信息的展示始终和用户地理位置绑定在一起，不同位置的用户看到的商户和优惠信息也不同。通过卡片

进入优惠信息展示模块的流程图如图 12-12 所示。

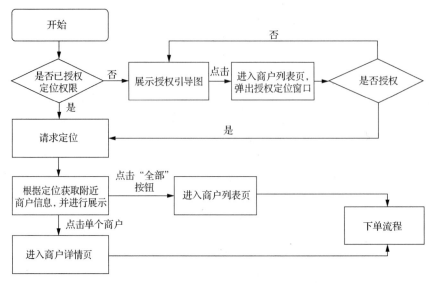

图 12-12　通过卡片进入优惠信息展示模块的流程图

创建卡片时，先判断用户是否已授予定位权限。若未授权卡片该权限，则展示授权引导图，用户通过点击卡片进入商户列表页，并在弹出的授权弹窗中进行操作，授权后立即请求一次定位并更新附近商户优惠信息于卡片上展示。若依然不授权，则不更新卡片内容。在用户授权定位的情况下，卡片根据定位获取附近商户信息并展示，用户通过点击单个商户进入对应的商户详情页进行选购，也可以通过点击右上角"全部"按钮进入商户列表页享受中信银行本地生活应用服务功能。

12.2.6　订单管理模块

订单管理模块的主要功能包括订单生成、订单支付、订单列表展示、订单详情展示、优惠券使用和申请退款功能，其功能分解如图 12-13 所示。用户在优惠信息展示模块中通过购买按钮触发进入订单确认页，订单确认页展示了优惠券基本信息，以及单价、数量、合计金额等。用户下单之后，跳转到收银台页面进行支付，支付过程中弹出密码验证页面进行权限和资格验证。用户输入 6 位交易密码进行支付验证，验证成功则跳转到支付结果页。

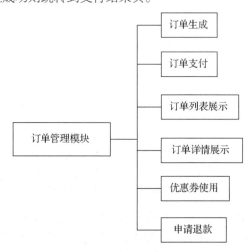

图 12-13　订单管理模块功能分解

用户在支付结果页面中查看详情即可获得代金券券码（已购买的优惠券的合集，以数字或二维码形式呈现），出示该券码给商户营业员即可进行核销支付（指商户使用扫描枪扫描代金券二维码或者在计算机核销页面中输入数字进行核销。与此同时，中信银行的后台数据也会记录核销状态）。若用户不再使用该券码，则可申请退款，成功退款后该券不可核销。

12.3　详细设计

本节主要根据 12.2 节分析的中信银行本地生活应用的各功能模块的具体功能要求来设计代码开发中需要用到的类图和数据库实体关系（Entity-Relationship，E-R）图等。类图可以精确到相关类的字段和具体函数，数据库 E-R 图则可以分析应用中需要用到的数据实体和实体间的关系。本节中的类图和数据库 E-R 图主要侧重于应用核心模块优惠信息展示和订单管理部分的业务逻辑。

12.3.1　类图设计

在 12.2.5 小节介绍优惠信息展示模块时已经讲过，优惠信息的查看有两种方式，分别为传统应用启动模式和服务卡片启动模式，下面对这两种启动模式中涉及的类图进行分别描述。

1.　传统应用启动模式类图

对优惠信息展示和订单管理模块来说，需要展示附近商户列表、订单列表、商户详情、优惠券详情等可视化信息，因此类图设计中要考虑设计一些视图类来承载这些内容，中信银行本地生活应用核心业务显示类图如图 12-14 所示。在 HarmonyOS 中，视图类即为 FA，在基于 Java UI 框架的开发中，通常以 Page Ability 方式呈现。

在基于 JS UI 框架的应用开发中，FA 是通过"JS+CSS+HML"的传统方式，或是通过"JS+CSS+JSON"的卡片形式表现的，因此没有类图的支撑。但类图也不是一定要转换为具体的业务对象，它是用来指导用户定义具体业务能力的。HarmonyOS 开发者完全可以根据设计者设计的类图来定义 JS 页面中需要的数据，或者为了业务封装需要，将其封装为 Service Ability，再从 JS 页面中调用。

图 12-14 所示为中信银行本地生活应用核心业务显示类图。

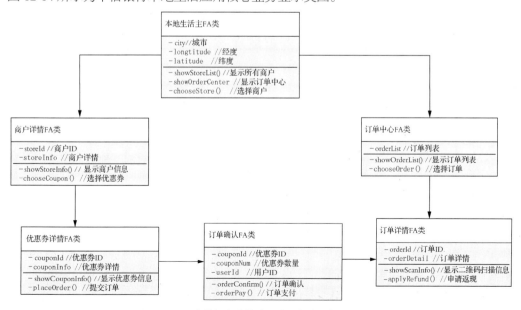

图 12-14　中信银行本地生活应用核心业务显示类图

从图 12-14 中可以看出，除了定义各类图的关键数据和函数外，其中的方向箭头显示了视图类之间的交互，这些交互实际上在 Java UI 的 Page Ability 中就是 Ability 之间的导航，在 JS UI 框架中就是各页面间的跳转。从中信银行本地生活主 FA 跳转到订单详情 FA 之间的过程在图 12-6 中已有描述。页面间进行跳转时是可以传递参数的，图 12-14 中各显示类的功能描述、输入和输出如表 12-1～表 12-6 所示。

表 12-1　　　　　　　　　　　　　　本地生活主 FA 类

功能描述	中信银行本地生活应用首页，展示商户列表及订单中心入口
输入	无
输出	用户选择的商户 ID

表 12-2　　　　　　　　　　　　　　商户详情 FA 类

功能描述	商户详情页面
输入	用户选择的商户 ID
输出	用户选择的优惠券 ID

表 12-3　　　　　　　　　　　　　　优惠券详情 FA 类

功能描述	优惠券详情页面
输入	用户选择的优惠券 ID
输出	优惠券 ID 及单价

表 12-4　　　　　　　　　　　　　　订单确认 FA 类

功能描述	订单确认页面
输入	优惠券 ID 及单价
输出	订单 ID 及支付结果

表 12-5　　　　　　　　　　　　　　订单详情 FA 类

功能描述	订单详情页面
输入	订单 ID
输出	优惠券券码及订单状态

表 12-6　　　　　　　　　　　　　　订单中心 FA 类

功能描述	订单中心页面
输入	用户 ID
输出	用户选择的订单 ID

2. 服务卡片启动模式类图

用户点击中信银行本地生活应用服务卡片请求位置后，其位置请求会发送到服务卡片管理类，服务卡片管理类会进行位置权限请求，请求成功后服务卡片管理类可以刷新服务卡片内容，显示附近店铺，用户还可以通过卡片上显示的店铺跳转到店铺详情页等。整个卡片业务中涉及的类图及类图之间的交互如图 12-15 所示，卡片的交互过程在图 12-12 中已有详细描述。

在图 12-15 中，由于卡片工作的特殊性，除了卡片自身的服务卡片类之外，还有专门的服务卡片管理类，卡片通过与服务卡片管理类的交互来实现页面跳转或访问其他业务类。图 12-15 中除了在图 12-14 中出现的本地生活主 FA 和商户详情 FA 外，还有专门的权限工具类和商户详情类。

在图 12-14 和图 12-15 中并没有对所有优惠信息展示模块中涉及的类图进行覆盖，优惠券详情类、订单详情类等核心类的类图在文中没有进行描述，感兴趣的读者可以对其进行深入研究。

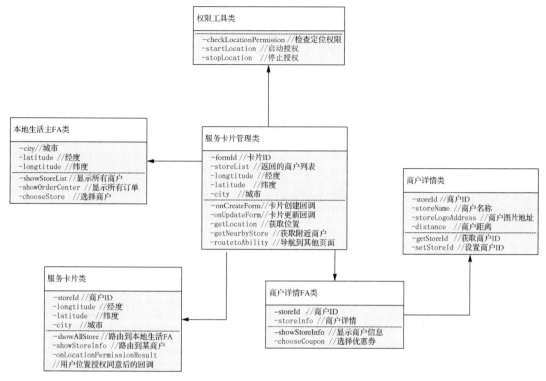

图 12-15　整个卡片业务中涉及的类图及类图之间的交互

在图 12-15 所示的服务卡片涉及的类图中，除了展示权限工具类、商户详情类、商户详情 FA 类、本地生活主 FA 类等的属性和函数外，更重要的是展示服务卡片相关类间的交互关系。服务卡片管理类和服务卡片类的功能描述、输入和输出如表 12-7 和表 12-8 所示。

表 12-7　　　　　　　　　　　　　　　　　服务卡片管理类

功能描述	服务卡片绑定的 Ability，用于创造和更新卡片信息
输入	无
输出	用户选择的商户 ID、经纬度、城市

表 12-8　　　　　　　　　　　　　　　　　服务卡片类

功能描述	服务卡片对应的类，用于核心信息显示和跳转
输入	位置权限
输出	商户 ID

12.3.2　数据库设计

中信银行本地生活应用中涉及的核心数据为商户信息、优惠券信息和订单信息，主要涉及 3 个实体：商户实体、优惠券实体和订单实体。其中，一个商户可以发放多张优惠券，一个用户可以在一个商户形成多个优惠券订单。这些重要的实体信息必须存储在数据库中，也就是在本书第 7 章中介绍的数据持久化，其目的是让中信银行本地生活应用不管重启多少次，都能够查看商户发放的优惠券和自己购买的优惠券。数据实体是和对象一一对应的，在图 12-15 中可以看到商户详情类，由该类产生的对象就对应商户实体。表征数据实体及实体间关系的常用工具为 E-R 图。图 12-16 所示为中信银行本地生活应用核心数据 E-R 图。

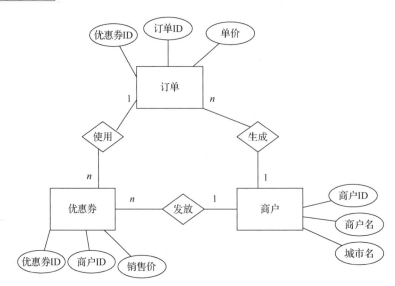

图 12-16　中信银行本地生活应用核心数据 E-R 图

图 12-16 所示的 3 个数据表实体存放在图 12-5 所示的数据库中，为了简化移动应用的设计，也可以将这 3 个实体存放在手机本地数据库 SQLite 中，具体数据库和数据表的建立方法在 7.4 节中已经有介绍，读者可翻阅查看。

商户实体中主要包含表 12-9 所示的商户数据表结构中的字段。对商户而言，商户 ID 是表示其唯一身份的字段，所以该字段为该表的索引。其他核心字段有城市名称、商户名称、商户地址和商户的经纬度等，表中没有列举出每个字段的数据类型，感兴趣的读者可自行补充。

表 12-9　　　　　　　　　　　　　　　　商户数据表结构

字段名	字段描述
storeId	商户 ID
firstClassify	一级分类
classify	二级分类
cityName	城市名称
districtCode	城市区域编码
sowntownCode	商圈编码
storeName	商户名称
storeLogo	商户 Logo 图片地址
address	商户地址
businessHour	营业时间
phoneNumber	电话号码
longitude	商户的经度
latitude	商户的纬度

优惠券实体中主要包含表 12-10 所示的优惠券信息数据表结构中的字段。对优惠券而言，其优惠券 ID 为表示其唯一身份的字段，所以该字段为该表的索引。其他核心字段有商户 ID、优惠券名称、销售量、销售价格、购买状态和有效期等，数据类型也需要读者自行补充。

表 12-10　　　　　　　　　　　优惠券信息数据表结构

字段名	字段描述
couponId	优惠券 ID
storeId	商户 ID
couponName	优惠券名称
className	优惠券分类名称
saleNum	销售量
couponDesc	使用细则
factPrice	销售价格
pointNum	所需积分数量
rightsNum	所需权益数量
buyFlag	购买状态：0 表示立即购买，1 表示不能购买，2 表示未开抢，3 表示已售罄
validDay	购买成功后优惠券有效天数
beginTime	有效开始日期，格式为 yyyy-MM-dd HH:mm:ss
endTime	有效结束日期，格式为 yyyy-MM-dd HH:mm:ss

　　订单实体中主要包含表 12-11 所示的订单信息数据表结构中的字段，对订单而言，其订单 ID 为表示其唯一身份的字段，所以该字段为该表的索引。订单是指优惠券购买订单，那么一定包含优惠券 ID，商户 ID 可以通过优惠券 ID 查询到，其他核心字段还有单价、失效时间、实付金额、订单状态和退款金额等。

表 12-11　　　　　　　　　　　订单信息数据表结构

字段名	字段描述
orderId	订单 ID
couponId	优惠券 ID
couponNum	优惠券数量
moneyPerUnit	单价（现金）
benefitPerUnit	单价（权益）
pointPerUnit	单价（积分）
invalidDate	失效时间
remainPayTime	剩余的支付时间
payFinishedTime	支付完成时间
refundFinishedTime	退款完成时间
realPayMoney	实付金额
status	订单状态
refundAmount	退款金额

12.4　代码开发

　　根据 12.2 节中的概要设计和 12.3 节中的详细设计，中信银行本地生活手机应用需要开发的内容已经十分清晰了。该应用共分为四大模块，在 DevEco Studio 中新建一个项目，将其命名为 locallife。

中信银行本地生活应用的整体项目代码结构如图 12-17 所示。

从图 12-17 中可以看出，中信银行本地生活应用代码结构分为 3 个 HAP 模块，分别介绍如下。

（1）核心业务模块 locallife。该模块为应用主要业务功能模块，包含 12.2 节中介绍的登录与注册模块、绑定信用卡模块、优惠信息展示模块和订单管理模块。该模块基于 JS UI 框架开发，主要 JSPage 在 js 目录的 locallife 子目录中。此外，服务卡片在 cardForLocalliftJs 中定义。

（2）公共基础模块 modulecommon。该模块用于提供核心业务模块需要的公共基础服务，包括数据库封装、加密、网络请求、下载、路由和公共 UI 封装等功能。

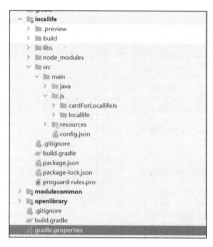

图 12-17　中信银行本地生活应用的整体项目代码结构

（3）第三方库模块 openlibrary。该模块用于提供网络中的一些开源的优秀插件。

下面以优惠信息展示模块和服务卡片的代码开发为例进行介绍。

12.4.1　优惠信息展示模块

优惠信息展示模块分为商户和优惠券列表、商户详情、优惠券详情等页面。下面将按照开发顺序，详细讲解这些页面代码的具体开发过程。

1．商户和优惠券列表

商户和优惠券列表的主页面如图 12-18 所示。这也是在 12.3.1 小节类图中介绍的本地生活主 FA 类，是应用的核心视图，当用户启动中信银行本地生活应用后，首先加载的就是该页面。该页面依次分为 4 个部分：顶部工具栏、商户和优惠券选择、商户过滤和商户列表。

图 12-18　商户和优惠券列表的主页面

（1）顶部工具栏。顶部工具栏提供城市选择、优惠券搜索和订单查看功能，页面结构文件代码如例 12-1 所示。

例 12-1　顶部工具栏页面结构文件

```
❑    <div class="header">
❑        <div class="city" on:click="toCityList">
❑            <text style="font-size : 40px;">
❑                <span>{{ city }}</span>
❑            </text>
❑            <image src="../../common/image/icon_location.png"></image>
❑        </div>
❑        <div class="search" on:click="toSearch">
❑            <image src="../../common/image/icon_search.png"></image>
❑            <text class="content">
❑                <span style="text-color : #999999;">周三周六抢 5 折美食券</span>
❑            </text>
❑        </div>
❑        <div class="order" on:click="toOrderCenter">
❑            <image src="../../common/image/icon_order.png"></image>
❑            <text class="content"><span>订单</span></text>
❑        </div>
❑    </div>
```

从例 12-1 中可以看出，顶部工具栏中包含 3 个 div 容器，分别代表城市、搜索栏和订单。第一个 div 容器包含一个 text 组件，用于显示根据定位获取的当前城市，如果没有获取定位信息，则默认显示"深圳"；此外，它还包含一张图片，用于显示一个向下的箭头。当用户点击该 div 容器时，会触发 toCityList 回调函数，该回调函数会导航到 cityList 页面，以显示我国的所有城市信息，示例代码如下。

```
❑    toCityList() {
❑        router.push({
❑            uri: "pages/cityList/cityList",
❑            params: {}
❑            })
❑    },
```

例 12-1 中第二个 div 容器包含一个 image 组件和一个 text 组件。image 组件用于显示搜索图片，text 组件用于显示搜索提示信息"周三周六抢 5 折美食券"。点击该 div 容器时，会触发 toSearch 回调函数，该回调函数会导航到 storeSearch 页面，以提供优惠券搜索功能，示例代码如下。

```
❑    toSearch() {
❑        router.push({
❑            uri: "pages/storeSearch/storeSearch",
❑            params: {}
❑            })
❑    },
```

例 12-1 中第三个 div 容器包含一个显示订单图片的 image 组件和一个显示"订单"文字的 text 组件。点击该 div 容器时，会触发 toOrderCenter 回调函数，该回调函数会显示订单中心。

（2）商户和优惠券选择。这部分可以让用户选择到底是显示商户信息还是显示优惠券信息，其页面结构文件代码如例 12-2 所示。

例 12-2　商户和优惠券选择页面结构文件

```
❑    <div class="tab-bar">
❑        <div class="tab" on:click="clickChangePage(0)">
❑            <text class="content" show="{{ curPage == 1 }}">全部商户</text>
```

```
            <div class="image" show="{{ curPage == 0 }}">
                <image class="image1" src="../../common/image/icon_all_store.png">
                </image>
                <image class="image2" src="../../common/image/icon_change_bar.png">
                </image>
            </div>
        </div>
        <div class="tab" on:click="clickChangePage(1)">
            <text class="content" show="{{ curPage == 0 }}">五折券</text>
            <div class="image" show="{{ curPage == 1 }}">
                <image class="image3" src="../../common/image/icon_half_coupon.png">
                </image>
                <image class="image2" src="../../common/image/icon_change_bar.png">
                </image>
            </div>
        </div>
    </div>
</div>
```

该代码中主要显示两个页签："全部商户"和"五折券"。这两个页签是通过 div 组件实现的，没有使用 tabs 组件。为了显示不同页签选择时的差异化效果，此处使用了 curPage 变量。当点击一个 div 组件代表的页签时，会触发 clickChangePage 回调函数。该回调函数动态改变 curPage 的值，从而使每个页签中要么显示 text 组件内包含的文字，要么显示 div 组件中包含的两张图片，从而实现差异化显示，示例代码如下。

```
clickChangePage(index) {
    this.curPage = index;
},
```

例 12-2 中的代码运行后，商户和优惠券选择页签效果如图 12-19 所示。图 12-19（a）是点击了"全部商户"页签后的效果，图 12-19（b）是点击了"五折券"页签后的效果。点击页签前后，同一个页签的显示效果是不同的，分别显示文字或图片。

（a）点击"全部商户"页签后的效果   （b）点击"五折券"页签后的效果

图 12-19　商户和优惠券选择页签效果

（3）商户过滤。该部分主要通过一些过滤条件来筛选商户信息，商户过滤采用的是移动页面结构中常用的下拉列表显示法，且涉及遮罩层的使用，因此本小节将详细介绍其实现过程。遮罩层在 8.4.2 小节中也有介绍。

下拉列表在购物应用中十分常见，面对种类繁多的商品，用户可以按地理位置、商品分类等方式筛选，迅速定位到自己感兴趣的商品。典型的商户过滤下拉列表页面如图 12-20 所示。整个页面可分为两大部分：顶层和页面主体。顶层由 3 个筛选关键词组成，用于控制下拉列表的展开和下拉列表的收起，剩下的页面主体部分由下拉列表、遮罩层和商户列表构成。

① 页面总体布局。图 12-20 所示的商户过滤下拉列表页面经过页面元素分解后，其页面分解示意图如图 12-21 所示。其由两部分组成，sort-tab（顶层）包含 3 个 bar 用于分类筛选，控制下拉列表的展开和收起，stack（堆栈）组件由 store-list（商户列表）、mask（遮罩层）和 search-home（下拉列表）布局构成。

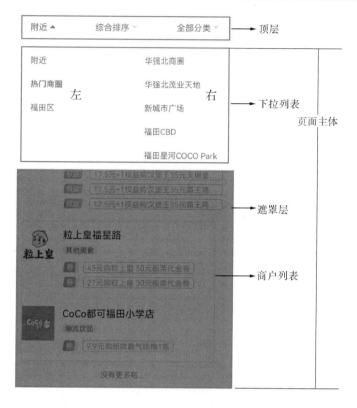

图 12-20　典型的商户过滤下拉列表页面

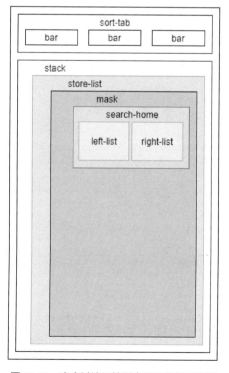

图 12-21　商户过滤下拉列表页面分解示意图

② sort-tab（顶层）的布局。sort-tab 中包含 3 个 bar，分别对应"附近""综合排序""全部分

类"3 个筛选条件，每个 bar 中包含一个 text 组件（用于动态展示所选择的内容）和两个 image 组件（用于提示下拉列表的展开与收起），其页面结构文件代码如例 12-3 所示。

例 12-3　sort-tab 页面结构文件

```
<div class="sort-tab">
    <div class="bar" on:click="clickSort(0)">
        <text class="content">{{ sortText[0] }}</text>
        <image show="{{ sortTab ==0 }}"
        src="../../common/image/icon_search_up.png"> </image>
    <image show="{{ sortTab != 0 }}" src="../../common/image/icon_search_down.png">
        </image>
    </div>
    <div class="bar" on:click="clickSort(1)">
        <text class="content">{{ sortText[1] }}</text>
        <image show="{{ sortTab == 1 }}"
        src="../../common/image/icon_search_up.png"></image>
    <imageshow="{{sortTab!=1}}" src="../../common/image/icon_search_down.png">
        </image>
    </div>
    <div class="bar" on:click="clickSort(2)">
        <text class="content">{{ sortText[2] }}</text>
    <imageshow="{{sortTab==2}}" src="../../common/image/icon_search_up.png">
        </image>
    <image show="{{ sortTab != 2 }}"
    src="../../common/image/icon_search_down.png"></image>
        </div>
    </div>
```

例 12-3 中定义了 3 个平行的 div 子组件，分别代表 3 个 bar。每个 bar 中的两个 image 组件不能同时显示。点击 div 组件时，会触发 clickSort 回调函数，该回调函数会改变 sortTab 变量的值。该页面结构代码对应的页面样式文件代码如例 12-4 所示。

例 12-4　sort-tab 页面样式文件

```
.sort-tab{
    justify-content:space-around;
    height: 126px;
    width: 100%;
}
.bar{
    align-items: center;
}
.bar .content{
    font-size: 40px;
    color: #666660;
    text-overflow: ellipsis;
    max-lines: 1;
    max-width: 260px;
}
.bar>image{
    margin-left: 12px;
    width: 26px;
    height: 14px;
}
```

例 12-4 中符合 bar 样式的 div 组件中的子组件都会水平居中显示，.bar>image 样式表示将样式为

bar 的 div 容器中的直接后代 image 类型的组件的左外边距设置为 12px，大小定义为宽 26px、高 14px。

③ stack 布局。stack 组件是一个堆叠容器，将 3 个子布局 store-list、mask、search-home 依次入栈，后一个子布局覆盖前一个子布局，其页面结构文件代码如例 12-5 所示。

例 12-5　stack 布局页面结构文件

```
<stack>
    <!-- 商户列表-->
    <list class="list">
        <list-item style="flex-direction : column; align-items : center;"
                    for="{{ (index, item) in shop_list }}"
                    on:click="toStoreInfo({{item}})">
            …
        </list-item>
    </list>
    <!--遮罩层-->
    <div class="mask" show="{{ sortTab !=-1 }}" on:click="clickMask"></div>
    <!--下拉列表-->
    <div class="search-home" show="{{ sortTab !=-1 }}" on:click="clickSearch">
        <!-- 左下拉列表-->
        <list class="list">
            …
        </list>
        <!-- 右下拉列表-->
        <list class="list">
            …
        </list>
    </div>
</stack>
```

例 12-5 中的 sortTab 默认值为-1，因此遮罩层和下拉列表初始时是不显示的。只有当用户点击例 12-3 中的排序子 bar 时，遮罩层和下拉列表才显示出来。在例 12-5 中，关键是第二层遮罩层的显示效果的实施。与例 12-5 对应的 stack 布局页面样式文件代码如例 12-6 所示。

例 12-6　stack 布局页面样式文件

```
.list{
    margin-left: 36px;
    margin-right: 36px;
    margin-top: 36px;
    justify-content: center;
}
.mask{
    height: 100%;
    width: 100%;
    background-color: black;
    opacity: 0.5;
}
.search-home{
    height: 600px;
    width: 100%;
    background-color: white;
    border-bottom-left-radius:32px ;
    border-bottom-right-radius:32px ;
```

```
❑    }
❑    .search-home .list{
❑        margin-left: 36px;
❑        margin-right: 36px;
❑        margin-top: 36px;
❑    }
```

在例 12-6 中，.mask 样式声明了代表遮罩层的 div 组件的长和宽占据整个 stack 堆栈的大小，颜色为黑色，半透明，正好覆盖底层的商户列表，但又可以透视过去。

④ search-home（下拉列表）布局。该下拉列表包括左右两个下拉列表，左下拉列表中的栏目在点击后变为红色，右下拉列表中的栏目在点击后显示选中的图标。部分下拉列表页面结构文件代码如例 12-7 所示。

例 12-7　部分下拉列表页面结构文件

```
❑    <div class="search-home" show="{{ sortTab !=-1 }}" on:click="clickSearch">
❑        <list class="list">
❑            <list-item for="{{ (index, item) in sortTab >= 0 ? tab_list[sortTab] : [] }}"
❑                    class="item" on:click="clickLeft(index,item)">
❑            <text style=" font-size: 38px; color: red ; " if="
❑            {{leftSelect[sortTab].index==
❑                    index}}">
❑                <span>{{ item.name }}</span>
❑                </text>
❑                <text style=" font-size: 38px; color: #666660; " else>
❑                        <span>{{ item.name }} </span>
❑                </text>
❑            </list-item>
❑        </list>
❑        <list class="list">
❑            <list-item
❑            for="{{ (index, item) in (sortTab ==-1 || leftSelect[sortTab].index
❑            == - 1) ? [] : tab_list[sortTab][leftSelect[sortTab].index].content}}"
❑            class="item"on:click="clickRight( index ,item)" show="{{
❑            rightSelect[sortTab].value =="" }}">
❑            <text class="text">{{ item }}</text>
❑            <image style="width : 42px; height : 42px;" src="../../common/image/icon_
❑            selected.png"
❑            show="{{rightSelect[sortTab].index == index && rightSelect[sortTab].value
❑            == item}}">
❑            </image>
❑            </list-item>
❑        </list>
❑    </div>
```

在例 12-7 中定义了两个 list 组件，分别代表左下拉列表和右下拉列表。左下拉列表的 list-item 组件中有两个 text 组件，显示内容是一样的，均为 item.name。用户在选中该 list-item 时，第一个 text 组件显示，其文字颜色是红色；用户没有选中该 list-item 时，第二个 text 组件显示，其文字颜色是黑色。左下拉列表中栏目选择前后对比效果如图 12-22 所示，左下拉列表中的数据来自 tab_list[sortTab] 数组，右下拉列表中的数据来自 tab_list[sortTab][leftSelect[sortTab].index].content，只有左下拉列表有值存在，右下拉列表才有数据。tab_list 为一个二维数组，leftSelect[sortTab].index 为数组二级下标。右下拉列表的 list-item 中包含一个 text 组件和一个 image 组件，image 组件只有在该 list-item 被选中时才会显示。右下拉列表中栏目选择前后对比效果如图 12-23 所示。

图 12-22　左下拉列表中栏目选择前后对比效果

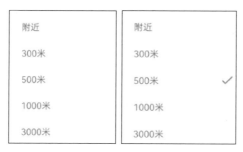

图 12-23　右下拉列表中栏目选择前后对比效果

下拉列表左右列表先后被选中后的效果如图 12-24 所示。

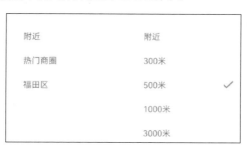

图 12-24　下拉列表左右列表先后被选中后的效果

⑤ 下拉列表页面交互。下拉列表页面交互 JS 文件分为页面数据定义、stack 显示逻辑、下拉列表数据填充逻辑 3 部分，依次内容如下。

• 页面数据定义。主页面数据结构代码如例 12-8 所示。其中，tab_list[i]表示第 i 个 bar 的内容，tab_list[i][j].name 表示第 i 个 bar 左下拉列表第 j 位，tab_list[i][j].content 表示第 i 个 bar 左下拉列表第 j 位所对应的右下拉列表。

例 12-8　主页面数据结构

```
❑    data: {
❑        tab_list: [ […], [{"name": "综合排序","content": [" ", " "]},…],
❑        //sortText[i]表示第 i 个 bar 显示内容
❑        sortText: ["附近", "综合排序", "全部分类"],
❑        //leftSelect[i]表示第 i 个 bar 左下拉列表选中 item 的 index 和 value
❑        leftSelect: [{"index":-1,"value": ""},…],
❑        //rightSelect[i]表示第 i 个 bar 右下拉列表选中 item 的 index 和 value
❑        rightSelect: [{"index":-1,"value": ""},…],
❑        sortTab:-1,
❑        city: "深圳",
```

```
❏         curPage: 0,
❏         shop_list: […],
❏         coupon_list:[…].
❏     }
```

- stack 显示逻辑。stack 显示有两种状态：一是浏览商户列表时，store-list 显示，mask 和 search-home 隐藏，此时 sortTab=−1；二是点击 bar 拉起下拉列表进行筛选时，store-list、mask 和 search-home 都显示，并依次入栈，此时 sortTab 为 0、1 或 2，在点击同一个 bar、mask 和右下拉列表的 item 时收起下拉列表，隐藏 mask 和 search-home。stack 显示逻辑的代码如例 12-9 所示。

例 12-9　stack 显示逻辑

```
❏    //点击 mask
❏    clickMask() {
❏        this.sortTab = -1;
❏    },
❏    //点击 bar
❏    clickSort(index) {
❏        if (index == this.sortTab) {
❏            this.sortTab = -1;
❏            } else {
❏            this.sortTab = index;
❏            }
❏    },
```

- 下拉列表数据填充逻辑。左下拉列表的数据为 tab_list[sortTab]，右下拉列表的内容为 tab_list [sortTab] [leftSelect[sortTab].index].content，通过点击不同的 bar 改变 sortTab 的值，进而改变左下拉列表的填充数据。同理，点击左下拉列表的 item 后，leftSelect[sortTab].index 发生改变，右下拉列表的内容也随之变化。同时，根据 leftSelect 和 rightSelect 两个列表对选中的 item 进行标记。此外，当 sortTab==1 时，只有左下拉列表，可以将右下拉列表内容设置为空白，同时在点击左下拉列表 item 时将同时点击右下拉列表。只有左下拉列表时的显示效果如图 12-25 所示。

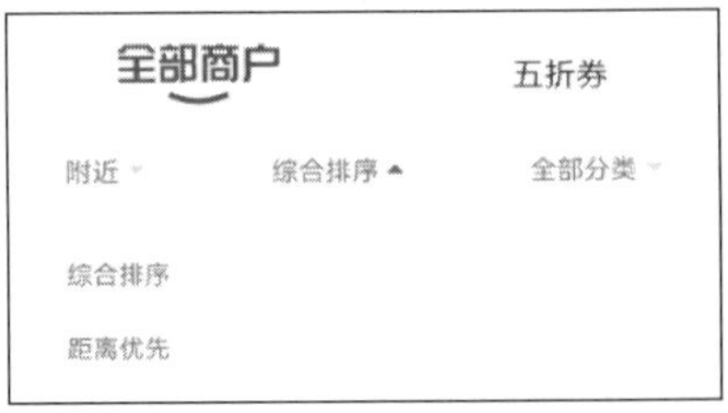

图 12-25　只有左下拉列表时的显示效果

下拉列表数据填充逻辑的代码如例 12-10 所示。

例 12-10　下拉列表数据填充逻辑

```
❏    clickLeft(index, item) {
❏            var order = this.sortTab;
❏            this.leftSelect.splice(order, 1, {
❏                "index": index,
❏                "value": item
❏            });
❏            if (order == 1) {
❏                var temp = this.tab_list[order][index].content[index];
❏                this.clickRight(index, temp);
❏            }
❏        },
❏    clickRight(index, item) {
❏            var order = this.sortTab;
❏            this.rightSelect.splice(order, 1, {
❏                "index": index,
❏                "value": item
```

```
        });
        if (order == 1) {
                var temp = this.tab_list[order][index].name;
                this.sortText.splice(order, 1, temp);
        } else {
                this.sortText.splice(order, 1, item);
        }
        this.sortTab =-1;
    }
```

下拉列表在应用中和网页端都被广泛使用，根据使用场景的不同，具体的表现形式也不一样，这里仅描述了其中一种形式。其他的形式，如在同一个 bar 中可以选择多项、多列 tab 同时筛选、选项全部清除或选中等，还需要开发者根据业务需求自行拓展。由于篇幅所限，本小节所使用的数据结构都已简化，实际情况中左下拉列表和右下拉列表的内容都由后台 Web 服务器查询数据库后返回，数据结构可能更为复杂，可在请求数据时增加 Loading 提示或提前缓存数据。

（4）商户列表。在商户和优惠券选择模块中选择"全部商户"页签，可以显示所有商户信息，其页面结构文件代码如例 12-11 所示。

例 12-11　商户列表页面结构文件

```
<list class="list">
    <list-item style="flex-direction : column; align-items : center;"
            for="{{ (index, item) in shop_list }}"
            on:click="toStoreInfo({{item}})">
        <div class="store {{ index == '0' ? 'bg' : '' }}">
            <image src="{{ item.storeLogo }}"></image>
            <div class="info">
                <text class="name"><span> {{ item.storeName }}</span>
                </text>
                <text class="type"><span> {{ item.classifyName }}</span>
                </text>
                <div for="{{ (index, item2) in item.skuList }}"
                class="item">
                    <image src="../../common/image/icon_rights.png"
                    if="{{ item2.showType == type1 }}"></image>
                    <image src="../../common/image/icon_coupon.png"
                    style="width: 80px;" elif="{{ item2.showType ==
                    type3 }}">
                    </image>
                    <image src="../../common/image/icon_point.png"
                    elif="{{ item2.showType == type2 }}"></image>
                    <text><span>{{ item2.skuAlias }}</span></text>
                </div>
                <divider class="divider" vertical="false"></divider>
            </div>
        </div>
        <text class="footer" show="{{ index == shop_list.length -
        1 }}">{{ footerText }}
        </text>
    </list-item>
</list>
```

从例 12-11 所示代码中可以看出，商户列表中的商户栏目 list-item 的数量由例 12-8 中定义的 shoplist 数组来控制。每个 list-item 中包含一个显示商户图片的 image 组件和一个包含商户信息的 div 组件。商户信息包括商户名、商户类型和一些优惠券信息。点击某个商户时，会触发 toStoreInfo 回调函数，该回调函数的参数 item 中包含商户基本信息。使用 toStoreInfo 回调函数跳转到商户详情页的代码如例 12-12 所示。

例 12-12　使用 toStoreInfo 回调函数跳转到商户详情页

```
toStoreInfo(item) {
        router.push({
            uri: "pages/storeInfo/storeInfo",
            params: {
                storeId: item.storeId
            }
        })
    },
```

执行该代码后会调转到 storeInfo 页面，携带的参数包含商户 ID（storeId）。

（5）优惠券列表。在商户和优惠券选择模块中选择"五折券"页签，可以显示所有优惠券信息，优惠券列表显示效果如图 12-26 所示。

图 12-26　优惠券列表显示效果

优惠券列表页面结构文件代码如例 12-13 所示。

例 12-13　优惠券列表页面结构文件

```
<div class="coupon-home">
    <list style="margin-top : 30px;">
        <list-item style="flex-direction : column; align-items : center;"
            for="{{ (index, item) in coupon_list }}"on:click=
            "toSkuDetail({{index}})">
            <div class="coupon">
                <image src="{{ item.picUrl }}"></image>
                <div class="info">
                <text class="name"><span> {{ item.skuName }}</span></text>
                    <text class="price">
                            <span style="font-size :
                            27px;">¥</span>
                            <span>{{ item.factPrice }}</span>
                    </text>
                </div>
                <div class="buy_btn">
                <button type="capsule" @click="toBuy({{ index }})">
                购买</button>
                </div>
            </div>
            <text class="footer" style="padding-top : 30px;" show="{{ index ==
            coupon_list.length - 1 }}">{{footerText }}
                </text>
```

```
□                    </list-item>
□              </list>
□      </div>
```

例 12-13 所示代码中优惠券列表的优惠券栏目 list-item 的数据来自例 12-8 中定义的 coupon_list 数组，每个 list-item 中包含一个显示优惠券图标的 image 组件、一个显示优惠券详细信息的 div 组件和一个显示"购买"文字的按钮。点击优惠券后，会触发 toSkuDetail 回调函数。该回调函数可以路由到优惠券详情页，该回调函数带一个 index 参数，即当前选择的优惠券的数组下标。使用 toSkuDetail 回调函数跳转到优惠券详情页的代码如例 12-14 所示。

例 12-14　使用 toSkuDetail 回调函数跳转到优惠券详情页

```
□    toSkuDetail(index) {
□        router.push({
□            uri: "pages/skuDetail/skuDetail",
□            params: {
□                address: "深圳市福田区福星路186号福田小学斜对面",
□                phoneNumber: '123456789',
□                storeName: '小吃店',
□                skuId: this.coupon_list[index].skuId,
□                skuName: this.coupon_list[index].skuName,
□                buyFlag: this.coupon_list[index].buyFlag,
□                shoppingFlag: this.coupon_list[index].shoppingFlag,
□                factPrice: this.coupon_list[index].factPrice,
□                picUrl: this.coupon_list[index].picUrl
□            }
□        })
□    },
```

例 12-14 所示代码可路由到 skuDetail 页面，并携带了 params 参数。该参数为一个结构体，开发者可以自行定义该结构体的内容，此例中将优惠券信息打包到了 params 参数中。

2. 商户详情页和优惠券详情页

执行例 12-12 所示代码中的商户跳转功能后，会跳转到商户详情页，如图 12-27 所示。在该页面中可以查看商户的位置和联系商户，以及查看该商户发放的一些优惠券信息。

图 12-27　商户详情页

执行例 12-14 所示代码中的优惠券跳转功能后，会跳转到优惠券详情页，如图 12-28 所示。该优惠券详情页提供优惠券的发放商户名称、商户位置、金额及优惠券使用须知等。用户还可以在该页面中联系优惠券发放商户。

图 12-28　优惠券详情页

商户详情页和优惠券详情页的页面结构和交互较为简单，本小节就不展开介绍了。

12.4.2　服务卡片展示模块

服务卡片是原子化服务的一种特殊表现形式，可以通过简洁的卡片方式直接跳转到应用核心功能。中信银行本地生活应用的 locallife 模块中包含一个服务卡片，名称为 cardForLocalliftJs，主管该 Ability 的 Page Ability 为 MainAbility。本小节主要对服务卡片页面和管理 Ability 的代码进行设计。

1.　服务卡片

服务卡片 cardForLocalliftJs 的功能可分解为服务卡片页面布局和服务卡片页面交互，下面依次进行分析。

（1）服务卡片页面布局。服务卡片页面布局如图 12-29 所示，该卡片所示状态为卡片初次运行时且应用并未获得任何位置授权。整个卡片分为工具栏和内容区两部分，下面依次进行介绍。

图 12-29　服务卡片页面布局

① 工具栏。工具栏提供卡片基本内容提示和授权定位功能，其页面结构代码如例 12-15 所示。

例 12-15　卡片工具栏页面结构

```
❏    <div class="titlo_layout">
❏            <div class="title_layout_l">
❏                    <image class="title_img_l" src="/common/image/cardIcon.png"></image>
❏                    <text class="title_text_l">附近好店</text>
❏            </div>
❏            <div class="title_layout_r" onclick="messageEvent">
❏                    <text class="title_text_r">{{titleR}}</text>
❏                    <image class="title_img_r" src="/common/image/arrow_white.png">
❏                    </image>
❏            </div>
❏    </div>
```

例 12-15 所示代码中定义了两个 div 容器，呈左右排列。左 div 容器显示卡片图标和卡片提示信息，右 div 容器显示位置授权提示信息和提示图片，点击后会触发 messgeEvent 回调函数。该回调函数会路由到优惠信息展示主 FA。此外，右 div 容器中 text 组件的内容 titleR 是会随着卡片与管理 Ability 的交互而发生变化的，其初始值为"授权后台定位"，意思是需要用户授权后才会显示附近商户信息。

② 内容区。卡片内容区主要显示用户地理位置附近的几个主要店铺信息，如果没有定位，则对用户显示提示信息，其页面结构代码如例 12-16 所示。

例 12-16　卡片内容区页面结构

```
❏    </div>
❏    <div class="content_layout" show="{{storelayoutshow}}">
❏    <!-- 商户 1-->
❏            <div class="store_one_layout" onclick="messageEvent1">
❏                    <stack class="store_one_stack">
❏                            <image class="store_one_img" src="{{storeOneImg}}"></image>
❏                            <image class="store_one_label" src="/common/image/on_sale.
❏                            Png"></image>
❏                    </stack>
❏                    <text class="store_one_name">{{storeOneName}}</text>
❏                    <text class="store_one_distance">{{storeOneDistance}}</text>
❏            </div>
❏    <!-- 商户 2、3 和 4-->
❏    …
❏        </div>
❏        <div class="tips_layout" show="{{!storelayoutshow}}"  onclick="messageEvent5">
❏            <text class="text_tips">{{tipsText}}</text>
❏        </div>
```

从例 12-16 中可以看出，卡片内容区有上下两个 div 容器，但这两个 div 容器每次只能有一个出现。初始时显示下面一个 div 容器，该容器中的 text 组件提示用户获取位置授权。点击该 div 容器后会触发 messageEvent5 回调函数，该回调函数会触发后台位置授权，从而改变 storelayoutshow 的取值，隐藏下面的 div 容器，显示上面的 div 容器。

而上面的容器会显示附近 4 个商户，因此上面的 div 容器有 4 个 div 子组件，每个 div 组件包含一个 stack 组件和两个 text 组件。两个 text 组件分别显示商户名称和距离，而 stack 组件中包含两个 image 组件，后一个 image 组件显示的图片会覆盖前一个 image 组件中显示的图片内容。点击商户 div 组件后，会触发 messageEvent1～messageEvent4 回调函数，这些回调函数会路由到本地生活主 FA。

（2）服务卡片页面交互。服务卡片 cardForLocalliftJs 的交互逻辑存放在 JSON 文件中，该 JSON

文件的主要部分的代码如例 12-17 所示。

例 12-17　存放卡片交互逻辑的 JSON 文件的主要部分

```
{
  "data": {
    "storelayoutshow": true,
    "storeOneName": "百果园",
    "storeOneDistance": "100m",
  "storeOneImg": "/common/image/icon_1596875448291.jpg",
  …
    "titleR": "授权后台定位",
    "tipsText":"您暂未授权后台定位,点击此处前往授权"
  },
  "actions": {
    "messageEvent": {
      "action": "router",
      "bundleName": "com.citiccard.harmony.app",
      "abilityName": "com.citiccard.harmony.app.locallife.EntryJSAbility",
      "params": {
        "store": "home"
      }
    },
    "messageEvent1": {
      "action": "message",
      "bundleName": "com.citiccard.harmony.app",
      "abilityName": "com.citiccard.harmony.app.locallife.MainAbility",
      "params": {
        "store": "1"
      }
    },
    …
    "messageEvent5": {
      "action": "message",
      "bundleName": "com.citiccard.harmony.app",
      "abilityName": "com.citiccard.harmony.app.locallife.MainAbility",
      "params": {
        "nostore": "update"
      }
    }
  }
}
```

例 12-17 中首先初始化卡片变量，其中 storelayoutshow 变量定义为 true，但卡片运行时会显示例 12-16 中的第二个 div 容器，这与程序执行逻辑不符，解决这个问题的关键在于卡片管理 Ability。messageEvent 回调函数会路由到 EntryJSAbility，也就是本地生活主 FA，messageEvent1 函数和 messageEvent5 函数都会给卡片管理 Ability 发送消息，但消息携带的参数不一样，其执行逻辑也不同。

2.　服务卡片管理 Ability

服务卡片 cardForLocalliftJs 的管理 Ability 为 MainAbility，它们的关系在模块的 config.json 文件中进行了定义，应用主模块配置文件代码如例 12-18 所示。

例 12-18　应用主模块配置文件

```
  "module": {
```

```
❑      "package": "com.citiccard.harmony.app.locallife",
❑      "name": ".MyApplication",
❑      "mainAbility": "com.citiccard.harmony.app.locallife.EntryJSAbility",
❑      "deviceType": [
❑        "phone"
❑      ],
❑      "reqPermissions": [
❑   ...
❑        {
❑          "name": "ohos.permission.LOCATION",
❑          "reason": "$string:permission_location",
❑          "usedScene": {
❑            "ability": [
❑              "com.citiccard.harmony.app.MainAbility"
❑            ],
❑            "when": "always"
❑          }
❑        },
❑      "abilities": [
❑        {
❑   ...
❑          "mission": "com.citiccard.harmony.app.locallife",
❑          "name": "com.citiccard.harmony.app.locallife.MainAbility",
❑   ...
❑          "type": "page",
❑          "launchType": "standard",
❑          "formsEnabled": true,
❑          "forms": [
❑   ...
❑            {
❑              "jsComponentName": "cardForLocallifeJs",
❑              "isDefault": true,
❑              "scheduledUpdateTime": "10:30",
❑              "defaultDimension": "2*4",
❑              "name": "cardForLocallifeJs",
❑              "description": "$string:form_card_ability",
❑              "colorMode": "auto",
❑              "type": "JS",
❑              "supportDimensions": [
❑                "2*4"
❑              ],
❑              "updateEnabled": true,
❑              "updateDuration": 1
❑            },
❑   ...
❑          ]
❑        },
❑   }
```

从例 12-18 中可以看到，中信银行本地生活应用的 locallife HAP 中的主 Ability 为 EntryJSAbility，由于该应用依赖用户地理位置和商户地理位置，因此其需要位置权限。每当应用启动时会主动向用户申请位置权限。该应用中还包含 MainAbility，该 Ability 负责管理卡片 cardForLocallifeJs。如果用户没有同意这些位置权限申请，则卡片无法显示任何附近店铺信息，卡片的运行结果如图 12-30 所示。

图 12-30　卡片的运行结果

　　MainAbility 的主要功能是在卡片创建时根据用户是否获得位置授权初始化卡片信息，对卡片消息内容进行刷新或路由操作，具体过程如下。

　　（1）卡片内容初始化。MainAbility 对卡片信息的初始化主要是查看用户是否获得位置授权，从而决定用户卡片显示什么内容，应用主模块配置文件代码如例 12-19 所示。

　　例 12-19　应用主模块配置文件

```
protected ProviderFormInfo onCreateForm(Intent intent) {
…
ZSONObject zsonObject = new ZSONObject();
ProviderFormInfo formInfo = null;
if(formName.equals("cardForLocallifeJs")){
formInfo=newProviderFormInfo();if(this.verifySelfPermission("ohos.permission.
LOCATION_IN_BACKGROUND") != IBundleManager.PERMISSION_GRANTED) {
                          //若无定位，则展示定位提示语占位图
zsonObject.put("storelayoutshow",false);
zsonObject.put("titleR","授权后台定位");
zsonObject.put("tipsText","您暂未授权后台定位,点击此处前往授权");
FormBindingData formBindingData = new FormBindingData(zsonObject);
formInfo.setJsBindingData(formBindingData); //js 卡片初始化信息
}else{
                          //若授权定位，则展示过渡文案
zsonObject.put("storelayoutshow",false);
zsonObject.put("titleR","授权后台定位");
zsonObject.put("tipsText","正在获取您的定位，请稍后...");
FormBindingData formBindingData = new FormBindingData(zsonObject);
formInfo.setJsBindingData(formBindingData); //卡片初始化信息
}
}
```

```
❑   return formInfo;
❑   }
```

　　例 12-19 所示代码中的 onCreateForm 回调函数会在卡片创建时进行调用，此例根据用户是否给应用位置授权来决定如何对例 12-17 中 data 对象中定义的卡片数据进行初始化。初始化完成后，将这些初始化数据打包到 ZSONObject 对象并绑定到 ProviderFormInfo 对象中，从而在卡片未显示前初始化卡片的内容，如图 12-31（a）所示，此时用户已经获得位置授权，只是卡片管理 Ability 尚未同意将店铺数据在卡片上显示，执行的是例 12-19 中的 else 部分的代码。

　　（2）卡片内容刷新和路由。当用户已经给应用授予位置权限时，如何在卡片上对附近商户信息进行更新呢？可以采用 updateForm 函数，这部分在 10.5.4 小节中已有介绍。服务卡片内容刷新和路由代码如例 12-20 所示。

例 12-20　服务卡片内容刷新和路由

```
❑   @Override protected void onTriggerFormEvent(long formId, String message) {
❑       DLog.i("formCardForLocalLife","formCardListonTriggerFormEvent:"+formId);
❑        super.onTriggerFormEvent(formId, message);
❑        JsonObject jsonObject = new Gson().fromJson(message,JsonObject.class);
❑        if(!jsonObject.isJsonNull()  && jsonObject.has("store")){
❑          IntentParams intentParams = new IntentParams();
❑   …
❑          RouterUtil.startAbility(this,intentParams,
❑                 "com.citiccard.harmony.app.locallife.EntryJSAbility",
❑                 Intent.ACTION_QUERY_LOGISTICS_INFO, false);
❑        }else
❑        {
❑          ZSONObject zsonObject = new ZSONObject();
❑          zsonObject.put("storelayoutshow", true);
❑          zsonObject.put("titleR","显示全部门店");
❑          FormBindingData formBindingData = new FormBindingData(zsonObject);
❑          try {
❑              updateForm(formId, formBindingData);
❑          } catch (FormException e) {
❑              HiLog.info(LABEL_LOG, "onTriggerFormEvent:" + e.getMessage());
❑          }
❑        }
❑   }
```

　　例 12-20 所示代码中的 onTriggerFormEvent 回调函数会在用户点击卡片，管理卡片的 Ability 收到卡片发送过来的消息后触发。该代码会根据客户端传递过来的 messge 中有没有店铺信息来决定执行什么操作。如果用户点击图 12-31（a）中卡片的内容区域，则会触发例 12-17 中的 messageEvent5 回调函数。该回调函数的参数中是没有店铺信息的，说明此时卡片还未获取位置授权，因此会执行例 12-20 中的 else 部分的代码。else 部分的代码将例 12-17 中的 storelayoutshow 变量和 titleR 变量的值改变后，调用 updateForm 函数去修改卡片内容。由于 storelayoutshow 变量是用来控制是否显示附近好店的，因此卡片内容从图 12-31（a）变化到图 12-31（b）。

　　在卡片显示了附近的 4 个好店后，用户可以点击其中一个店铺，这时也会触发 MainAbility 的 onTriggerFormEvent 回调函数。此时该代码发现传过来的消息中包含 store 信息，了解到用户希望查看该店铺信息，因此会执行 if 部分来直接跳转到本地生活主 FA，用户可以从该 FA 再跳转到商户详情页。这里的难点是本地生活主 FA 会显示附近所有店铺，如果店铺过多，则商户列表会分页显示。该代码中 if 部分省略的内容是根据店铺 ID 来找到店铺所在页面，跳转后直接使本地生活主 FA 也加载到店铺所在页面中。

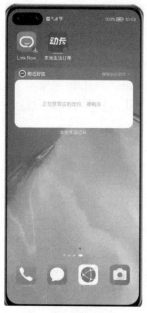

（a）卡片内容初始化   （b）卡片内容刷新和路由

图 12-31　服务卡片内容变化

　　点击卡片右上角的"显示全部门店"文本后，会触发例 12-17 中的 messageEvent 回调函数，该回调是一个路由事件，会导致卡片跳转到显示所有商户和优惠券列表的主页面，如图 12-18 所示。

本章小结

　　软件工程思想是将软件开发看作一项工程，把软件从设计到实现的过程类比为真实工程的开始到建造的过程，并采用工程管理的思想来指导开发过程。在软件的开发过程中，灵活运用软件工程思想对构造功能完善且维护性高的软件来说十分重要。复杂移动应用程序的开发非常需要软件工程思想的指导。

　　本章以中信银行开发的实际金融应用——本地生活为例，介绍了一个完整的 HarmonyOS 应用从需求分析、概要设计、详细设计，到代码开发的全过程。从整体来看，前期的需求分析和设计过程有效地指导了代码实际的开发过程，避免了开发过程中的盲目性和无序性，也提高了代码质量和系统的可维护性。读者也可以根据这些设计文档粗略了解到一个成熟软件公司是如何设计并开发真实项目的，包括代码框架、代码风格和设计文档风格等。中信银行本地生活应用的详细文档和部分源代码在本书的附加资源中均有提供，感兴趣的读者可以自行查看。